水理学演習

上 巻

椿 東一郎
荒 木 正 夫 共著

森北出版株式会社

序

　本書は大学土木工学科の学生並びに実務技術者の方々に，問題演習を通じて水理学の真髄を理解して戴こうという目的のもとに書かれたものであります．由来，水理学は土木工学の分野のうち，河川工学・港湾工学・発電水力・衛生工学などの広範な分野の数理的基礎を与えるものであって，応用力学と並んで重要な学問であることは明らかでありますが，学生の全般的な傾向としては，かなり取っつきにくいように見受けられます．この理由はいろいろあると思いますが，計算演習の不足のため，水理学の方法に馴れ，親しむ余裕のないことが大きな原因ではないかと考えます．実際，基礎理論は一応理解できたように思えても，応用問題を提示されると，どうして解いてよいかまごつくことが少なくないのであります．

　本書では演習をやりながら，水理学全般を理解してゆく方式に従うことにしましたので，多少冒険とは思いましたが，従来の演習書の型を破って，ごく初等的なものから，かなり高級な近代水理学までを含めるように編さんしました．なお，便宜上，上・下2巻に分ち，**上巻**では，概説・静水力学・流れの基礎原理・管水路の水理・オリフィスとセキ・水撃作用とサージタンクまでを記述し，**下巻**では開水路の水理・水文学・流砂・波・地下水を述べる予定であります．

　本書をあらわすに当って，意を注いだ点は次のとおりであります．

　（1）　基礎原理の根本的な理解に重点をおき，解説を詳しく，かつ体系的に記述しました．また，例題の解法も原理的な理解を主眼として，自ら水理学の諸法則および計算法が体得されてくるように努めました．

　（2）　水理学は急速に発達しつつある学問であり，とくに最近における水理学上の研究業績は内外ともに目ざましいものがあります．本書にはできるだけこれらの新しい研究をとり入れ，微積分学を修めた方には楽に読みうるように平易に記述しました．

　（3）　河川・港湾・水力・水道その他の土木工学の各分野にあらわれる例題を選択し，くわしい解説をつけて実務技術者の方にすぐに役立つように努めました．

　なお，記述の都合上，公式の証明などのように，初学者にはやや難解と思われる例題などがありますが，それらには番号の右肩に ※ 印をつけて区別し，重要性の少ないところ，またはやや難解に過ぎる説明文は細字で記述しました．これらの部分は必要に応じて目を通して戴きたいと思います．第3章「流れの基礎原理」は，水理学の根本を知る上に大切なのでとくに詳しく論じてありますが，初めて学ばれるときには，3・3ポテンシャル流動，3・4圧縮性気体の運動，3・7粘性と乱れの作用は後まわしにされてもよいと思います．

　以上のような趣旨のもとに，森北出版の太田さんの強いすすめを受けて執筆したものでありますが，もし幸いにして水理学を学ばれる方々に多少の参考となるところがあるならば，著者の喜びこれに過ぎるものはありません．

　　昭和 36 年 2 月

著　　　者

目　　次

第1章　概　　説

第2章　静　水　力　学

第5章　オリフィスとセキ

第6章　水撃作用とサージタンク

第1章　概　　説

1・1　次　元　と　単　位

次　元　一般に力学的な関係をあらわすには，いろいろの物理量，たとえば，質量・長さ・時間・加速度・エネルギーなどの関係を表わす方程式の形が用いられる．これらの物理量のなかで，独立な基本量3個を選べば，他の物理量は基本量の指数の積で表わすことができる．たとえば，長さ・質量および時間を基本量に選び，その次元を $[L]$, $[M]$, $[T]$ とすると面積は $[L^2]$,　速度 = 長さ/時間は $[LT^{-1}]$, 加速度 = 速度/時間は $[LT^{-2}]$ である．また，力・質量・加速度をそれぞれ f, m, α とすると，ニュートンの運動方程式 $f=m\alpha$ より，力の次元は

$$[f] = [M][LT^{-2}] = [MLT^{-2}]$$

となる．基本量としては物理学では普通 $[LMT]$ 系が用いられるが，工学的な問題に対しては，長さ・力および時間を基本とする $[LFT]$ 系を用いることが多い．基本量をきめると，他の物理量の次元はそれが関係した物理方程式から導かれる．長さを l, 質量を m, 時間を t として，代表的な物理量の次元をあげると表-1・1のようになる．

表-1・1　次　　元　　表

物　理　量	方　程　式	LMT 系	LFT 系
速　　　　　度	$V = dl/dt$	$[LT^{-1}]$	$[LT^{-1}]$
加　　速　　度	$\alpha = dV/dt$	$[LT^{-2}]$	$[LT^{-2}]$
質　　　　　量	m	$[M]$	$[L^{-1}FT^2]$
力	$f = m\alpha$	$[LMT^{-2}]$	$[F]$
運　　動　　量	$M = mV$	$[LMT^{-1}]$	$[FT]$
力　の　強　さ	$P = f/l^2$	$[L^{-1}MT^{-2}]$	$[L^{-2}F]$
粘　性　係　数	$\mu = P/\dfrac{dV}{dl}$	$[L^{-1}MT^{-1}]$	$[L^{-2}FT]$
エ　ネ　ル　ギー	$E = fl$	$[L^2MT^{-2}]$	$[LF]$

単　位　物理量の大きさを表わすには，一定の基準の大きさをきめておいて，その基準量の何倍であるというように表わす．この基準量が単位であ

り，〔LMT〕系では，従来のm-kg-s 単位を基本とする MKS 単位系を用い
てきたが，最近，各国まちまちな単位系を国際的に統一する SI 単位系が提案
され，広く使用されるようになってきた．SI 単位系は，MKS 単位系の3個
の基本単位の他に，電流（A），熱力学温度（K），物質量（mol），光度（cd）
を加えた計7個の基本単位から成りたち，これからすべての物理量の単位が
構成されて，複雑な物理現象の解明に有効である．SI 単位系における力の単
位は，MKS 単位系と同様に，ニュートン（N）で

$$1\,\text{N} = (\text{質量})\,1\,\text{kg}\times(\text{加速度})\,1\,\text{m/s}^2 \quad (1\,\text{kg}=1\,\text{Ns}^2/\text{m}) \qquad (1\cdot1)$$

〔LFT〕系では，力の単位としてキログラム重 kgf を用い，m-kgf-s を基
本単位とする単位系を工学単位（あるいは重力単位）という．力の単位
1 kgf は，地球重力の作用下において質量1 kg の物体の受ける力（その物
体の重量）であるから，重力の加速度を $g=9.8\,\text{m/s}^2$ として，次の式となる．

$$1\,\text{kgf} = (\text{質量})\,1\,\text{kg}\times(\text{重力の加速度})\,9.8\,\text{m/s}^2 = 9.8\,\text{N}$$

圧力の単位には，工学単位では kgf/m^2，tf/m^2，kgf/cm^2 などを用い，水
理学では tf/m^2 を使用することが多い．SI 単位系ではパスカル（Pa），
$1\,\text{Pa} = 1\,\text{N/m}^2$　を用い

$$1\,\text{kgf/m}^2 = 9.8\,\text{Pa} = 9.8\,\text{N/m}^2$$

である．

まとめとして，力，応力（圧力）および単位重量（単位体積あたりの重量）
について，工学単位と SI 単位との関係を示しておく．

$$\left.\begin{array}{l} \text{力（重量）}: 1\,\text{kgf}= 1\,\text{kg}\times9.8\,\text{m/s}^2=9.8\,\text{N} \\ \text{圧力，応力}: 1\,\text{kgf/m}^2=9.8\,\text{Pa}=9.8\,\text{N/m}^2 \\ \text{単 位 重 量}: 1\,\text{kgf/m}^3=9.8\,\text{N/m}^3 \end{array}\right\} \qquad (1\cdot2)$$

（註） 当然 $1\,\text{tf/m}^3=9.8\,\text{kN/m}^3$ である．工学単位の力の単位として 1 tf を用いる
と，水の単位重量は $w=1\,\text{tf/m}^3$ となり，工学単位系は簡明になる．また，水理学で
は，水圧の強さ p を p/w（水柱高）の形に，流れの場における壁面のせん断応力 τ
は密度 ρ でわり，$(\tau/\rho)^{1/2}$ を流速の形に直して使用することが多い．これらの表示は
力，質量に無関係で，物理的，直観的に理解しやすい．

本書の計算には，単位が簡便で使いやすいことと現場での使用などを考慮して，
主として工学単位を用い，基本的な例題のうちの数例について，SI 単位を並記して
いる．なお，両単位系間の変換は，（1・2）式を用いて簡単である．

例　題（1）

【1・1】　毎分回転数・慣性能率・馬力の次元を求めよ.

解　毎分回転数＝（回転数）/（時間）であるからその次元は〔T^{-1}〕

慣性能率 I は運動方程式より　I ×角度速度＝力×腕の長さ　で次元方程式は〔LFT〕系によれば

$$〔I〕/〔T^2〕＝〔F〕・〔L〕　より　〔I〕＝〔LFT^2〕$$

〔LMT〕系では〔F〕＝〔MLT^{-2}〕であるから〔I〕＝〔ML^2〕

馬力は単位時間あたりの仕事量であるから

$$馬力＝\frac{仕事量}{時間}＝\frac{力×長さ}{時間}＝〔FLT^{-1}〕＝〔ML^2T^{-3}〕$$

【1・2】　水の粘度 μ（ミュー）＝$1.00×10^{-2}$ g/（cm・s）を工学単位, SI単位で表わせ.

解　$\mu＝1.00×10^{-2}$ g/（cm・s）における単位部分の変換は

$$\frac{g}{cm・s}＝\frac{10^{-3}kg}{(10^{-2}m)・s}＝10^{-1}\frac{kg}{m・s}＝10^{-1}\frac{kgf/9.8}{(m・s^{-2})・m・s}$$

$$＝\frac{10^{-1}}{9.8}\frac{kgf・s}{m^2}＝10^{-1}\frac{N・s}{m^2}＝10^{-1}Pa・s$$

故に，　$\mu＝1.00×10^{-2}×1.02×10^{-2}$ kgf・m^{-2}・s＝$1.02×10^{-4}$ kgf・m^{-2}・s

　　　＝$1.00×10^{-3}$ N・m^{-2}・s＝1.00 m Pa・s　　（SI単位, m（ミリ）は単位
　　　の10^{-3}倍）

〔**類題**〕　100 lbf/ft³ は何 kgf/m³ か. ただし 1 kgf＝2.205 lbf,　1 m＝3.281 ft

略解　$100\dfrac{lbf}{ft^3}＝100\dfrac{1\,lbf}{(1\,ft)^3}＝100\dfrac{\left(\dfrac{1}{2.205}\right)kgf}{\left(\dfrac{1}{3.281}m\right)^3}＝100\dfrac{(3.281)^3}{2.205}\dfrac{kgf}{m^3}＝1602\,kgf/m^3$

【1・3】　水の密度はSI単位で1000 kg/m³ である. 水の密度 ρ, 単位重量 w（単位体積あたりの重量）はSI単位・工学単位でいくらか.

解　重力の加速度をgとして $w＝\rho g$ である.（1・1），（1・2）式を用い, $g＝9.8$ m/s² として

$$\rho＝1000\,kg/m^3＝1000\,Ns^2/m^4　　　　　　　　　　（SI単位）$$

$$＝\frac{1000}{9.8}\frac{kgf・s^2}{m^3・m}＝102\frac{kgf・s^2}{m^4}　　　　（工学単位）$$

$$w＝\rho g＝9.8×10^3\frac{kg}{m^2s^2}＝9.8×10^3\frac{N}{m^3}＝9.8\frac{kN}{m^3}　　（SI単位）$$

$$＝1000\,kgf/m^3＝1\,tf/m^3　　　　　　　　　　（工学単位）$$

【1・4】　　マンニング（Manning）の流速公式は，$V=(1/n)\,h^{\frac{2}{3}}I^{\frac{1}{2}}$ と書かれる．ここに，V は平均流速，h は水深，I は水面コウ配である．粗度係数 n の次元を求めよ．また，公式がメートル単位で与えられているとき，フート単位で表わすには係数をどう補正すればよいか．

　解　$V,\ h$ の次元は〔LT^{-1}〕，〔L〕で，I は無次元であるから，次元方程式は

$$\text{〔}LT^{-1}\text{〕}=\frac{1}{\text{〔}n\text{〕}}\text{〔}L^{\frac{2}{3}}\text{〕}\quad\text{より}\quad\text{〔}n\text{〕}=\text{〔}L^{-\frac{1}{3}}T\text{〕}$$

メートル単位で測った n の数値はフート単位では

$$n\,\frac{\text{s}}{(\text{m})^{\frac{1}{3}}}=n\,\frac{\text{s}}{(3.281\ \text{ft})^{\frac{1}{3}}}=n\times\frac{1}{(3.281)^{\frac{1}{3}}}\,\frac{\text{s}}{(\text{ft})^{\frac{1}{3}}}$$

$$=\frac{n}{1.486}\,\frac{\text{s}}{\text{ft}^{\frac{1}{3}}}$$

したがってメートル単位できめられた粗度係数 n を用いた場合，Manning 公式はフート単位では次式となる．

$$V=\frac{1.486}{n}\,h^{\frac{2}{3}}I^{\frac{1}{2}}$$

〔**類　題**〕　　シェジー流速公式 $V=C\sqrt{hI}$ における係数 C の値がメートル単位で与えられたとき，フート単位で表わすにはどう補正すればよいか．

　　　　　　　　　　　　　　　　　　答　$V=1.811\,C\sqrt{hI}$

問　　題　（1）

（1）　図-1・1 のような水門から流出する水量 Q は，水門の幅 B，流出係数 C，開き高さを a とすると，$Q=CaBH^{\frac{1}{2}}$ で表わされる．

　a）C の次元を求めよ．　b）C がメートル単位で与えられているとき，公式をフート単位で用いるにはどう補正したらよいか．

　　　　答　$\text{〔}C\text{〕}=\text{〔}L^{\frac{1}{2}}T^{-1}\text{〕},\ Q=1.811\,CaBH^{\frac{1}{2}}$

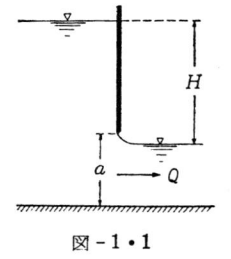

図 - 1・1

（2）　a dyne を lbf（ポンド）で表わせ．

　　　　　　　　　　　　　　答　$\dfrac{2.25}{10^{6}}\,a\,\text{lbf}$

（3）　粘性係数 $\mu=a\,\text{g/cm}\cdot\text{s}$ を工学単位，フート・ポンド単位で表わせ．た

だし **g** は質量のグラムである.

$$答　\frac{a}{98}\frac{\text{kgf}\cdot\text{s}}{\text{m}^2},　2.093\,a\times10^{-3}\frac{\text{lbf}\cdot\text{s}}{\text{ft}^2}$$

1・2　流体の物理的性質

水や空気のように形を変えるのに,さからう抵抗を示さないものを流体という.流体はさらに,その体積を変えるのにさからう抵抗の大小によって液体と気体とに分れ,その代表的なものは水と空気である.

密度・単位重量　　流体の単位体積のもつ質量を密度 ρ といい,単位体積あたりの重量を単位重量 w とよぶ.重力の加速度を g とすると当然 $w = \rho g$ である.

水の密度あるいは単位重量は圧力・温度による影響が甚だ小さく, SI 単位および工学単位で次の値をもつ.

$$\left.\begin{array}{l}\rho = 1000\,\text{kg/m}^3 = 102\,\text{kgf}\cdot\text{s}^2/\text{m}^4 \\ w = 9.8\,\text{kN/m}^3 = 1000\,\text{kgf/m}^3\end{array}\right\} \tag{1・3}$$

気体の場合には密度は圧力・温度により変化するが,その関係はいわゆる状態方程式

$$p = \rho R T \tag{1・4}$$

によって与えられる.ここに p は圧力,T は絶対温度[*],R は気体常数で乾いた空気の場合には $R = 287.0\,\text{m}^2/\text{s}°\text{C}$ である.もし気体の温度が一定に保たれるならば,(1・4) 式は

$$p/\rho = 一定 \tag{1・5}$$

となり,圧力は体積に逆比例する.このような変化を等温変化という.実際には外部との間に熱の交換の許されぬ場合が多いが,そのような変化を断熱変化とよび断熱法則

$$p/\rho^n = 一定 \tag{1・6}$$

が成立する.ここに n は定積比熱と定圧比熱との比で乾いた空気の場合には $n = 1.40$ である.なお,標準状態(1気圧, 15°C)の乾いた空気では

$$\rho = 0.1250\,\text{kgf}\cdot\text{s}^2/\text{m}^4$$

$$w = 1.225\,\text{kgf/m}^3$$

---

[*]　気体の状態方程式における圧力は絶対圧力(後出)である.絶対温度 T と温度 $t°\text{C}$ との間には,$T = 273 + t$ の関係がある.

　圧　力　　一般に物体の中に任意な一つの面を考えると，その面の両側にある物体の部分は互いに力を及ぼし合っている．この面に働く力を単位面積について考え，応力という．応力の方向は一般に面に垂直ではない．しかし静止の状態にある流体では形の変化に対する抵抗がないから，応力は面に垂直で，しかも互いにおし合う方向に働く．この種の応力を圧力という．

　静止した流体のなかに，図 - 1・2 に示すように，長さ dz，断面積 A の微小円柱を切りとりその釣合いを考える．z 軸を鉛直下方にとれば，微小円柱に働く z 方向の力は

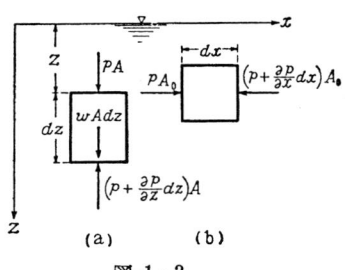

$$\text{(a)} \qquad \text{(b)}$$

図-1・2

　（ⅰ）　座標 z の断面において z の正の方向に作用する合圧力 pA

　（ⅱ）　座標 $z+dz$ の断面において z の負の方向に働く合圧力 $\left(p+\dfrac{\partial p}{\partial z}\,dz\right)A^{*}$，および

　（ⅲ）　微小円柱の重さ $wA\,dz$ よりなる．したがって

$$pA+wA\,dz-\left(p+\frac{\partial p}{\partial z}\,dz\right)A = 0$$

故に　　$\dfrac{\partial p}{\partial z} = w$ 　　　　　　　　　　　　　　　　(1・7)

　同様に長さ dx の水平な微小円柱の釣合いを考えると $\partial p/\partial x = 0$ となり，水平方向には圧力は変化しないことが分かる．したがって，水のような非圧縮性流体（$w = $ 一定）では（1・7）式を積分し，自由表面 $z=0$ で $p=p_0$ とすると

$$p= p_0+wz$$ 　　　　　　　　　　　　　　　　(1・8)

　流体の圧力を表わすのに，真空を基準にして表わすものと，大気圧を基準

---

*)　p は z の関数 であるから，座標 $z+dz$ における p は

$$p(z+dz) = p(z) +\frac{\partial p}{\partial z}dz+\frac{1}{2}\left(\frac{\partial^2 p}{\partial z^2}\right)(dz)^2 +\cdots\cdots$$

dz は微小であるから第3項以下を無視すると，$(z+dz)$ における圧力は $p(z)+\dfrac{\partial p}{\partial z}dz$ となる．

にしてその差で表わす方式とがある．前者を絶対圧力，後者をゲージ圧という．　ゲージ圧を用いると $p-p_0$ をあらためて p と書いて

$$p = wz \qquad (1\cdot9)$$

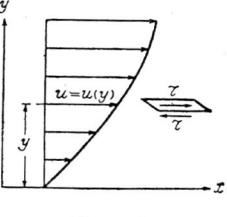

図-1・3

粘　性　流れの中に速度の違いが存在する場合には，この相対速度に抵抗して流れを一様化しようとする調節作用が働く．これを粘性という．運動の方向に x 軸，これに垂直に y 軸をとり運動速度を u とすると，y 軸に垂直な単位面積に平行に作用するセン断応力は

$$\tau = \mu \frac{du}{dy} \qquad (1\cdot10)$$

で表わされる．μ は物質によってきまる常数で粘性係数と いい，また $\nu = \mu/\rho$ を動粘性係数とよぶ（第3章 3・7・1 参照）．

体積弾性係数・圧縮率　体積弾性係数 E_V は圧力変化 dp とそれによって起される体積歪み $-dV/V$ の比として定義され，圧縮率 α はその逆数である．すなわち

$$E_V = \frac{dp}{-\dfrac{dV}{V}} = \frac{dp}{\dfrac{d\rho}{\rho}}, \qquad \alpha = \frac{1}{E_V} \qquad (1\cdot11)$$

水の圧縮性はきわめて僅かで，20°C の水について 1～500 気圧の平均値は $\alpha = 4.23\times10^{-5}\,\mathrm{cm^2/kgf}$ ($E_V = 2.36\times10^4\,\mathrm{kgf/cm^2}$) にすぎないから，弾性波のような特殊な問題を除いては無視しうる場合が多い．これに反して，気体は容易に圧縮され，しばしば圧縮性流体としての取扱いが必要となる．断熱法則に従う気体の場合，E_V は (1・6)，(1・11) 式より $E_V = np$ となる．

表面張力　表面張力は液体と気体との境界面に働く分子引力による力で，その次元は $[MT^{-2}]$，$[FL^{-1}]$ である．水上に管を立てると，管内の水は表面張力の作用により外の水面より高いところまで昇る．この作用を毛管現象とよぶ（例題1・12）．なお．普通の水理計算では，表面張力の作用を考えに入れることはほとんどない．

流体のもつ諸性質の基本的な数値は巻末の付表-1～7 に一括して示してある．

例　　題　（2）

【1・5】 容積 $4.6 \mathrm{m}^3$ の油の重量が $5.260 \mathrm{tf}$ である．単位重量 w，密度 ρ および比重を求めよ．

解　　$w = \dfrac{5.260}{4.6} = 1.143 \mathrm{tf/m}^3 = \underline{1143 \mathrm{kgf/m}^3}$

$\rho = \dfrac{w}{g} = \dfrac{1143}{9.8} \mathrm{kgf \cdot s^2/m^4} = \underline{116.6 \mathrm{kgf \cdot s^2/m^4}}$

比重はある物質の重量 w と同体積の水（4℃）の重量 w_0 との比であるから

比重 $= \dfrac{w}{w_0} = \dfrac{1143 \mathrm{kgf/m}^3}{1000 \mathrm{kgf/m}^3} = \underline{1.143}$

【1・6】 $0.35 \mathrm{m}^3$ の空気を入れた容器があり，圧力は $28 \mathrm{tf/m}^2$，温度は 20℃ であった．いま空気を $0.07 \mathrm{m}^3$ に圧縮したとき　a）　等温変化として このときの圧力はいくらか．　　b）　断熱変化として圧力，温度および体積弾性率を求めよ．

解　　容積を v とすると，質量 m は一定で $\rho = m/v$．また初めの状態の量には添字 0 をつけて区別する．

a）　等温変化の場合　　$p/\rho = p_0/\rho_0$ より　$pv = p_0 v_0$

$\therefore \ p = p_0 \dfrac{v_0}{v} = 28 \times \dfrac{0.35}{0.07} = \underline{140 \mathrm{tf/m}^2}$

b）　断熱変化の場合　　（1・6）式の断熱法則より

$p/\rho^n = p_0/\rho_0{}^n \qquad \therefore \quad pv^n = p_0 v_0{}^n$

$\therefore \ p = p_0 \left(\dfrac{v_0}{v}\right)^n = 28 \left(\dfrac{0.35}{0.07}\right)^{1.4} = \underline{267 \mathrm{tf/m}^2}$

次に $p = \rho R T$，$p_0 = \rho_0 R T_0$ および $p/p_0 = (\rho/\rho_0)^n$ より

$$\dfrac{T}{T_0} = \dfrac{p}{p_0} \cdot \dfrac{\rho_0}{\rho} = \left(\dfrac{p}{p_0}\right)^{1-\frac{1}{n}}$$

$\therefore \ T = T_0 \left(\dfrac{p}{p_0}\right)^{\frac{n-1}{n}} = (273+20) \cdot \left(\dfrac{267}{28}\right)^{\frac{0.4}{1.4}} = 558°$（絶対温度）

$= \underline{285°\mathrm{C}}$

体積弾性率 $E_V = dp \Big/ \left(\dfrac{d\rho}{\rho}\right)$ を求めると，$p = p_0 (\rho/\rho_0)^n$ より

$$\frac{dp}{d\rho} = np_0 \frac{\rho^{n-1}}{\rho_0{}^n} = \frac{n}{\rho} p$$

$$\therefore \quad E_r = np = 1.4 \times 267 = \underline{374 \text{ tf/m}^2}$$

【1・7】 水面下30 m の深さの圧力を求め，水銀柱の高さで表わせ．

解 水の単位重量は $w = 1 \text{ tf/m}^3 = 9.8 \text{ kN/m}^3$ であるから

$$p / w = 30 \text{ m} \qquad\qquad\qquad （水柱高）$$
$$p \quad = 30 \text{ m} \times 1 \text{ tf/m}^3 = 30 \text{ tf/m}^2 \qquad （工学単位）$$
$$\quad = 30 \text{ m} \times 9.8 \text{ kN/m}^3 = 294 \text{ kN/m}^2 \quad （SI単位）$$

水銀柱の高さ h は，水銀の単位重量を 13.57 tf/m^3 とすると

$$p = 30w = 13.57w \times h \quad \text{より} \quad h = 2.21 \text{m}$$

（註） なお，絶対応力を求めると，1気圧 p_0 は水銀柱760 mm の圧力であるから，$p_0 = 13.57 \times 1 \text{ tf/m}^3 \times 0.76 \text{ m} = 10.31 \text{ tf/m}^2$

故に $\quad p = 10.31 + 30.0 = 40.3 \text{ tf/m}^2 \qquad （絶対圧力）$

〔**類 題**〕 比重 0.75 の油を入れたタンクにおいて，自由表面から 3 m の深さにおける圧力を求む．

答 0.225 kgf/cm^2

【1・8】 図-1・4 のように空気・油・水の入った容器があり，ゲージ A の読みは -0.15 kgf/cm^2 であった．a) 側壁に働らく圧力の強さの分布を求む．b) 図のように取りつけたマノメーターの水銀柱の読みの差 h を求む．

解 油の自由表面より測った深さを z m，水の単位重量を $w \text{ kgf/m}^3$ とする．

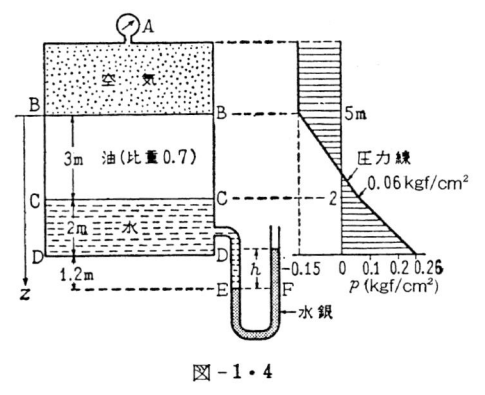

図 - 1・4

a) 油の中では

$$p = -0.15 \times 10^4 + w \times 0.70 \times z = (0.7z - 1.5) \times 10^3 \; (\text{kgf/m}^2)$$

油と水との境界 C では

$$p_C = (0.7 \times 3 - 1.5) \times 10^3 = 0.6 \times 10^3 \text{kgf/m}^2 = \underline{0.06 \text{ kgf/cm}^2}$$

水の中では　$p = 0.6 \times 10^3 + (z-3) \times 10^3 \ (\text{kgf/m}^2)$

容器の底 D では

$$p_D = 0.6 \times 10^3 + 2 \times 10^3 = 2.6 \times 10^3 \ \text{kgf/m}^2 = \underline{0.26 \ \text{kgf/cm}^2}$$

b)　E，F 点は同一水平線上にあるから　$p_E = p_F$

故に　$p_F = h \times 13.57 \times w = p_E = p_D + 1.2 \, w = (2.6 + 1.2) \, w$

$$\therefore \quad \underline{h = 0.28 \ \text{m}}$$

【1・9】　図-1・5に示す差動圧力計 (differential manometer) において，A，B は水，マノメーターの液は比重0.882 の ベンゼン とする．$h_1 = 300 \ \text{mm}$，$h = 150 \ \text{mm}$ とし，中心Bを通る水平面を基準として，B，A間の鉛直高をz_{BA}とする．B，A容器の圧力差を求めよ．

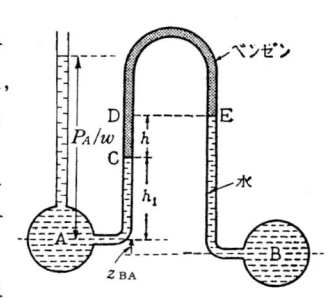

図 - 1・5

解　水の単位重量を w，ベンゼンの単位重量を w' とすると，図の記号を用いて

$$p_E = p_D$$

また，$p_E = p_B - w(h + h_1 + z_{BA})$

$$p_D = p_C - w'h = p_A - wh_1 - w'h$$

上の式から $p_B - p_A$ を求め，ピエゾ水頭 $H \equiv p/w + z$ の形に整理すると

$$\frac{p_B}{w} - \left(\frac{p_A}{w} + z_{BA}\right) = H_B - H_A = \Delta H = h\left(1 - \frac{w'}{w}\right) = 0.0177 \text{m} \quad (1)$$

（註）　上端を大気に解放した鉛直な測圧管（ピエゾメーター）を設けると，その水位は基準水平面からのピエゾ水頭 $H = p/w + z$ を表す．したがって，B，A容器に設置したピエゾ水頭の差 ΔH と差動圧力計の読み h との関係が式（1）で与えられ，同一の ΔH に対応する h の値は w' が w に近い程拡大される．微小な ΔH の測定に差動圧力計がよく用いられる理由である．

【1・10】　地上表面における大気の圧力・密度・絶対温度を　p_0, ρ_0, T_0 とするとき，高度 z における大気の圧力および温度を求めよ．ただし，大気は断熱法則に従うものとする．

解　地表を原点とし，鉛直上向きに z 軸をとると圧力分布は（1・7）式より

$$dp/dz = -\rho g \tag{1}$$

となる[*]　大気が断熱変化に従うとすると，$p/\rho^n = p_0/\rho_0^n$ より

$$\rho = \rho_0 \left(\frac{p}{p_0}\right)^{\frac{1}{n}} \tag{2}$$

（2）式を（1）式の右辺に代入すると

$$\frac{\partial (p/p_0)}{\partial z} = -\frac{\rho_0 g}{p_0} \cdot \left(\frac{p}{p_0}\right)^{\frac{1}{n}} \tag{3}$$

（3）式は容易に積分され，$z = 0$（地表）で $p/p_0 = 1$ とおくと，圧力と高度との関係は次式で与えられる．

$$\frac{n}{n-1}\left[1-\left(\frac{p}{p_0}\right)^{\frac{n-1}{n}}\right] = z \cdot \frac{\rho_0 g}{p_0} = z \frac{g}{RT_0}$$

次に状態方程式（1・4），断熱関係（1・6）式より

$$\frac{p}{p_0} = \frac{\rho T}{\rho_0 T_0} = \left(\frac{p}{p_0}\right)^{\frac{1}{n}}\left(\frac{T}{T_0}\right)$$

故に　$$\left(\frac{p}{p_0}\right)^{\frac{n-1}{n}} = \frac{T}{T_0}$$

したがって大気の温度分布は次のようになる．

$$\frac{n}{n-1}\left(1-\frac{T}{T_0}\right) = \frac{g}{RT_0} z$$

なお上式より温度コウ配は　$\dfrac{dT}{dz} = -\dfrac{(n-1)g}{nR}$　となる．

いま，乾いた空気の値 $n = 1.4$, $R = 287\,\mathrm{m^2/s°C}$, $g = 9.8\,\mathrm{m/s^2}$ を入れると $\dfrac{dT}{dz} = -0.00975°\mathrm{C/m}$ となって，高度 100 m 昇るごとに約 1°C の割合で温度は低下してゆくことになる．しかし実測されている温度コウ配は 100 m 昇るごとに約 0.65°C であって，上の計算値より小さい．その理由は安定の問題に関係することが知られている．

【1・11】　30°C における小さい水滴の直径が 0.5 mm のとき，水滴内

---

[*]　重力の方向は鉛直上向きにとった z 軸の向きと反対であるから負号がつく．（1・7）式参照のこと．

の圧力は外の圧力よりいくら高いか.

　解　図-1・6 に示すように直径 d なる小滴の
球を半分に分割し, この半球に働く力の釣合を考え
る. 円周 πd のまわりに $\sigma\pi d$ なる表面張力による
力と, 水圧による力 = 圧力×投影面積 = $p\pi d^2/4$
(第2章 2・1 参照) とが釣り合う. ここに σ は表面
張力, p は外圧を基準として測った水滴内の圧力を
表わす. すなわち

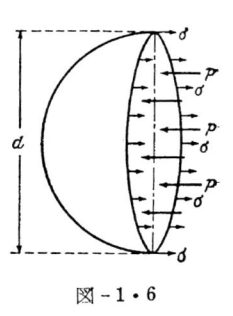

図 – 1・6

$$\sigma\pi d = p\pi d^2/4 \quad より \quad p = 4\sigma/d$$

温度 30°C における水の表面張力は付表-1 より $\sigma = 0.0726\,\mathrm{gf/cm}$である
から, 上式に $d = 0.05\,\mathrm{cm}$ を代入すると

$$p = \frac{4\times0.0726}{0.05} = 5.808\,\mathrm{gf/cm^2}$$

　(**注意**)　本例題の gf は $0.001\,\mathrm{kgf}$ を意味する力である.

　【1・12】　水の中に 直径 d の細い管
を鉛直に立てたとき, 管内の水が水面より
昇る高さ h を求めよ.

　解　図-1・7 において, ABCD 部分
の力の釣合を考えると

　(表面張力による上向きの力) − (ABCD
　の重さ, 下向き) + (CD に働く水圧) −
　(AB に働く大気圧) = 0

上式において, CD 面の圧力は水面と同じ
水平面上にあるから大気圧に等しく, 最後
の2項は打ち消し合う. 結局

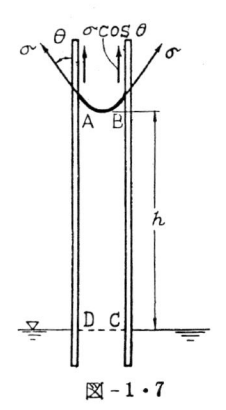

図 – 1・7

$$\sigma\pi d\cos\theta - \frac{\pi}{4}d^2wh = 0 \quad より$$

$$h = \frac{4\sigma\cos\theta}{wd}$$

なお, きれいなガラス管に水が接触する場合には, 接触角 θ は $\theta = 0°$ とみ
なして差支えない.

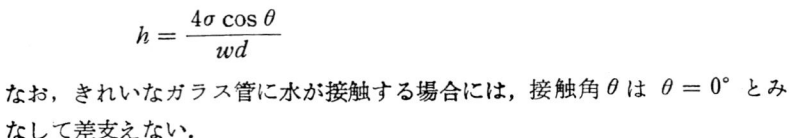

〔**類 題**〕 水の中に細い管を鉛直に立てたとき，管内の水が水面より 1.20 cm 昇った．管の直径はいくらか．ただし，水温は 20°C とする．

（註） $\sigma = 0.0742\,\mathrm{gf/cm}\,(20°C)$

答 0.247 cm

問 題 （2）

（1） 1600 m の水底の水の単位重量を求めよ．ただし，水表面の水の単位重量を 1000 kgf/m³ とする．

答 1006.5 kgf/m³

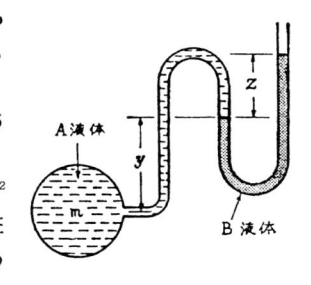

（2） 図 -1・8 において次の二つの場合について，A の液体が入っている m 点の圧力を求めよ． a） A は水，B は水銀，$y = 60$ cm，$z = 30$ cm， b） A は比重 0.8 の油，B は比重 1.25 の塩化カルシウム溶液，$y = 80$ cm，$z = 20$ cm

答 a） 0.468 kgf/cm² b） 0.089 kgf/cm²

図 -1・8

（3） 内径 4 mm のマノメーターによって圧力を測定し水柱 239 mm を得たとすると，実際の圧力はいくらか．

答 水柱 232 mm

（4） 図 -1・9 の傾斜マノメーター（$\sin\alpha = 1/8$）において，無水アルコール（比重 0.793）の液が圧力をかけないときの液面より $y = 12$ cm 変位した．圧力 p はいくらか．ただし，液槽・マノメーターの断面積をそれぞれ A, a として $a/A = 1/100$ とする．

答 $p = 12.85\,\mathrm{kgf/m}^2$

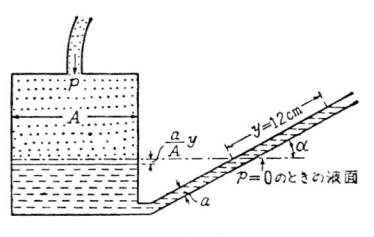

図 -1・9

1・3 π（パイ）定理

水理学に限らず一般的な力学の問題において，一つの物理量 A_1 に関係する要素として，$A_2, A_3, \cdots\cdots A_n$ が考えられるとき，その関係は次のように書かれる．

$$A_1 = f(A_2, A_3, \cdots\cdots, A_n)$$

　次元解析によると，上式は変量の数 n 個から，その中に含まれる基本量の数 m 個をひいた $(n-m)$ 個の独立な無次元量 $\pi_1, \pi_2, \cdots, \pi_{n-m}$ を用いた次の関係式

$$\pi_1 = \varphi\,(\pi_2,\ \pi_3,\ \cdots, \pi_{n-m}) \tag{1・12}$$

と全く同等である．これをバッキンガム（Buckingham）の π 定理という．この定理の証明は省略するが*，例題 1・14 により定理の成立は容易に推察されるであろう．

　例　　題（3）

　【1・13】　図-1・10 に示すように，長さ l の重さのない糸の先端に，質量 m の錘をつけた単振子の振動周期 τ の関数形を次元解析により求めよ．

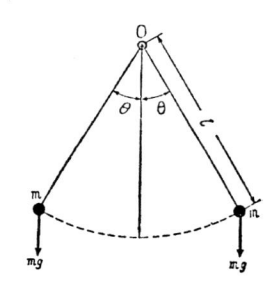

図 - 1・10

　解　周期 τ に影響をもつと予想される物理量としては，$l,\ m$ の他に運動の要因である重力の加速度 g，および糸の傾きの角 θ があげられる．したがって，τ の関数形は

$$\tau = f(l,\ m,\ g,\ \theta) \tag{1}$$

いま，右辺が一つの積の形で表わされると仮定し，k を無次元の定数として

$$\tau = kl^x\,m^y\,g^z\,\theta^s \tag{2}$$

とおく．θ は無次元であるから，（2）式の次元方程式は

$$[L^0 M^0 T] = k\,[L]^x\,[M]^y\,[LT^{-2}]^z$$

であって，両辺が同次元であることより

　$[L]$ について　　　$0 = x+z$

　$[M]$ について　　　$0 = y$

　$[T]$ について　　　$1 = -2z$

故に　$x = 1/2,\ y = 0,\ z = -1/2$ となり，（2）式は

$$\tau = k\left(\frac{l}{g}\right)^{\frac{1}{2}} \theta^s \tag{3}$$

---

*)　たとえば，本間仁・春日屋伸昌著　次元解析・最小2乗法と実験式，p. 22〜28 に詳しい証明がある．

上式は（2）式のように始めから積の形を仮定して得られたものであるから，一般に $k\theta^s$ を θ の関数でおきかえて

$$\tau = \sqrt{\frac{l}{g}}\,\phi\,(\theta) \quad \text{あるいは} \quad \tau\sqrt{\frac{g}{l}} = \phi\,(\theta) \tag{4}$$

が得られる．次元解析で求められるものは上式までであって，$\phi\,(\theta)$ の形をきめるためには運動方程式

$$m\frac{d^2\,(l\theta)}{dt^2} = -mg\sin\theta \tag{5}$$

を解くか，または実験によらなければならない．

（註）　もし，われわれが次元解析および運動方程式（5）式を知らずに，振動周期 τ を実験的に求めようとすると，（1）式より g は一定としても，l，m および θ の値をいろいろに変えた多数の組み合わせについて実験を行ない，その結果から τ の関数形を判断しなければならない．しかし，次元解析を用いると m は τ に影響せず，かつ τ は $\sqrt{l/g}$ に比例し，$\tau\sqrt{g/l}$ は θ だけの関数であることが保証されているので，一つの振子（l，g は既知）を角度 θ で振らせて，週期 τ を測定する．θ をいろいろに変化させて $\tau\sqrt{g/l}$ と θ の関係をプロットすると，$\phi\,(\theta)$ の関数形が実験的に求められる．このように次元解析により実験の労力を節約し，はるかに合理的な結果をうることができる．

〔類　題〕　それ自身の表面張力の作用で小さく振動する小滴の振動周期 τ は表面張力 σ，液体の密度 ρ，水滴の直径 D に関係する．τ の関数形を求めよ．

$$答\quad \tau = k\sqrt{\frac{\rho D^3}{\sigma}}$$

【1・14】　球に働く力 F は球の直径 D，流れの速度 V，液体の密度 ρ および動粘性係数 ν に関係すると考えられる．F の関数形を求めよ．

解　　　$F = f\,(D,\ V,\ \rho,\ \nu)$ 　　　　　　　　　　　　（1）

と書いて，右辺が一つの積の形で表わされると仮定し，k を比例常数として

$$F = kD^x V^y \rho^z \nu^s \tag{2}$$

の形に書く．次元方程式

$$[LMT^{-2}] = [L]^x\,[LT^{-1}]^y\,[ML^{-3}]^z\,[L^2T^{-1}]^s$$

より両辺の L，M，T の指数を等しいとおいて

$$1 = x+y-3\,z+2\,s, \quad 1 = z, \quad -2 = -y-s \tag{3}$$

が得られる．方程式の数は3個であるから，x，y，z および s の全部をきめ

ることはできない. いま, s を未知数として残すと, $x = 2-s$, $y = 2-s$, $z = 1$, したがって（2）式より

$$F = k\rho D^2 V^2 \left(\frac{DV}{\nu}\right)^{-s}$$

もっともこの結果は（2）式の形に仮定して得られたものであるから, 一般には $k(DV/\nu)^{-s}$ を DV/ν の関数でおきかえると, F の関数形は次のようになる.

$$\frac{F}{\rho V^2 D^2} = \phi\left(\frac{DV}{\nu}\right) \tag{4}$$

さて, 上の考察を Buckingham の π 定理と照合してみよう. 物理量は F, D, V, ρ および ν の5個であるから,（2）式の指数は x, y, z および s なる（5-1）の未知量を含む. このうち, 両辺が同次元であるという条件より, 物理量に含まれている基本量の数（ここでは, L, M, T の3個）だけはきめることができるから, 結局指数の未知量は（5-1）-3 = 1 個となる. このようにして,（2）式は左辺に1個の無次元積と, 右辺に1個の無次元積との関数関係として表わされることがわかる. π 定理の要請することは, この例題では物理量が $n = 5$ 個, 含まれる基本量の数が L, M, T なる $m = 3$ 個であるから,（1）式は $n - m = 5 - 3 = 2$ 個の無次元積 π_1, π_2 の間に $\pi_1 = \phi(\pi_2)$ なる関係が存在することである.

π_1, π_2 を求めるには次のようにする.（1）式の物理量のうち, 独立変量として流体の性質を示す密度 ρ, 流れの運動学的性質を示す速度 V および幾何学的性質を表わす直径 D を選び（独立変量の数は物理量に含まれる基本量の数に等しく, ここでは L, M, T の3個）, 二つの無次元量を次の形におく.

$$\pi_1 = D^{x_1} V^{y_1} \rho^{z_1} F, \qquad \pi_2 = D^{x_2} V^{y_2} \rho^{z_2} \nu^{-1} \tag{5}$$

π_1 の次元方程式 $[L^0 M^0 T^0] = [L]^{x_1} [LT^{-1}]^{y_1} [ML^{-3}]^{z_1} [MLT^{-2}]$ より

$$0 = x_1 + y_1 - 3z_1 + 1, \qquad 0 = z_1 + 1, \qquad 0 = -y_1 - 2$$

$$\therefore \quad x_1 = -2, \qquad y_1 = -2, \qquad z_1 = -1$$

故に $\pi_1 = F/\rho V^2 D^2$. 同様にして $\pi_2 = DV/\nu$ これより $\dfrac{F}{\rho V^2 D^2} = \phi\left(\dfrac{DV}{\nu}\right)$ となる. このように π 定理によれば無次元積の数が直ちにわかり, 上述のように簡単に結果を得ることができる.

　（注意）　（3）式において s を未知数として残すかわりに, x を未知数として残

すと，$s = 2-x$, $y = x$, $z = 1$ となり，（4）式の代りに

$$F/\rho\nu^2 = f(DV/\nu) \tag{6}$$

また，$\pi_1 = \phi(\pi_2)$ において，独立変量として ν, V, ρ を選ぶと，$\pi_1 = \nu^{x_1} V^{y_1} \rho^{z_1} F$, $\pi_2 = \nu^{x_2} V^{y_2} \rho^{z_2} D$ より $\pi_1 = F/\rho\nu^2$, $\pi_2 = VD/\nu$ となり，やはり（6）式をうる．このように独立変量のとり方により，一見結果が異なるようにみえるが，

$$\frac{F}{\rho\nu^2} = \frac{F}{\rho V^2 D^2}\left(\frac{DV}{\nu}\right)^2$$

と書きかえれば明らかなように，（6）式も（4）の関係式 $\dfrac{F}{\rho V^2 D^2} = \phi\left(\dfrac{DV}{\nu}\right)$ に帰着する．このように次元解析においては，（4）の関係式と（6）の関係式は全く同等なものであるが，$F/\rho\nu^2$ のような無次元積は物理的意味にとほしく，実際の目的に対しては（6）式の表示は適当でない．一般に，求める物理量 F に最も強く影響をおよぼす要素である流体密度・代表流速・代表長さを独立変量に選ぶ．

〔**類題**〕　　船の造波抵抗 F は船の進行速度 V，流体の密度 ρ，重力の加速度 g および船の代表的な長さ l に関係する．F の関数形を求めよ．

答　$F/\rho V^2 l^2 = f(V^2/gl)$

【**1・15**】　　　プロペラの出力 P を空気の密度 ρ，プロペラの直径 D，風速 V，回転速度 ω および音速 C の関数とみなして，P の関数形を求めよ．

解　　$P = f(\rho, D, V, \omega, C)$ において，物理量は $n = 6$ 個，その中に含まれる基本量の数は L, F, T なる $m = 3$ 個であるから，π 定理により P の関数形は $n-m = 6-3 = 3$ 個の無次元積の間の関係式 $\pi_1 = \phi(\pi_2, \pi_3)$ に帰着することがわかる．次にプロペラの出力に最も影響の大きいものは，流体の物理的性質として ρ，運動学的な量として回転速度 ω，幾何学的な長さとして直径 D であるから，ρ, ω, D を基本変量とすると

$$\pi_1 = \rho^{x_1} \omega^{y_1} D^{z_1} P, \qquad \pi_2 = \rho^{x_2} \omega^{y_2} D^{z_2} V^{-1}$$
$$\pi_3 = \rho^{x_3} \omega^{y_3} D^{z_3} C^{-1}$$

π_1 の次元方程式は L, F, T 系で

$$[L^0 F^0 T^0] = [FT^2 L^{-4}]^{x_1} [T^{-1}]^{y_1} [L]^{z_1} [FLT^{-1}]$$

故に　$[L]: 0 = -4x_1 + z_1 + 1$, 　　$[F]: 0 = x_1 + 1$

より　$[T]: 0 = 2x_1 - y_1 - 1$

より　$x_1 = -1$, 　$y_1 = -3$, 　$z_1 = -5$

すなわち　$\pi_1 = \dfrac{P}{\rho\omega^3 D^5}$, 　同様にして　$\pi_2 = \dfrac{D\omega}{V}$, 　$\pi_3 = \dfrac{D\omega}{C}$

したがって P の関数形は次式となる.

$$\frac{P}{\rho\omega^3 D^5} = \phi\left(\frac{D\omega}{V}, \frac{D\omega}{C}\right)$$

問   題 (3)

(1) 地表より高さ H の点にあった質量 m の質点が静止の状態から自由落下する. 次元解析により質点が地表に達したときの速度の式を求めよ.

$$答\quad V/\sqrt{gH} = 一定$$

(2) 長さ l の矩形箱に深さ h まで水を入れ,箱を動かして水に振動を与えたときの自由振動周期 τ の関数形を求めよ.

$$答\quad \tau = \frac{l}{\sqrt{gh}}\phi\left(\frac{h}{l}\right)$$

1・4 模型実験の相似律*

　模型実験は模型で起った実験結果から,原型に起るべき現象を推論しようとするものであるから,両者に起る二つの現象が幾何学的に相似であるばかりでなく,力学的にも相似でなければならない. したがって模型実験に当っては原型の諸量に対する模型の縮尺をきめることが重要な問題となる. そのためには,まず π 定理によって基本方程式を無次元積の間の関係式に書き直しておき,一つ一つの無次元積が模型と原型との間で共通の値を保つようにする.

　力学的相似の条件は,ニュートンの運動方程式 $m\alpha = \Sigma F$ より導かれる. 力 F は水理学では一般に圧力・粘性力・重力・表面張力・弾性力よりなるから

$$1 = \left(\frac{圧力+粘性力+重力+表面張力+弾性力}{m\alpha}\right) \qquad (1\cdot13)$$

における右辺の各項は明らかに無次元量であって,代表的な長さを L,流速を V とすると,水理現象を規定する無次元量は次のように求められる. ただし,$T = L/V$,A: 面積.

力と慣性力との比: $\dfrac{F}{m\alpha} = \dfrac{F}{\rho L^3 V T^{-1}} = \dfrac{F}{\rho L^2 V^2} = \dfrac{F}{\rho A V^2}$ $\quad(1\cdot14)$

圧力と慣性力との比: $\dfrac{pA}{m\alpha} = \dfrac{pL^2}{\rho L^3 L T^{-2}} = \dfrac{p}{\rho L^2 T^{-2}} = \dfrac{p}{\rho V^2}$ $\quad(1\cdot15)$

慣性力と粘性力との比:

---

*) 本節は後まわしにされてもよい.

$$\frac{m\alpha}{\tau A} = \frac{\rho L^2 V^2}{\mu\left(\dfrac{dV}{dy}\right)A} = \frac{\rho L^2 V^2}{\mu\dfrac{V}{L}L^2} = \frac{\rho V L}{\mu} = \frac{V L}{\nu} = R_e$$

$$= \text{レイノルズ (Reynolds) 数} \qquad (1・16)$$

慣性力と重力との比:

$$\frac{m\alpha}{mg} = \frac{\rho L^2 V^2}{\rho L^3 g} = \frac{V^2}{Lg}, \quad \frac{V}{\sqrt{Lg}} = F_r$$

$$= \text{フルード (Froude) 数} \qquad (1・17)$$

慣性力と弾性力との比:

$$\frac{m\alpha}{EA} = \frac{\rho L^2 V^2}{EL^2} = \frac{\rho V^2}{E}, \quad \frac{V}{\sqrt{E/\rho}} = \text{コーシー (Cauchy) 数}$$

$$\text{またはマッハ (Mach) 数} \qquad (1・18)$$

慣性力と表面張力との比:

$$\frac{m\alpha}{\sigma L} = \frac{\rho V^2 L^2}{\sigma L} = \frac{\rho L V^2}{\sigma} = \text{ウエーバー (Weber) 数} \qquad (1・19)$$

上述の無次元量のうち，力 F は圧力を全表面に亘って積分したものであるから，(1・14),(1・15) 式は同じことをいい表わしたものに過ぎない．したがって，(1・13) 式は一般に流体の運動において，次の関数関係

$$\frac{F}{\rho V^2 L^2} \text{ または } \frac{p}{\rho V^2} = \phi\left(\frac{VL}{\nu}, \frac{V}{\sqrt{gL}}, \frac{V}{\sqrt{E/\rho}}, \frac{\rho L V^2}{\sigma}\right)$$

$$(1・20)$$

が成立することを示している．水理学では弾性力・表面張力の影響を無視しうる場合が多く，このときには，上式は次式のように簡単化される．

$$\frac{F}{\rho V^2 L^2} \text{ または } \frac{p}{\rho V^2} = \phi\left(\frac{VL}{\nu}, \frac{V}{\sqrt{gL}}\right) \qquad (1・21)$$

例　題 (4)

【1・16】　　慣性力と重力だけによって支配される現象において，模型と原型との流速・流量・圧力の比を長さの縮尺で表わせ．

解　　模型に m，原型に p なる添字をつけて区別する．(1・20)式より，慣性力と重力だけに支配される現象を規定する無次元積はフルード数 $V/\sqrt{Lg}$ だけであり，この値が両者とも等しければ現象は相似に保たれる．したがっ

て

$$\frac{V_p}{\sqrt{gL_p}} = \frac{V_m}{\sqrt{gL_m}}, \quad \frac{L_m}{L_p} = \lambda \ (\text{縮尺}) \ \text{より} \ \frac{V_m}{V_p} = \sqrt{\lambda}$$

流量 Q は

$$\frac{Q_m}{Q_p} = \frac{L_m{}^2 V_m}{L_p{}^2 V_p} = \lambda^2 \sqrt{\lambda} = \lambda^{\frac{5}{2}} \tag{1}$$

またフルード数が同一であれば

$$\frac{p}{\rho V^2} \ \text{または} \ \frac{F}{\rho V^2 L^2} = f\!\left(\frac{V}{\sqrt{gL}}\right)$$

より $p/\rho V^2,\ F/\rho V^2 L^2$ はいずれも模型と原型とで同じ値を持つ．すなわち

$$\frac{p_m}{\rho_m V_m{}^2} = \frac{p_p}{\rho_p V_p{}^2} \ \text{より} \ \frac{p_m}{p_p} = \frac{\rho_m}{\rho_p}\!\left(\frac{V_m}{V_p}\right)^2 = \frac{\rho_m}{\rho_p}\lambda \tag{2}$$

$$\frac{F_m}{F_p} = \frac{\rho_m V_m{}^2 L_m{}^2}{\rho_p V_p{}^2 L_p{}^2} = \frac{\rho_m}{\rho_p}\lambda^3$$

【1・17】　越流ダムの 1/50 の模型が幅 2 m の水路に造られている．原型ダムの越流堤頂の高さは 42 m で計画最大越流水深（貯水池水面よりダムの越流堤頂までの水深）は 5 m である．

a)　模型ダムの高さおよび越流水深をきめよ．b)　そのときの実験流量が 0.126 m³/sec とすると原型の流量はいくらか．c)　模型ダムの頂部における底面圧力が 12 kgf/m² のとき，原型の対応点における圧力はいくらか．

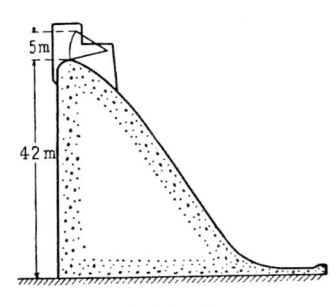

図 - 1・11

解　a)　幾何学的な相似条件 ＝（模型の長さ）/（原型の長さ）＝ 1/50 より，模型のダムの高さは 42×1/50 ＝ 0.84 m，越流水深は 5×1/50 ＝ 0.1 m.

b)　ダムの越流においては，粘性・表面張力・弾性力の影響は小さく，慣性力と重力の作用が卓越している．したがってフルードの相似法則が成立し，例題1・16 の（1）式より原型の流量 Q_p は

$$Q_p = Q_m \frac{1}{\lambda^{\frac{5}{2}}} = 0.126 \times \frac{1}{(1/50)^{\frac{5}{2}}} = 2227 \ \text{m}^3/\text{sec}$$

となる．ただし，この流量は模型の 2 m，すなわち原型ダムの $2/\lambda = 2 \times 50$ = 100 m の間を流れる流量であるから，単位幅あたりには

$$Q_p/100 = \underline{22.27 \text{ m}^3/\text{s} \cdot \text{m}}$$

c) 前例題の（2）式において $\rho_m = \rho_p$ であるから，

$$p_p = p_m/\lambda = 12 \times 50 = \underline{600 \text{ kgf/m}^2}$$

〔類 題〕 慣性力と粘性力だけに支配される現象において，模型と原型との流量・流速・圧力・力の比を長さの縮尺で表わせ．

略解 （1・16），（1・20）式よりレイノルズ数を一致させれば，模型と原型との現象は相似に保たれる．したがって

$$\frac{V_m L_m}{\nu_m} = \frac{V_p L_p}{\nu_p}, \qquad \frac{L_m}{L_p} = \lambda \quad \text{より}$$

$$\frac{V_m}{V_p} = \frac{L_p}{L_m} \frac{\nu_m}{\nu_p} = \frac{1}{\lambda} \frac{\nu_m}{\nu_p} \tag{1}$$

（1）式において ν_m, ν_p はそれぞれ模型および原型の動粘性係数である．また

$$\frac{Q_m}{Q_p} = \frac{L_m^2 V_m}{L_p^2 V_p} = \lambda^2 \left(\frac{1}{\lambda} \frac{\nu_m}{\nu_p} \right) = \lambda \frac{\nu_m}{\nu_p} \tag{2}$$

$$\frac{p_m}{p_p} = \frac{\rho_m}{\rho_p} \left(\frac{V_m^2}{V_p^2} \right) = \frac{\rho_m}{\rho_p} \frac{\nu_m^2}{\nu_p^2} \frac{1}{\lambda^2}$$

力 F の比は

$$\frac{F_m}{F_p} = \frac{\rho_m}{\rho_p} \frac{\nu_m^2}{\nu_p^2} \tag{3}$$

（**註**） 慣性力・重力および粘性力によって規定される現象において，相似を保たせるにはフルード数およびレイノルズ数を共に一致させる必要がある．そのためには，例題 1・16 および前記類題の（1）式より $V_m/V_p = \sqrt{\lambda} = (1/\lambda) \nu_m/\nu_p$，すなわち $\nu_m/\nu_p = \lambda^{\frac{3}{2}}$ でなければならない．実在の流体では，この条件を満足させることは非常に困難であるから，実際問題としては一方を無視して実験を行なうことが多い．

【**1・18**】 渦巻ポンプの標準寸法を D（たとえば羽根車直径），吸込口と吐出口の間のヘッド差を H，流量を Q，回転数を n とするとき，ポンプの効率 η を実験的に求めるには模型の縮尺をどうきめればよいか．

解 ヘッド差 H が入っているから，次元考察において考えられる物理量は上の要素の他に，重力の加速度

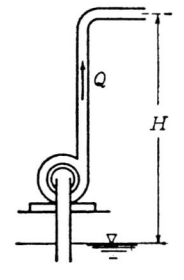

図 - 1・12

g が考えられる．上記の諸量に力の次元が入っていないから，密度 ρ は η には無関係であろう．したがって物理量は，$\eta,\ D,\ H,\ Q,\ n,\ g$ の6個，また含まれる基本量は $L,\ T$ の2個であるから，効率は4個の無次元積の間の関係式になる．そのうち，$\pi_1 = \eta,\ \pi_2 = H/D$ としよう．他の2個については，$Q,\ n$ を独立変量に選び（基本量が2個だから，独立変量も2個しかない）次式のようにおく．

$$\pi_3 = Q^{x_1}\, n^{y_1}\, D, \qquad \pi_4 = Q^{x_2}\, n^{y_2}\, g$$

π_3 について

$$[L^0 T^0] = [L^3 T^{-1}]^{x_1}\, [T^{-1}]^{y_1}\, [L]$$

$$\therefore \ [L] : 0 = 3\,x_1 + 1, \qquad [T] : 0 = -x_1 - y_1$$

より　$x_1 = -1/3, \qquad y_1 = 1/3$

すなわち　$\pi_3 = \dfrac{D\sqrt[3]{n}}{\sqrt[3]{Q}}$,　同様にして　$\pi_4 = \dfrac{g}{\sqrt[3]{Q n^5}}$　となる．故に

$$\eta = \phi\left(\frac{H}{D},\ \frac{D^3 n}{Q},\ \frac{g^3}{Q n^5}\right)$$

あるいは $g^3/Q n^5$ の代りに $\left(\dfrac{D^3 n}{Q}\right)^5 \times \left(\dfrac{g^3}{Q n^5}\right) = \left(\dfrac{D^5 g}{Q^2}\right)^3$ なる無次元量を用いて

$$\eta = \phi\left(\frac{H}{D},\ \frac{D^5 g}{Q^2},\ \frac{D^3 n}{Q}\right)$$

模型実験から η を求めるには，模型と原型において上式の右辺の3個の無次元積を一致させればよい．したがって D の縮尺を λ とすると

$$\frac{H_m}{D_m} = \frac{H_p}{D_p} \ \text{より} \ \frac{H_m}{H_p} = \lambda$$

$$\frac{D_m{}^5 g}{Q_m{}^2} = \frac{D_p{}^5 g}{Q_p{}^2} \ \text{より} \ \frac{Q_m}{Q_p} = \left(\frac{D_m}{D_p}\right)^{\frac{5}{2}} = \lambda^{\frac{5}{2}}$$

$$\frac{D_m{}^3 n_m}{Q_m} = \frac{D_p{}^3 n_p}{Q_p} \ \text{より} \ \frac{n_m}{n_p} = \left(\frac{Q_m}{Q_p}\right)\left(\frac{D_p}{D_m}\right)^3 = \frac{\lambda^{2.5}}{\lambda^3} = \lambda^{-\frac{1}{2}}$$

問　　題　（4）

（1）　貯水池の模型があり，末端のリフトゲートを開放すると，45分間で貯水池の水が全部流出しつくすものとする．模型の縮尺が 1/225 のとき，原型の貯水池を空

にするには何分かかるか.

答 $45 \times \sqrt{225}$（分）$= 11$ 時間 15 分

（2） 縮尺 1/50 の河川模型がある. フルード数を一致させるようにするには，模型粗度と原型粗度との関係はどのようにきめたらよいか. ただし，流速公式は次のマンニング（Manning）公式を用いるものとする.

$$V = \frac{1}{n} h^{\frac{2}{3}} I^{\frac{1}{2}}$$

ただし，V は平均流速，n は粗度係数，h は水深，I は水面コウ配（無次元）とする.

答 $\dfrac{n_m}{n_p} = \left(\dfrac{1}{50}\right)^{\frac{1}{6}} = 0.521$

（3） 真水を入れた試験水槽において，長さ 2.5 m の模型船を 1.95 m/sec の速度で走らせたときの抵抗は 4.8 kgf であった. a） 原型船の長さを 38.4 m とすると，この実験は原型船の何 m/sec の速度にあたるか. b） 原型船がこの速度で海水（比重 1.026）中を航行するために必要な力を求む. ただし，船の抵抗の うち，摩擦抵抗は無視できるものとする.

答 a） 7.64 m/sec b） 17.85 tf

第2章　静　水　力　学

2・1　平面に働く全水圧

図-2・1に示すように水面と角 θ をなす平面壁には，水深に比例する静水圧が面に垂直に作用する．

したがってこれらの平行力は力学の法則により，一つの合力 P におきかえることができる．またこの仮想上の合力が作用する点を水圧の中心とよぶ．

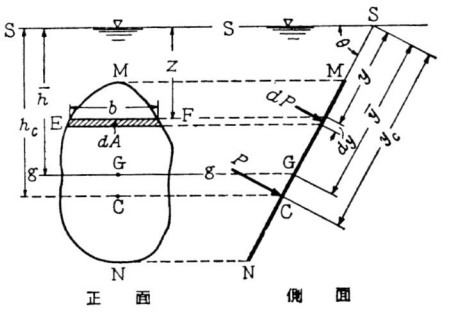

図 - 2・1

合力 P は図-2・1の微小水平帯 EF に働く力 $dP = wy\sin\theta \cdot dA$ を，断面全体に亘って積分することにより次式のようになる．

$$P = w\bar{h}\,A \tag{2・1}$$

ここに，w: 液体の単位重量，$\bar{h}$: 面 MN の図心（図形の重心）の深さ，A: 面 MN の面積．

また水圧中心の位置 y_c は，水面 SS に関する合力 P のモーメントが，微小水平帯に働く力のモーメントの積分値に等しいとおいて次式をうる．

$$y_c = \bar{y} + \frac{k^2}{\bar{y}} \tag{2・2}$$

ここに，y_c は水表面から圧力中心までの平面壁に沿っての長さ，$\bar{y}$ は水表面から図心までの平面壁に沿っての長さ，k は断面2次半径である．代表的な各種図形の面積，図心の位置，断面2次モーメントおよび k の値は表-2・1にかかげてある．

例　題（5）

【2・1】　水面と角 θ をなす平面壁に働く力および圧力中心が（2・1），（2・2）式で与えられることを示せ．

表 - 2・1

図　　　形	面　積 A	最下端より図心 G までの鉛直距離	XX 軸に関する断面 2 次モーメント I	断面 2 次半径 k $(=\sqrt{I/A})$
$X-h\ [G,\ h/2,\ b]\ -X$	bh	$\dfrac{h}{2}$	$\dfrac{bh^3}{12}$	$\sqrt{\dfrac{h^2}{12}}$
$X\ [h,\ G,\ b]\ -X$	$\dfrac{bh}{2}$	$\dfrac{h}{3}$	$\dfrac{bh^3}{36}$	$\sqrt{\dfrac{h^2}{18}}$
$X\ [a,\ h,\ G,\ b]\ -X$	$\dfrac{h}{2}(a+b)$	$\dfrac{h}{3}\dfrac{2a+b}{a+b}$	$\dfrac{h^3}{36}\dfrac{a^2+4ab+b^2}{a+b}$	$\sqrt{\dfrac{h^2}{18}\dfrac{a^2+4ab+b^2}{(a+b)^2}}$
$X-D\ [G]\ -X$	$\dfrac{\pi D^2}{4}$	$\dfrac{D}{2}$	$\dfrac{\pi D^4}{64}$	$\sqrt{\dfrac{D^2}{16}}$
$X\ [G,\ b,\ a]\ -X$	πab	a	$\dfrac{\pi a^3 b}{4}$	$\sqrt{\dfrac{a^2}{4}}$
$X\ [2r,\ G]\ -X$	$\dfrac{\pi r^2}{2}$	$0.5756\,r$	$0.1098\,r^4$	$\sqrt{0.0699\,r^2}$

解　a)　図 - 2・1 の面 MN を EF 帯のように幅 dy, 面積 dA の小さい帯に分割すれば，この帯に作用する単位圧力は (1・9) 式より，$p = wz = wy\sin\theta$ であるから，帯 EF に作用する水圧は $dP = wy\sin\theta \cdot dA$
したがって MN 面に作用する全水圧は

$$P = w\sin\theta \int y\,dA \tag{1}$$

一方，図心の定義より，$\displaystyle\int y\,dA = A\overline{y} = A\overline{h}/\sin\theta$ である. 故に, $P = w\overline{h}A$

b)　水面 SS を面 MN に対するモーメント軸にとると，明らかに $Py_c = \int y\,dP.$ また，$P = wA\bar{y}\sin\theta,\ dP = wy\sin\theta\cdot dA$ であるから

$$y_c = \frac{\int y\,dP}{P} = \frac{w\sin\theta\int y^2\,dA}{w\sin\theta\,A\bar{y}} = \frac{\int y^2\,dA}{A\bar{y}} \tag{2}$$

上式において，$\int y^2\,dA$ は SS 軸に関する面 MN の断面2次モーメント I_s である．また図心 G を通り，SS 軸に平行な gg 軸に関する面 MN の断面2次モーメントを I_G，断面2次半径を k とすれば

$$I_s = I_G + \bar{y}^2\cdot A = k^2\cdot A + \bar{y}^2\cdot A.$$

これを（2）式に代入して，$y_c = \dfrac{I_s}{A\bar{y}} = \bar{y} + \dfrac{k^2}{\bar{y}}$

【2・2】　図-2・2 に示すセキ板の幅を 3 m とするとき，このセキ板に働く全水圧およびその作用点を求めよ．

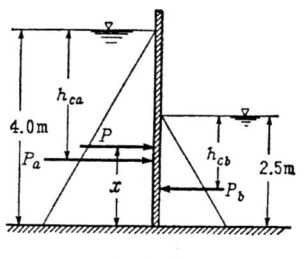

図 - 2・2

解　左方の水圧（水深 4 m）：　水圧を P_a，水面から図心までの鉛直距離を $\bar{h}_a$，水圧中心の深さを h_{ca}，水圧を受ける面積を A_a とすると，$\bar{h}_a = 2\,\mathrm{m}$，$A_a = 4\times3 = 12$ m² であるから，（2・1）式および前例題の（2）式より，$w = 1\,\mathrm{tf/m^3}$ ($= 9.8\,\mathrm{kN/m^3}$：SI単位) を用いて

$$P_a = w\bar{h}_a A = 1\times2\times12 = \underline{24\ \mathrm{tf}} \ (= 235.2\,\mathrm{kN：SI単位})$$

$$h_{ca} = \frac{\int z^2\,dA}{A\bar{h}_a} = \frac{3\int_0^4 z^2\,dz}{12\times2} = \frac{(4)^3}{24} = 2.67\,\mathrm{m}$$

右方の水圧（水深 2.5 m）：　水圧を P_b，図心の深さを $\bar{h}_b$，水圧中心の深さを h_{cb}，水圧を受ける面積を A_b とすると

$$\bar{h}_b = 1.25\,\mathrm{m}, \qquad A_b = 2.5\times3 = 7.5\,\mathrm{m^2}$$

$$P_b = 1\times1.25\times7.5 = \underline{9.38\ \mathrm{tf}} \ (= 91.29\,\mathrm{kN：SI単位})$$

$$h_{cb} = \frac{3\int_0^{2.5} z^2\,dz}{9.38} = \frac{(2.5)^3}{9.38} = 1.67\,\mathrm{m}$$

次に，P_a と P_b の合力を P とすれば

$$P = P_a - P_b = 24 - 9.38 = \underline{14.62}\ \text{tf}\ (= 143.3\ \text{kN：SI単位})$$

であって，この合成圧力は左方から右方に作用する．この合力の作用点の底面からの高さを x とし，各水圧の底面に関するモーメントを考えると

$$Px = P_a(4 - h_{ca}) - P_b(2.5 - h_{cb})$$

$$14.62 \times x = 24(4 - 2.67) - 9.38(2.5 - 1.67)$$

これより　　$\underline{x = 1.65\ \text{m}}$

すなわち，底面から 1.65 m の高さの点に，14.62 tf の合力が右向きに作用する．

【2・3】　　図 – 2・3 に示す幅 4 m の矩形樋管の扉に作用する全水圧と圧力中心を求めよ．

解　　(2・1) 式において

$$\bar{h} = 3 + 1 \times \sin 60° = 3 + \sqrt{3}/2$$

$$= 3.866\ \text{m}$$

$$A = 2 \times 4 = 8\ \text{m}^2$$

故に，$P = w\bar{h}A = 1 \times 3.866 \times 8 = \underline{30.9\ \text{tf}}$

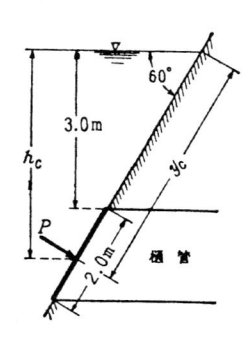

図 – 2・3

次に (2・2) 式において

$$\bar{y} = \bar{h}/\sin 60° = 3.866/0.866 = 4.46\ \text{m}$$

表 – 2・1 より　$k^2 = \dfrac{1}{12} \times 2^2 = 0.333$

故に　$y_c = \bar{y} + \dfrac{k^2}{\bar{y}} = 4.46 + \dfrac{0.333}{4.46} = \underline{4.54\ \text{m}}$

また　$h_c = y_c \sin 60° = 4.54 \times 0.866 = \underline{3.93\ \text{m}}$

〔**類　題**〕　　図 – 2・4 の決シャ板において，b，c 点はヒンジであり，a 点は凹みに乗っているだけである．セキ板の自重を無視するとき，セキ板を倒すことなく上昇し得る最大水深 h を求めよ．

略解　　セキ板がまさに倒れようとするときの水深を h とすると，このときにはヒンジ b 点のまわりの水圧モーメントが 0 であることより，水圧中心は b 点と一致する．故に (2・2) 式において

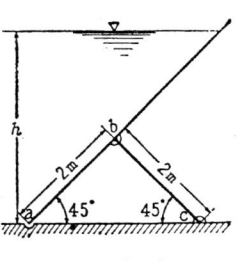

図 – 2・4

$$y_c = \frac{h}{\sin 45°} - 2 = 1.414\,h - 2$$

$$\bar{y} = \frac{1}{2} \times \frac{h}{\sin 45°} = 0.707\,h$$

表-2・1 より

$$k^2 = \frac{1}{12}\left(\frac{h}{\sin 45°}\right)^2 = \frac{1}{6}h^2$$

故に上の各式を（2・2）式に代入して

$$1.414\,h - 2 = 0.707\,h + \frac{h^2/6}{0.707\,h}$$

整理して　　$0.471h = 2$　　$\therefore\ \ h = 4.24\ \text{m}$

【2・4】　　水深 H なる矩形ゲートがある．
このゲートを n 個の水平帯に分割して，それぞ
れの帯の受ける水圧を等しくならしめようとす
る．どのように分割したらよいか．

　　解　　ゲートの受ける全水圧を P，ゲート幅
を B，各帯の受ける水圧を P_n とすると

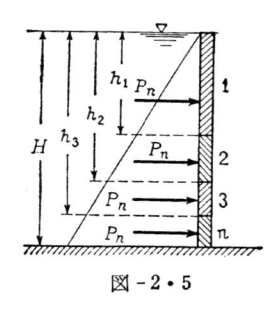

図 - 2・5

$$P_n = \frac{1}{n}P = \frac{1}{n} \times w\frac{H}{2} \times (BH)$$

$$= \frac{w}{2\,n}BH^2 \tag{1}$$

上から m 番目までの帯が受ける合計の全水圧は

$$m\,P_n = \frac{m}{2\,n}w\,BH^2 \tag{2}$$

一方，m 番目の帯の下端までの水深を h_m とすると明らかに

$$m\,P_n = \frac{w}{2}B\,h_m{}^2 \tag{3}$$

であるから，（2），（3）式より

$$\frac{w}{2}B\,h_m{}^2 = \frac{m}{2\,n}w\,BH^2$$

$$\therefore\ \ h_m = \left(\frac{m}{n}\right)^{\frac{1}{2}}H$$

〔**類　題**〕　　水深 5 m の矩形ゲートを等しい水圧を受ける 4 帯に分割したい．各

帯の深さを求めよ.

答　第1帯　2.5 m,　第2帯 3.54 m
第3帯 4.33 m,　第4帯　5.0 m

【2・5】　図-2・6 に示すように三角形面が一辺を水平に，かつ，この水平辺に相対する頂点を下方にして単位重量 w の液体中に浸してある．この三角形の高さを a，水平辺の幅を b，水面から水平辺までの深さを a とする．この面に働く全水圧と圧力中心を求めよ．

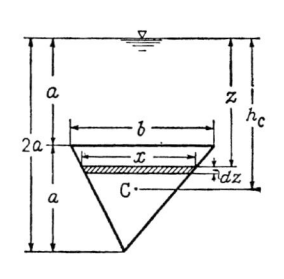

図 - 2・6

　解　$dP = w\,z\,dA,\quad dA = x\,dz,$

$$x = (2\,a - z)\frac{b}{a}$$

故に　$P = \displaystyle\int dP = \int_a^{2a} w\,z\,x\,dz = w\frac{b}{a}\int_a^{2a} z\,(2\,a - z)\,dz$

$$= w\frac{b}{a}\left[a\,z^2 - \frac{z^3}{3}\right]_a^{2a} = \frac{2}{3}\,w\,a^2 b$$

圧力中心の深さ　$h_c = \dfrac{\displaystyle\int z\,dP}{P} = \dfrac{w\dfrac{b}{a}\displaystyle\int_a^{2a} z^2\,(2\,a - z)\,dz}{\dfrac{2}{3}\,w\,a^2\,b}$

$$= \frac{\dfrac{11}{12}a^3\,b}{\dfrac{2}{3}\,a^2\,b} = \frac{11}{8}\,a$$

〔**類　題**〕　上の例題において三角形を反転して，頂点を上方にし，水平辺を下側にしたとき，全圧力および圧力中心を求めよ．

答　$P = \dfrac{5}{6}w\,a^2\,b,\quad h_c = 1.7\,a$

【2・6】　直径 4 m の円板が鉛直に水に浸してある．上面が水面に接しているとき，面に働く全圧力および圧力中心の深さを求めよ．

　解　円板の面積　$A = \dfrac{\pi}{4}D^2 = \dfrac{\pi}{4}\times 4^2 = 12.57\ \text{m}^2$

　　図心の深さ　$\bar{h} = 2\ \text{m}$

$$\therefore \quad P = w\,\bar{h}\,A = 1 \times 2 \times 12.57 = \underline{25.14\ \text{tf}}$$

表 - 2・1 より　$k^2 = \dfrac{1}{16}D^2 = \dfrac{4^2}{16} = 1$

故に圧力中心の深さ　$h_c = \bar{h} + \dfrac{k^2}{h} = 2 + \dfrac{1}{2} = 2.5\,\text{m}$

〔**類　題**〕　前例題において，円板上面が水面下 1 m にあるとき，面に働く全圧力および圧力中心の深さを求めよ．

答　$P = 37.7$ tf,　$h_c = 3.33\,\text{m}$

問　　題　（5）

（1）　図 - 2・7 に示すように，水面に一つの辺をおく辺長 a なる鉛直正六角形に作用する全水圧および圧力中心の位置を求めよ．

答　$P = \dfrac{9}{4}wa^3$, $h_c = \dfrac{23\sqrt{3}}{36}a$

（2）　液面に底辺をおく底辺長 b，高さ $3h$ なる二等辺三角形板が，密度 ρ 深さ h，密度 2ρ 深さ h，密度 3ρ 深さ h の 3 層からなる互に混和しない液中に鉛直に浸してある．この三角形面に作用する全水圧および水圧中心の深さを求めよ．

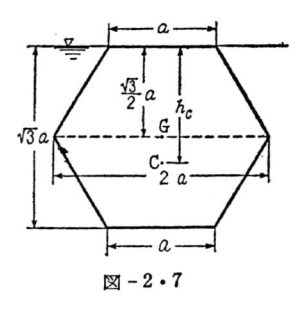

図 - 2・7

答　$P = 2\,\rho g\,bh^2$, $h_c = \dfrac{59}{36}h$

2・2　曲面に働く静水圧

　曲面に作用する水圧を直接求めることはやや面倒であるが，この場合には圧力そのものよりも圧力の座標軸に平行な分力を求めるようにすれば，比較的容易に解ける．図 - 2・8 において X 軸が水面に平行になるように座標軸 X, Z を選んだ場合，AB 線は XZ 面に直角方向に長い筒状曲面の切口をあらわすものとする．ABC なる閉合線でかこまれた液体の釣合を考えると力学の法則より明らかに，$\Sigma F_x = 0$, $\Sigma F_z = 0$ が成立する．これより AB 面に働く水

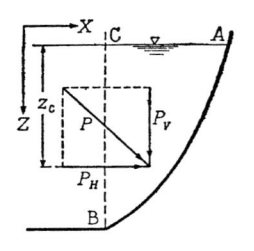

図 - 2・8

圧の X 方向の分力の和は，BC 面に作用する全水圧に等しい．このことを一般的にいえば，曲面に作用する全水圧の水平方向の分力は，その水平軸に直交する鉛直面上に，その曲面を投影した投影面に働く全水圧に等しい．また，水平分力の作用点はこの投影面の圧力の中心を通る．

次に ABC なる液体に作用する鉛直力を考えると，ABC 体に作用する唯一の鉛直力は重力であるから，AB 面に働く全水圧の鉛直分力は液体に働く重力と大きさが等しい．すなわち，任意の曲面に働く全水圧の鉛直分力は，その曲面を底とする液体量の重さに等しい．また，鉛直分力の作用線はこの液体量の重心を通る．

面の下側に液体が存在する場合には，面に上向きの力が働くが，この力の鉛直分力の大きさは，曲面上より液体の仮想上の自由表面までの間にある仮想上の液体量の重さに等しい．この場合鉛直分力の作用線はこの仮想液体量の重心を通る．

例　　題　（6）

【2・7】　図-2・9 に示すテンターゲートの門扉幅を 6 m とするとき，門扉面 AC に作用する全水圧の水平および鉛直分力並びに水圧中心の位置を求めよ．

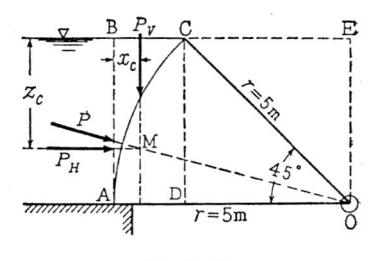

図-2・9

解　全水圧の水平分力を P_H，鉛直分力を P_V とする．

水平分力 P_H は，ゲートの水平投影面 AB（面積を A_H とする）に作用する全水圧と等しい．$AB = 5\sin 45° = 3.536\,\mathrm{m}$ であるから

$$P_H = w\,h\,A_H = 1\times\left(\frac{1}{2}\times 3.536\right)\times(3.536\times 6) = \underline{37.5\,\mathrm{tf}}$$

P_H が作用する水圧の中心は表-2・1 より，AB 面の水深の 2/3 の点にある．

$$\therefore\quad z_c = \frac{2}{3}\times 3.536 = \underline{2.36\,\mathrm{m}}$$

P_V の大きさは端面積 ABC で長さ 6 m なるプリズム体の重さに等しい．

曲面 ABC の面積 = 矩形 ABEO − 三角形 CEO − 扇形 OAC = 3.536×5
$- \dfrac{1}{2} \times 3.536 \times 3.536 - \dfrac{\pi}{8} \times 5^2 = 17.68 - 6.25 - 9.82 = 1.61\, \text{m}^2$.

$$\therefore \quad P_V = 1 \times 1.61 \times 6 = \underline{9.66\, \text{tf}}$$

P_V の作用線は ABC 断面の重心と同一鉛直線にあるが，この位置 x_c は次の2通りの方法で求められる．第一の方法は線 AB に関して ABC 断面の面積のモーメント和 ΣM_{ab} を求め，この面積モーメント和を面積で割るという一般的な解法である．

ところで中心角45°，半径 r の扇形の重心は扇形の中心線上に中心Oより，$(16\,r/3\pi)\sin(\pi/8) = 0.650\,r$ の距離にある（証明は省く．各自誘導されたい）．

ΣM_{ab} = 矩形 ABEO $\times \dfrac{r}{2}$ − 三角形 CEO $\times \left(r - \dfrac{1}{3} \times 3.536\right)$ − 扇形 OAC

$\times \left(r - 0.650\,r \times \cos\dfrac{45°}{2}\right) = 3.536 \times 5 \times \dfrac{5}{2} - \dfrac{1}{2} \times 3.536 \times 3.536\left(5 - \dfrac{1}{3} \times\right.$

$\left. 3.536\right) - \dfrac{\pi}{8} \times 5^2 \times (5 - 0.650 \times 5 \times \cos 22.5°) = 0.70\, \text{m}^3$

$$\therefore \quad x_c = \frac{\Sigma M_{ab}}{\text{面積 ABC}} = \frac{0.70}{1.61} = \underline{0.43\, \text{m}}$$

x_c を求める第二の解法は AC 面が円弧であることを利用する．計算法は前の方法よりはるかに簡単であるが，その代りに AC 面が円弧以外の場合には適用できない．すなわち AC 面が円弧である場合には，P_R と P_V の合力の作用線は中心Oを通らなければならないから

$$P_R (3.536 - z_c) = P_V (r - x_c)$$
$$37.5\,(3.536 - 2.36) = 9.66\,(5 - x_c)$$

これより　$\underline{x_c = 0.43\, \text{m}}$

P_R と P_V との合力 P は次のように求められる．

$$P = \sqrt{P_R{}^2 + P_V{}^2} = \sqrt{37.5^2 + 9.66^2}$$
$$= \underline{38.7\, \text{tf}}$$

【2・8】　図−2・10 のような直径 4 m，長さ 8 m，重さ 60 ton のドラムが油圧を受けている．油の比重を 0.8 とし，摩

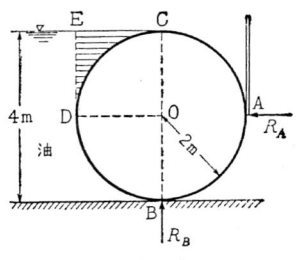

図 − 2・10

擦を無視するとき，A，B 両点における反力を求めよ．

解　A 点に働く反力 R_A はドラムに働く液体圧の水平分力 P_H と大きさが等しく方向は反対である．

$$\therefore \quad R_A = P_H = 0.8 \times \frac{4}{2} \times (4 \times 8) = \underline{51.2 \text{ tf}}$$

B 点における反力 R_B はドラムの自重と，液体による圧力の鉛直分力との和である．曲面 CDB に作用する液体圧力は，CD 面に働く下向きの圧力と DB 面に働く上向きの圧力とからなる．故に純鉛直油圧はこの上向き油圧と下向き油圧との差である．

上向き　$P_V =$ 曲面 BDEC でかこまれる仮想上の液体重量

$$= 0.8 \times 8 \times (\text{扇形 OBD} + \text{正方形 OCED})$$

$$= 0.8 \times 8 \times \left(\frac{1}{4}\pi \times 2^2 + 2 \times 2\right) = 45.71 \text{ tf}$$

下向き　$P_V = 0.8 \times 8 \times (\text{正方形 OCED} - \text{扇型 OCD})$

$$= 0.8 \times 8 \times \left(2 \times 2 - \frac{1}{4}\pi \times 2^2\right) = 5.49 \text{ tf}$$

したがって，純鉛直油圧 $= 45.71 - 5.49 = 40.22 \text{ tf}$　（上向き）

故に　$R_B = （ドラムの自重）+ 純鉛直油圧（下向きを正）= 60 - 40.22$

$$= \underline{19.78 \text{ tf}}$$

以上から分るように，純鉛直油圧力（浮力）は，BOC 面より左側のドラム体によって排除された油の重量に等しい．

【2·9】　密閉した水槽の上部に半球ドームが接合してあり，水槽とドームは比重 0.85 の油で満されている．水槽側面に接続するゲージが 0.6 kgf/cm^2 の圧力を示すとき，ドームと水槽との接合部に作用する鉛直力はいくらか．

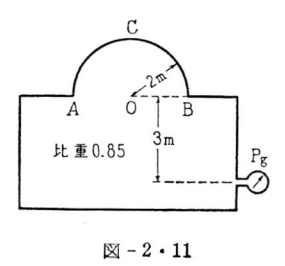

図 - 2·11

解　ゲージ圧は $0.6 \text{ kgf/cm}^2 = 6 \text{ tf/m}^2$ であるから，ドーム底部の油圧は明らかに

$$6 - 0.85 \times 3 = 3.45 \text{ tf/m}^2$$

故に円形の AB 面に作用する上向きの力は

$$上向き \quad P_V = 3.45 \times (\pi \times 2^2) = 43.35 \text{ tf}$$

また AB 面に作用する下向きの力は半球 ABC の重量だけであるから

$$下向き \quad P_V = 0.85 \times \frac{1}{2} \times \left(\frac{4}{3}\pi \times 2^3\right) = 14.24 \text{ tf}$$

したがって，ドームとタンクの接合部に働く鉛直力を P とすると

$$P = 43.35 - 14.24 = 29.11 \text{ tf} \quad (上向き)$$

【2・10】　　圧力水によって満されている円管壁に働く応力を求める公式を導け．ただし管内径を D，水圧の 強さを p とする．

　解　単位長さの管を 図－2・12 のように一つの直径で切ると，この半円片に作用している力は，全水圧の水平分力 P と管壁の切口に作用する二つの力 T である．これらの力によって円管の釣合が保たれるから

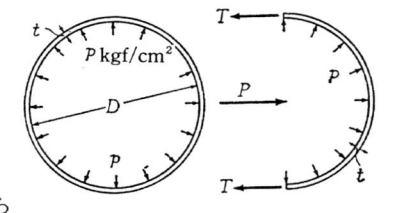

図 – 2・12

$$2T = P = pD$$

管壁の厚さを t，引張応力を σ とすれば

$$\sigma = \frac{T}{t} = \frac{pD}{2t} \tag{1}$$

〔**類 題**〕　内径 1.8 m の鋼管に圧力水頭 120 m の水を流そうとする．鋼材の許容引張り応力を 1100 kgf/cm² として鋼管に必要な最小の肉厚を求めよ．

　略解　$p = wh = 120 \times 10^3 \text{ kgf/m}^2 = 12 \text{ kgf/cm}^2$

前例題の（1）式より　$t = \dfrac{pD}{2\sigma} = \dfrac{12 \times 180}{2 \times 1100} = 0.98 \text{ cm}$

問　　題　（6）

（1）　図－2・13 の 1/4 円弧テンターゲートの長さが 4 m であるとき，AB 曲面に作用する全水圧，その水平および鉛直分力ならびに水圧の作用点の位置を求めよ．

　　答　全水圧 $P = 48.6$ tf，　$P_B = 32$ tf

　　　　$P_V = 36.6$ tf，　$z_c = 1.08$ m，　$x_c = 0.95$ m

（2）　図－2・14 の曲面 AB は半径 3 m，長さ 5 m の 1/4 円弧であるとする．この面 AB に作用する全水圧の水平および鉛直分力ならびに水圧の作用点の位置を

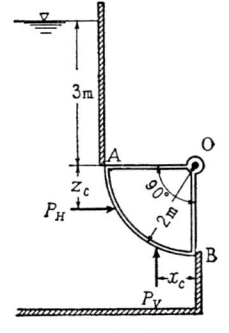

図 – 2・13

求めよ.

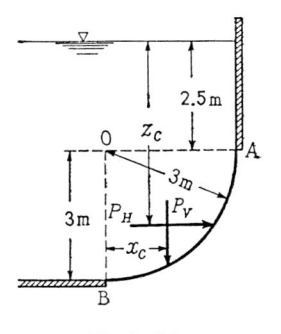

答 $P_H = 60$ tf, $P_V = 72.8$ tf
$z_c = 4.19$ m, $x_c = 1.39$ m

2・3 浮 力

　静止した液体の中に浸っているか，または浮いている物体が液体より受ける力を浮力 (Buoyant force) という. その大きさは，物体が排除した液体の重さに等しく，その方向は鉛直上方に向う. アルキメデス (Archimedes)

図 - 2・14

が発見したこの原理は，すでに述べた曲面に作用する鉛直水圧が，曲面を底とする自由表面までの液体の重さに等しいことより容易に証明される.

　物体が液面上に浮んでいる場合には，物体の重さ W は浮力 U に等しく，液面以下にある部分の体積すなわち排水容量を V，液体の単位重量を w とすると，次式

$$W = U = wV \qquad (2・3)$$

がなりたつ. この浮力の作用点 (浮心) は物体の重心 G と同一鉛直線上にあり，かつ液面下の容積の重心と一致する.

例　　題 (7)

【2・11】　比重 0.92 の氷山が比重 1.025 の海水面に浮んでいる. 水面より上に出た氷山の容積が 120 m³ であるならば，氷山の全容積はいくらか.

　解　氷山の全容積を V m³ とすると，氷山の全重量 $= 0.92V$ tf. 排除された海水の容積は $(V-120)$ m³ であるから，浮力 $U =$ 排除された海水の重量 $= 1.025(V-120)$ tf.
故に (2・3) 式より　$0.92V = 1.025(V-120)$
$$V = 1\,171 \text{ m}^3$$

【2・12】　直径 4 cm, 長さ 230 cm の均質円断面棒の底部に，重さ 1.5 kgf の銅球 (比重 8.8)

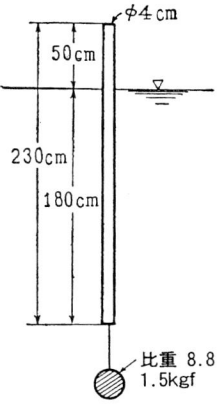

図 - 2・15

がつり下げてある．つりひもは細くて体積，重量ともに無視しうるものとする．この棒を比重 1.03 の液体中に浮べたところ，吃水は 180 cm となった．この棒の長さをどれほど縮めれば沈むか．

解　棒の単位重量を w_0 gf/cm^3 とすれば，銅球の体積は $(1500/8.8)$ cm^3 であるから，(2・3) 式より

$$w_0 \times (\pi \times 2^2) \times 230 + 1500 = 1.03 \left\{ (\pi \times 2^2) \times 180 + \frac{1500}{8.8} \right\}$$

これより　$w_0 = 0.348$ gf/cm^3

棒の長さを x cm 縮めたとき，ちょうど棒の上面が液面と一致したとすると，(2・3) 式より

$$0.348 \times (\pi \times 2^2) \times (230 - x) + 1500$$

$$= 1.03 \left\{ (\pi \times 2^2) \times (230 - x) + \frac{1500}{8.8} \right\}$$

これより　$x = 75.5$ cm
すなわち棒の長さを $230 - 75.5 = 154.5$ cm より短かくすれば沈む．

【2・13】　比重 σ，半径 a の球を比重 ρ の液体に浮べたときの吃水を求めよ．ただし，$\sigma < \rho$ とする．

解　明らかに $\sigma = \rho/2$ のとき吃水は球の中心を通るから，$\rho/2 > \sigma > 0$ の場合と $\rho > \sigma > \rho/2$ の場合に分けて取り扱う．

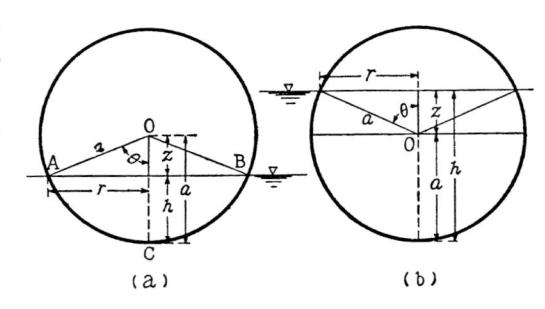

図 - 2・16

(a)　$\rho/2 > \sigma > 0$ の場合　　球の中心 O が水面上に出ることは明らかである．図 - 2・16 (a) において水面下の球の体積を V_0 とすれば

$$V_0 = \int_z^a \pi r^2 \, dz = \int_z^a \pi (a^2 - z^2) \, dz = \pi \left[a^2 z - \frac{z^3}{3} \right]_z^a$$

$$= \pi \left(\frac{2}{3} a^3 - a^2 z + \frac{z^3}{3} \right)$$

$$\therefore\quad \sigma\frac{4}{3}\pi a^3 = \rho\pi\left(\frac{2}{3}a^3 - a^2z + \frac{z^3}{3}\right)$$

これより　$\left(\dfrac{z}{a}\right)^3 - 3\left(\dfrac{z}{a}\right) + 2 - 4\dfrac{\sigma}{\rho} = 0$　　　　　　　(1)

(1)式より　z/a を求めれば吃水の深さ h は，$h = a - z$ で計算される.

（b）　$\rho > \sigma > \rho/2$ の場合　　　球の中心Oは水面下にある. 図 - 2・16 (b) において水面下の球の体積を V_0 とすれば

$$V_0 = \frac{1}{2}\times\left(\frac{4}{3}\pi a^3\right) + \int_0^z \pi r^2 dz = \frac{2}{3}\pi a^3 + \int_0^z \pi(a^2 - z^2)\,dz$$

$$= \pi\left(\frac{2}{3}a^3 + a^2z - \frac{z^3}{3}\right)$$

$$\therefore\quad \sigma\frac{4}{3}\pi a^3 = \rho\pi\left(\frac{2}{3}a^3 + a^2z - \frac{z^3}{3}\right)$$

これより　$\left(\dfrac{z}{a}\right)^3 - 3\left(\dfrac{z}{a}\right) - 2 + 4\dfrac{\sigma}{\rho} = 0$　　　　　　　(2)

吃水の深さ　$h = a + z$

〔類　題〕　a）　比重 0.3, 半径 2 m の球を比重1の液体に浮べたときの吃水を求めよ.　b）　またこの球の比重を 0.8 とすれば吃水はどうなるか.

解　a）　$a = 2\,\mathrm{m}$, $\sigma/\rho = 0.3/1 = 0.3$ を前例題の（1）式に代入すると

$$z^3 - 12z + 6.4 = 0 \tag{1}$$

(1)式は3次代数方程式であるからカルダンの解法によって直接解くことも可能であるが，それよりも次のような繰返し計算法による方が早い.

(1) 式において，$z^3 \ll 12z$ とおけるから（$\because$　$0 \le z \le 1$），z の第1次近似値 z_1 を求めるにあたり z^3 を省略して，$-12z_1 + 6.4 = 0$ より

$$z_1 = 6.4/12 = 0.533 \tag{2}$$

z の第2次近似値を z_2，第3次近似値を z_3，……とすると (1), (2) 式より

$$z_2 = \frac{6.4}{12} + \frac{1}{12}z_1^3 = 0.533 + \frac{1}{12}(0.533)^3 = 0.546$$

$$z_3 = 0.533 + \frac{1}{12}z_2^3 = 0.533 + \frac{1}{12}(0.546)^3 = \underline{0.547}$$

これ以上反復計算を行なっても $z = 0.547$ の値は変らない.

故に求める吃水の深さ $h = a - z = 2 - 0.547 = \underline{1.453\ \mathrm{m}}$

b）　$a = 2\,\mathrm{m}$, $\sigma/\rho = 0.8$ を前例題の（2）式に代入して

$$z^3 - 12z + 9.6 = 0 \qquad\qquad (3)$$

上と同様に繰返し計算法を適用すると

$$z_1 = \frac{9.6}{12} = 0.8$$

$$z_2 = 0.8 + \frac{1}{12} z_1^3 = 0.8 + \frac{1}{12}(0.8)^3 = 0.843$$

$$z_3 = 0.8 + \frac{1}{12} z_2^3 = 0.8 + \frac{1}{12}(0.843)^3 = 0.850$$

$$z_4 = 0.8 + \frac{1}{12} z_3^3 = 0.8 + \frac{1}{12}(0.850)^3 = \underline{0.851}$$

故に吃水の深さ　$h = a + z = 2 + 0.851 = \underline{2.851 \text{ m}}$

【2・14】　図 - 2・17 に示す
ように長さ l の均質等断面の細い
棒が，比重 ρ の液体中に一端を長
さ l_1 だけ浸され，他端から l_3 の
距離にある　D　点で容器のふちに
乗っている．この棒の比重　σ　を
求めよ．またこの棒の水中に浸し
うる最大の長さ　l_0　を求めよ.

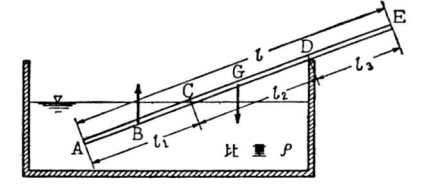

図 - 2・17

解　AC 区間に作用する上向きの浮力と AE 全長に作用する下向きの重
力による二つの力の D 点に関するモーメントは，力の釣合より大きさ等し
く，向きは逆である．また全浮力の作用点は AC 区間の中点 B, 全重力の
作用点は AE 区間の中央 G である．棒の断面積を　a, 比重 1 なる水の単位
重量を　w　とすると

$$\text{浮力} = \rho wal_1, \qquad \text{棒の重量} = \sigma wal \qquad BD = l_2 + \frac{1}{2} l_1$$

$$GD = l_1 + l_2 - \frac{1}{2} l = \frac{1}{2}(l_1 + l_2 - l_3)$$

$$\therefore \quad \rho wal_1 \left(l_2 + \frac{1}{2} l_1 \right) = \sigma wal \left(l_1 + l_2 - \frac{1}{2} l \right)$$

これより求める比重　σ　は次式で表わされる.

$$\sigma = \frac{l_1 (l_1 + 2 l_2)}{l (l_1 + l_2 - l_3)} \rho \qquad\qquad (1)$$

DE 区間は棒を水中から上に引き上げようとするモーメントを持つ．したがって l_1 を最大にするには，$l_3 = 0$ とすればよい．（1）式において $l_3 = 0$, $l_2 = l - l_1$ とおくと $\dfrac{\sigma}{\rho} = \dfrac{l_1}{l}\left(2 - \dfrac{l_1}{l}\right)$．この l_1 が求める最大の長さ l_0 であるから上式より $\left(\dfrac{l_0}{l}\right)^2 - 2\left(\dfrac{l_0}{l}\right) + \dfrac{\sigma}{\rho} = 0$

$$\therefore \quad \frac{l_0}{l} = 1 - \sqrt{1 - \frac{\sigma}{\rho}}$$

問　　題 （7）

（1）　比重 σ, 半径 a, 長さ l なる円筒を軸を水平にして，比重 ρ の液体上に浮べたときの吃水深を求めよ．ただし，$\sigma < \rho$ とする．

　答　a) $\dfrac{\rho}{2} > \sigma$ のとき　$\pi\left(\dfrac{\theta^\circ}{180} - \dfrac{\sigma}{\rho}\right) = \dfrac{\sin 2\theta}{2}$ より θ を求める．

　　吃水深　$h = a\,(1 - \cos\theta)$

　　b)　$\rho > \sigma > \dfrac{\rho}{2}$ のとき　$\pi\left(\dfrac{\theta^\circ}{180} - 1 + \dfrac{\sigma}{\rho}\right) = \dfrac{\sin 2\theta}{2}$ より θ を求める．

　　吃水深　$h = a\,(1 + \cos\theta)$

（註）　θ に関する本問題の解式は代数方程式ではないから，試算法により満足する根を探さなければならない．

（2）　直径 2 m の円筒を，軸を水平にして水上に浮べたときの吃水深を求めよ．ただし，円筒の比重を 0.4，水の比重を 1 とする．

答　0.842 m

（3）　ある船が河（真水）から海に出たところ，吃水は 20 cm 浮き上がった．ついで港でさらに若干の貨物を積載したら吃水が 15 cm 下がった．当初の排水量を 1000 tf とするとき，港での積載貨物量は何 tf か．ただし，吃水線付近の船の側面は鉛直とし，海水の比重を 1.026 とする．

答　19.5 tf

2・4　浮 体 の 安 定

　前節でのべたように，浮体が平衡状態にあるときには，浮体の重さ W と浮力 U とは等しく，浮体の重心 G と浮心 B は同一鉛直線上にある．いまこの浮体が横揺れして図 - 2・18 (b) に示すように微小な角（10〜15° 以内）θ だけ回転し，水中断面形が最初の CODE から C′OD′E に変化したとす

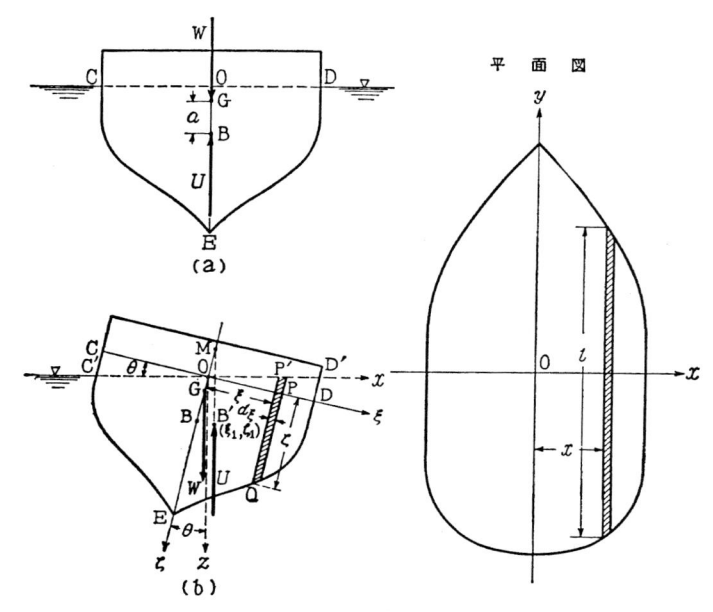

図 - 2・18

る．このとき浮体の重心 G の位置は不変であるが，浮心は C′ED′ の図心
である新しい位置 B′ に移り，G を通る重さ W と B′ を通る浮力 U（＝W）
とは浮体を回転しようとする偶力を形成する．

　B′ 点を通る浮力の作用線と BG 線との交点 M を浮体の傾心（Metacenter）
といい，その位置と重心位置との関係によって浮体の釣合が安定であるか否
かがわかれる．すなわち

　（a）　M が重心 G の上方にある（図 - 2・18 のように）場合には，上述の
偶力は浮体をもとの釣合の位置にもどそうとする復元モーメントを生じて，
この場合の釣合は安定である．

　（b）　逆に M が G の下にある場合には，偶力は浮体の傾きをますま
す助長するように作用する顛倒モーメントを生ずるから，釣合は不安定であ
る．

　（c）　M と G が一致するときには偶力を作らず釣合は中立である．

　以上のことから，安定の条件を調べるには，線分の長さを上から下の方に

向うものを正にとることにすれば，$\overrightarrow{MG}$ が 0 より大きいか小さいかを検討すればよい．なお $\overrightarrow{MG}$ は明らかに次式となる． $\overrightarrow{MG} = \overrightarrow{MB} - \overrightarrow{GB}$

水界面（浮体を水面にて切った切口面）の図心 O を原点として，浮体に固定した座標軸 ξ, η, ζ を図のようにとる．液体に浸っている部分の体積を V とすると，これは断面積 $l\,d\xi$（l は紙面に垂直な浮体の長さ）で高さが $PQ = \zeta$ なる柱状体の集合からなり，$V = \int l\,d\xi$ である．

いま浮心 B′ の座標を ξ_1, ζ_1 とする．柱状体 P′Q の断面積は $l\,d\xi$，その高さは $P'Q = \zeta + \xi\tan\theta \fallingdotseq \zeta + \xi\theta$ で，その重心は P′ から $(\zeta + \xi\theta)/2$，P から $(\zeta + \xi\theta)/2 - \xi\theta = (\zeta - \xi\theta)/2$ のところにあるから，C′OD′E の図心 (ξ_1, ζ_1) は，θ が微小角であることを考慮して

$$\xi_1 = \frac{\int \xi\,(\zeta + \xi\theta)\,l\,d\xi}{V} = \frac{\int \xi\zeta\,l\,d\xi + \theta\int \xi^2\,l\,d\xi}{V} = \frac{\theta\int \xi^2\,l\,d\xi^*}{V}$$

$$\fallingdotseq \frac{I_\eta\theta}{V} = \frac{I_v\theta}{V}$$

$$\zeta_1 = \frac{\int \frac{1}{2}(\zeta - \xi\theta)\,(\zeta + \xi\theta)\,l\,d\xi}{V} = \frac{\int \frac{1}{2}(\zeta^2 - \xi^2\theta^2)\,l\,d\xi}{V}$$

$$\fallingdotseq \frac{\int \frac{1}{2}\zeta^2\,l\,d\xi}{V} = OB$$

したがって，BB′ は近似的に ξ 軸に平行で，かつ $BB' = \xi_1 = I_v\theta/V$ なることがわかる．ここに I_v は水界面の図心を通る y 軸まわりの断面2次モーメントである．

故に傾心高 $\overrightarrow{MG} = h_m$ は，$\overrightarrow{GB} = \pm a$ とすると，

$\overrightarrow{MB} = BB'/\tan\theta \fallingdotseq BB'/\theta = I_v/V$ であるから

$$h_m = \frac{I_v}{V} \pm a \tag{2・4}$$

となる．ここに a は釣合位置での浮心と重心との距離であって，（2・4）式

---

*) 簡単のため浮体は左右対称とすれば $\int \xi\zeta l\,d\xi$ は左側と右側とが打ち消し合って 0 となる．しかし O 点を水界面の図心にとれば厳密に正しいことが証明される．

の±は，G が B の下にあれば＋，上にあれば−をとる．(2・4) 式より

$$\frac{I_y}{V} \pm a \gtreqless 0 \text{ に応じて釣合は} \quad \begin{matrix} \text{安　定} \\ \text{中　立} \\ \text{不安定} \end{matrix} \qquad (2\cdot5)$$

なお，復元モーメント M_r は明らかに

$$M_r = h_m W \sin\theta \qquad (2\cdot6)$$

　　（註）　　以上では y 軸に関する回転だけを取り扱ったが，x 軸に関する回転も考慮する必要がある．一般に，一つの浮体では，V，重心 G，浮心 B の位置はきまっているから，I_y, I_x のうち値の小さい方，すなわち水界面の長軸まわりの横揺れについて安定計算を行なえばよい．

例　　題　（8）

【2・15】　長さ 8 m，幅 5 m，高さ 6 m の鉄筋コンクリート製ケーソンがある．隔壁は中央に一つあり，側壁および隔壁の厚さは共に 0.4 m，床版の厚さは 0.5 m である．このケーソンを海水（比重 1.025）に浮べたときの安定，および傾斜角が 8° のときの復元モーメントを調べよ．ただし，鉄筋コンクリートの比重を 2.4 とする．

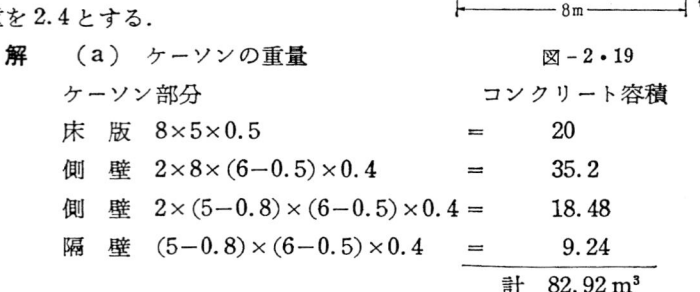

図 − 2・19

　　解　　（a）　ケーソンの重量

ケーソン部分		コンクリート容積
床　版　$8\times5\times0.5$	=	20
側　壁　$2\times8\times(6-0.5)\times0.4$	=	35.2
側　壁　$2\times(5-0.8)\times(6-0.5)\times0.4$	=	18.48
隔　壁　$(5-0.8)\times(6-0.5)\times0.4$	=	9.24
	計	82.92 m³

　　ケーソンの重量　$W = 2.4\times82.92 = 199$ tf

　（b）　吃水および浮心　　ケーソンを海水に浮かしたときの吃水を h とすると　$1.025\times8\times5\times h = 199$　これより　$h = 4.854$ m

したがって，釣合の位置における浮心 B の底面からの高さは

$$z_b = \frac{h}{2} = 2.427\,\mathrm{m}$$

（c） 重心の位置　　重心 G は浮心 B と同一鉛直線上（対称軸上）にあり，その底面からの高さを z_g とすると，z_g はケーソン各部の容積の底面に関するモーメントをとることにより次のように求められる.

	容積（m³）		底面からの重心高（m）		モーメント（m⁴）
床　版	20	×	0.25	=	5.0
側　壁	35.2	×	$\left(0.5+\dfrac{5.5}{2}\right)$ =		114.4
側　壁	18.48	×	$\left(0.5+\dfrac{5.5}{2}\right)$ =		60.06
隔　壁	9.24	×	$\left(0.5+\dfrac{5.5}{2}\right)$ =		30.03
	計　82.92 m³				計　209.49 m⁴

故に　$z_g = \dfrac{\Sigma M}{\Sigma V_0} = \dfrac{209.49}{82.92} = 2.526\,\mathrm{m}$

（d） 傾心高　　水中にある部分の容積 $V = 8\times5\times4.854 = 194.2\,\mathrm{m}^3$
水界面の長軸まわりの断面 2 次モーメントは表 -2・1 より

$$I = \frac{8\times5^3}{12} = 83.33\,\mathrm{m}^4$$

浮心と重心との距離　$a = z_g - z_b = 2.526 - 2.427 = 0.099\,\mathrm{m}$
G は B より上にあるから (2・4) 式の一符号をとり

$$h_m = \frac{I}{V} - a = \frac{83.33}{194.2} - 0.099 = +0.33\,\mathrm{m} > 0$$

故に傾心 M は G より上にあることになり，このケーソンは安定である.
次にケーソンを 8° 傾けたときの復元
モーメントは，$\sin 8° = 0.1392$ であるから

$$M_r = h_m W \sin 8°$$
$$= 0.33\times199\times0.1392$$
$$= 9.14\ \mathrm{tf\cdot m}$$

【2・16】　　比重 0.5 の直六面体が

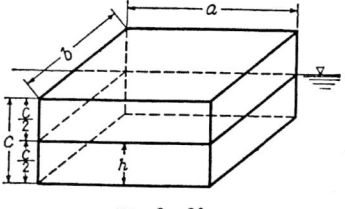

図 - 2・20

水に浮んでいる．各辺の長さを $a,\ b,\ c$ とするとき，a^2 および b^2 が共に $(3/2)\ c^2$ より大きい場合には，辺 c が鉛直である釣合の位置は安定であることを示せ．

　　解　まず $a \geq b$ とする．吃水深さを h とすると比重が 0.5 であるから，$h = c/2$ となる．$(2 \cdot 4)$ 式において

$$V = abh = \frac{1}{2}abc$$

$$I = \frac{ab^3}{12} \quad (a \geq b \ \text{であるから})$$

$$\overline{\mathrm{GB}} = \frac{c}{2} - \frac{h}{2} = \frac{c}{4}$$

$$\therefore \quad h_m = \frac{ab^3/12}{abc/2} - \frac{c}{4} = \frac{b^2}{6c} - \frac{c}{4}$$

であるから，この浮体が安定であるための必要かつ十分な条件は

$$\frac{b^2}{6c} - \frac{c}{4} > 0 \quad \text{これより} \quad a^2 \geq b^2 > \frac{3}{2}c^2$$

全く同様にして $b > a$ のときには，$b^2 > a^2 > (3/2)\ c^2$ のとき浮体は安定となる．よって題意は証明された．

　　〔**類　題**〕　比重 σ の円錐体がその軸を鉛直に，かつ頂点を下向きにして，比重 ρ の液体面に浮んでいるときの安定を調べよ．ただし，円錐体の中心角を 2θ とする．

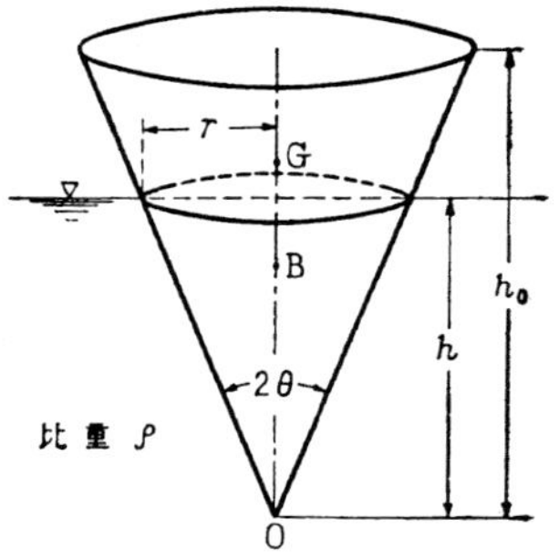

　　解　円錐体の高さを h_0，円錐体の吃水深を h，吃水線で切った切口円の半径を r，浮心を B，重心を G とする．$(2 \cdot 4)$ 式において

図 $-2 \cdot 21$

$$V = \frac{1}{3}\pi r^2 h = \frac{1}{3}\pi h^3 \tan^2\theta$$

$$I = \frac{\pi r^4}{4} = \frac{1}{4}\pi h^4 \tan^4\theta \quad (\text{表} - 2 \cdot 1 \ \text{より})$$

また　　$\overline{\mathrm{OG}} = \frac{3}{4}h_0, \quad \overline{\mathrm{OB}} = \frac{3}{4}h$

であるから　$a = \frac{3}{4}(h_0 - h)$

$$\therefore\ h_m = \frac{\frac{1}{4}\pi h^4 \tan^4\theta}{\frac{1}{3}\pi h^3 \tan^2\theta} - \frac{3}{4}(h_0-h) = \frac{3}{4}\{h\tan^2\theta-(h_0-h)\}$$

したがって浮体が安定であるためには

$$h\tan^2\theta > (h_0-h)$$

これを書き改めて　$h > h_0\cos^2\theta$ 　　　　　　　　　　　　　　　　　（1）

一方　$\dfrac{1}{3}\pi h^3 \tan^2\theta \cdot \rho = \dfrac{1}{3}\pi h_0^3 \tan^2\theta \cdot \sigma$

$$\therefore\ \rho h^3 = \sigma h_0^3 \tag*{（2）}$$

（1），（2）式より

$$\frac{\sigma}{\rho}h_0^3 > h_0^3\cos^6\theta$$

すなわち　$1 > \sigma/\rho > \cos^6\theta$ 　のとき釣合は安定

　　　　　$\sigma/\rho = \cos^6\theta$ 　　〃　　〃　　中立

　　　　　$\sigma/\rho < \cos^6\theta$ 　　〃　　〃　　不安定

【2・17】　薄い肉厚壁をもつ半径 r の円筒型容器の中に，水が h' の深さまで入っている．この容器を鉛直にして水に浮べたときの吃水は h であった．中に水を入れないときのこの容器の重心と底面中心との距離を z_0 とするとき，この容器の安定を調べよ．

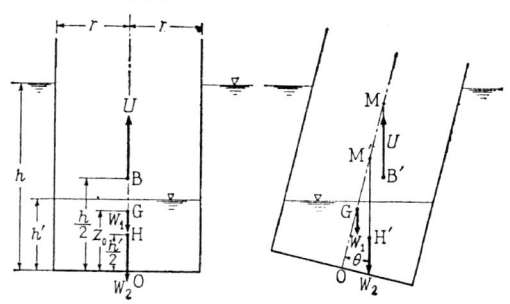

図 − 2・22

　解　O は底面の中心，G は中に水を入れないときの容器の重心，H は中に入っている水の釣合の位置における重心，B は水を入れた容器の釣合の位置における浮心，M は傾心，M′ は容器が小さい傾斜角 θ だけ傾いたとき中の水の重心 H′ を通る鉛直線が中心線 OG を切る点とする．$\overline{\mathrm{OG}} = z_0$ である．（2・4）式において

$$V = \pi r^2 h, \qquad I = \frac{1}{4}\pi r^4 \qquad a = \overline{\mathrm{GB}} = \frac{h}{2} - z_0$$

図-2・22 では G が B の下にあるから (2・4) 式の±のうち＋符号をとり

$$\overline{\mathrm{GM}} = \frac{I}{V} + a = \frac{r^2}{4h} + \frac{h}{2} - z_0 \tag{1}$$

また，もし図-2・22 と違って G が B の上にある場合には，$a = z_0 - h/2$ となるが，(2・4) 式の－符号をとることになるから同じく（1）式が成立する．

　同様にして M′ と重心 G との距離は次のようにして求められる．

$$V' = \pi r^2 h', \qquad I = \frac{1}{4}\pi r^4$$

$$\overline{\mathrm{GH}} = z_0 - h'/2 \quad （図ではGがHの上にあるから）$$

$$\therefore \quad \overline{\mathrm{GM'}} = \frac{I}{V'} - \overline{\mathrm{GH}} = \frac{r^2}{4h'} + \frac{h'}{2} - z_0 \tag{2}$$

G が H の下にくるときにも同様に（2）式が成立する．

　次に水の単位重量を w とすると

　M を通る，浮力の上向きの力 $= w\pi r^2 h$

　M′ を通る，中の水の重力の下向きの力 $= w\pi r^2 h'$

　G を通る，容器の自重による下向きの力 $= w\pi r^2 (h - h')$

上の三つの力が働くが，G 点に関するモーメントを考えると，（1），（2）式より

$$w\pi r^2 h \left(\frac{r^2}{4h} + \frac{h}{2} - z_0 \right) \sin\theta > w\pi r^2 h' \left(\frac{r^2}{4h'} + \frac{h'}{2} - z_0 \right) \sin\theta$$

を満足すれば明らかに復元モーメントが働いて，釣合は安定である．これより

$$\frac{1}{2}(h^2 - h'^2) > z_0 (h - h')$$

したがって　$z_0 < \dfrac{1}{2}(h + h')$ のとき釣合は安定

$$z_0 = \frac{1}{2}(h + h') \quad のとき釣合は中立$$

$$z_0 > \frac{1}{2}(h + h') \quad のとき釣合は不安定$$

問　　題　(8)

（1）　長さ 20 m，幅 10 m，深さ 5 m の平底舟がある．この舟を真水に浮べたと

きの吃水深は 3 m，また重心は対称軸上底から 0.2 m の高さにある．この舟の傾心
高および傾斜角が 8 度のときの復元モーメントを求めよ．

答　$h_m = 4.078$ m，$M_r = 340.5$ tf・m

（2）　問題（1）のすべての値は舟を比重 1.025
の海水に浮べたとき得られたものとすれば，傾心高
および復元モーメントはどうなるか．

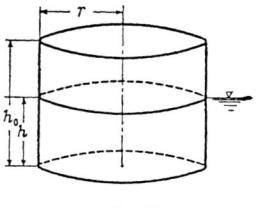

答　傾心高は同じ，$M_r = 349.1$ tf・m

（3）　半径 r が高さ h_0 の 2/3 である均質円筒
体がその軸を鉛直にして比重 ρ の液体に浮んでい
る．この円筒の比重 σ が (1/3) ρ と (2/3) ρ の
間にある場合には，この釣合は不安定であることを示せ．

図 - 2・23

2・5　相 対 的 静 止

容器内の液体が空間に固定した基準座標に対しては等加速度運動をしてい
るが，容器内の液体各粒子は他の粒子や容器に対して相対的な位置の変動が
ない場合，その液体は相対的静止の状態にあるという．このような場合に
は，座標軸を動いている水に固定させ，座標変換のためにおこる慣性力すな
わち，水に与えられた加速度と大きさが等しく方向が反対な力が水に働くも
のとすると，静力学の問題として取り扱うことができる．

この慣性力と重力などの外力を含めた力を座標軸 x, y, z 方向に分解し，
その成分を X, Y, Z とすると，流体圧力 p は密度を ρ として次式で与え
られる．

$$\frac{1}{\rho}\frac{\partial p}{\partial x} = X, \qquad \frac{1}{\rho}\frac{\partial p}{\partial y} = Y, \qquad \frac{1}{\rho}\frac{\partial p}{\partial z} = Z \qquad (2・7)$$

これより基礎方程式

$$dp = \rho\,(X\,dx + Y\,dy + Z\,dz) \qquad (2・8)$$

をうる（例題 2・18）．水表面を求めるには（2・8）式を積分して $p = 0$ とお
けばよい．なお，本節では水表面を示す z には ＊ の添字をつけ z_* とする．

例　　　題　（9）

【2・18】　相対的静止の基本方程式（2・7），（2・8）式を証明せよ．

解　　液体内に各辺がそれぞれ x, y, z 軸に平行な微小直六面体 dx・

$dy \cdot dz$ を考える．この六面体の x 軸に
垂直な2面に働く圧力による力はそれぞ
れ，$p \cdot dy\ dz$, $(p + \partial p/\partial x \cdot dx)\,dy\,dz$ と
なる*.　したがって直六面体に働く力 の
x 方向の釣合条件は

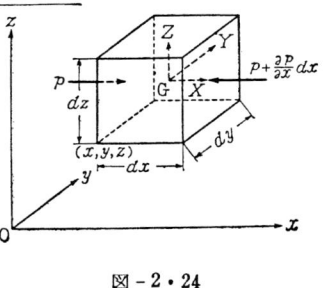

$$\rho \cdot dx\,dy\,dz \cdot X + p \cdot dy\,dz$$

$$-\left(p + \frac{\partial p}{\partial x}dx\right)dy\,dz = 0$$

図 - 2・24

$$\therefore \quad \frac{1}{\rho}\,\frac{\partial p}{\partial x} = X$$

同様にして $\dfrac{1}{\rho}\,\dfrac{\partial p}{\partial y} = Y$, $\dfrac{1}{\rho}\,\dfrac{\partial p}{\partial z} = Z$ がえられる．すなわち (2・7) 式が
証明された．

　次に点 $(x,\ y,\ z)$ における圧力を $p\,(x,\ y,\ z)$ とすると，この点よりわ
ずかに離れた $(x+dx,\ y+dy,\ z+dz)$ 点における圧力 $p+dp$ は3変数の
テーラー展開を行ない

$$p + dp = p(x+dx,\ y+dy,\ z+dz) = p(x,\ y,\ z)$$

$$+\frac{\partial p}{\partial x}dx + \frac{\partial p}{\partial y}dy + \frac{\partial p}{\partial z}dz + \left(\frac{1}{2}\,\frac{\partial^2 p}{\partial x^2}dx^2 + \cdots\cdots\right)$$

したがって高次の微小量を省略すると

$$dp = \frac{\partial p}{\partial x}dx + \frac{\partial p}{\partial y}dy + \frac{\partial p}{\partial z}dz$$

これに (2・7) 式を代入すれば

$$dp = \rho\,(X\,dx + Y\,dy + Z\,dz)$$

【2・19】 a)　水の入った容器を水平方向に a なる加速度で動かすとき
の水面形を求めよ．　b)　水平線と φ なる角をなす方向に加速度 a で動か
すときの水面形を求めよ．

　解　　a)　水面中央を原点として運動方向に x 軸，鉛直下方に z 軸，x,
z 両軸に直交する y 軸を選ぶ．容器を x 方向に a なる加速度で動かすの
で，水は慣性によって x 方向に $-a$ なる慣性力をうける．水にはその外に
重力が働いているので $X = -a$, $Y = 0$, $Z = g$. これらを (2・8) 式に代

*)　第1章 p.6　の（註）参照

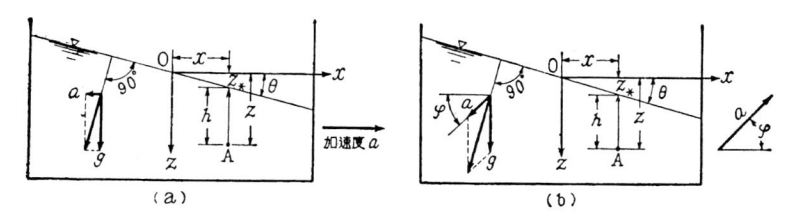

図 - 2・25

入すれば $dp = \rho\,(-a\,dx + g\,dz)$.

積分して

$$p = \rho\,(-ax + gz) + C \tag{1}$$

水表面の z をとくに z_* と記すと, $z = z_*$ では $p = 0$ であるから上式は

$$\rho\,(-ax + g\,z_*) + C = 0.$$

積分常数 C は容器内の水の体積が不変であることより定まる. すなわち容器の長さを $2l$, 容器幅を一様とすると $\displaystyle\int_{-l}^{l} z_* \, dx = 0$

$$\therefore \int_{-l}^{l}\left(\frac{a}{g}x - \frac{C}{\rho g}\right)dx = -\frac{2\,lC}{\rho g} = 0$$

故に $C = 0$[*]. したがって水面形は

$$z_* = \frac{a}{g}x \tag{2}$$

で水面の傾斜角は $\tan\theta = a/g$. 故に水面は原点を通り $\theta = \tan^{-1} a/g$ の傾きをもつ直線である.

圧力 p は（1）および（2）式より

$$p = \rho\,(-ax + gz) = w\,(z - z_*) = wh \tag{3}$$

となり, 圧力の強さは静水圧と同一の法則に従う.

b) 水平線と φ なる角度の方向に a の加速度で容器を動かす場合にも, 水面中央を原点として水平方向に x 軸, 鉛直下方に z 軸を選ぶ.

$$X = -a\cos\varphi, \qquad Y = 0, \qquad Z = a\sin\varphi + g$$

$$\therefore \quad dp = \rho\{-a\cos\varphi \cdot dx + (a\sin\varphi + g)\,dz\}$$

---

[*] この問題では水面は直線であるから, $C = 0$ なることは初めから明らかであるが, 条件を明確にするために証明した.

積分すれば，前と全く同じ考察を行ない積分常数は 0 となるから

$$p = \rho\{-a\cos\varphi\,x + (a\sin\varphi + g)\,z\} \tag{4}$$

水面形 $z = z_*$ は $p = 0$ より

$$\frac{z_*}{x} = \tan\theta = \frac{a\cos\varphi}{g + a\sin\varphi} \tag{5}$$

（5）式より $\varphi = 0$ では $\tan\theta = a/g$ で前の考察と一致する．また $\varphi = 90°$ では $\theta = 0$，すなわち鉛直加速度のときには水面は水平で変化がない．

水中任意の点の水圧の強さは（4），（5）式より

$$p = \rho\{-a\cos\varphi\,x + (a\sin\varphi + g)\,z\} = \rho\,(a\sin\varphi + g)\,(z - z_*)$$

$$= wh\left(1 + \frac{a\sin\varphi}{g}\right)$$

すなわち加速度が鉛直成分をもつときには，圧力は静水圧分布とは異なる．

〔類 題〕　長さ 5 m，幅 2 m，高さ 1 m の水槽に底より 90 cm まで水を入れ，長さの方向に水平加速度 a で引張るとき，水があふれないためには a の限度はいくらか．また前壁と後壁に働く全水圧を求めよ．

略解　$x = 2.5$ m のとき $z_* = 0.1$ m が水のあふれ始める限界であるから前例題の（2）式より

$$0.1 = \frac{a}{9.8} \times 2.5 \quad \therefore \quad \underline{a = 0.392 \ \text{m/sec}^2}$$

両壁に働く全水圧は水深が 1 m および 0.8 m であるから

前壁　$P = 1 \times 0.5 \times (1 \times 2) = \underline{1 \ \text{tf}}$

後壁　$P = 1 \times 0.4 \times (0.8 \times 2) = \underline{0.64 \ \text{tf}}$

【2・20】　半径 a の円筒形容器に深さ h まで水が入っている．この容器を中心軸のまわりに ω なる角速度で回転させるときの水面形ならびに各点の圧力を求めよ．

解　底面の中心を原点として鉛直上方に z 軸をとり，水平方向に x 軸をとる．流体粒子が受ける外力は回転に基づく水平方向の遠心力と下向きの重力だけであるから，力学の法則より

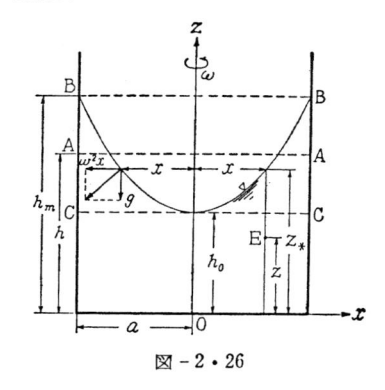

図 – 2・26

$$X = \omega^2 x, \qquad Z = -g, \qquad dp = \rho\,(\omega^2 x\,dx - g\,dz)$$

$$\therefore \quad p = \rho\left(\frac{\omega^2 x^2}{2} - gz\right) + C \tag{1}$$

水面形は水表面 $z = z_*$ において $p = 0$ とおき

$$\rho\left(\frac{\omega^2 x^2}{2} - g\,z_*\right) + C = 0 \tag{2}$$

$x = 0$ において $z_* = h_0$ とすると，$C = \rho g h_0$

故に　　　$z_* = h_0 + \dfrac{\omega^2 x^2}{2g}$ $\tag{3}$

すなわち水面形は回転放物面であることが分る．次に h_0 と h との関係を調べる．水の容積は回転前も回転中も同じであるから

$$V = \pi a^2 h = \int_0^a 2\pi x\,z_*\,dx = 2\pi\int_0^a x\left(h_0 + \frac{\omega^2 x^2}{2g}\right)dx$$

$$= 2\pi\left[h_0\frac{x^2}{2} + \frac{\omega^2 x^4}{8g}\right]_0^a = \pi a^2\left(h_0 + \frac{\omega^2 a^2}{4g}\right)$$

$$\therefore \quad h_0 = h - \frac{\omega^2 a^2}{4g} \tag{4}$$

（3），（4）式より　$z_* - h = \dfrac{\omega^2}{2g}\left(x^2 - \dfrac{a^2}{2}\right)$

図 - 2・26 において

$$\overline{AB} = (z_*)_{x=a} - h = \frac{\omega^2}{2g}\left(a^2 - \frac{a^2}{2}\right) = \frac{\omega^2 a^2}{4g}$$

$$\overline{AC} = h - h_0 = \frac{\omega^2 a^2}{4g}$$

$$\therefore \quad \overline{AB} = \overline{AC}$$

水中任意点 E の圧力は（1），（2）式より C を消去して $p = \rho g\,(z_* - z)$ となり，静水圧分布と同一である．

【2・21】　半径 1.2 m，高さ 6 m の円筒形の容器に水を 4.5 m の深さまで入れてある．上部を密閉してこの槽を鉛直中心軸のまわりに，毎分 95 回転の一定角速度で回転するとき，図 - 2・27 の D, E 点における水圧の強

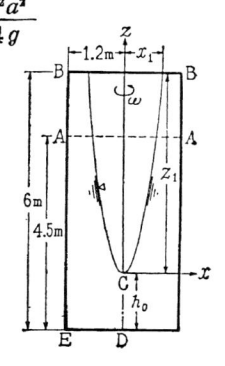

図 - 2・27

さを求めよ．

　　解　C 点を原点にとって水平方向に x 軸，鉛直上方に z 軸をとると，
例題 2・20 の（3）式より

$$z_* = \frac{\omega^2 x^2}{2g} \tag{1}$$

AA と BB 断面間の円筒水槽の容積は，BB 面と C 点間にある水のない空
間の体積と等しいはずである．故に

$$\pi \times 1.2^2 \times (6-4.5) = \int_0^{x_1} 2\pi x (z_1 - z_*)\, dx$$

$$= 2\pi \int_0^{x_1} x\left(z_1 - \frac{\omega^2 x^2}{2g}\right)dx = \pi x_1^2\left(z_1 - \frac{\omega^2 x_1^2}{4g}\right)$$

$$= \frac{1}{2}\pi x_1^2 z_1 \quad \left(\because \text{（1）式より } z_1 = \frac{\omega^2 x_1^2}{2g}\right)$$

$$\therefore \quad x_1^2 z_1 = 4.32 \tag{2}$$

　　次に，1分間回転数 n (r.p.m) と角速度 ω (radian/sec) の関係は $\omega = \frac{2\pi n}{60}$ であるから，$\omega = \frac{2\pi \times 95}{60} = 9.95$ ラジアン/秒．

故に（1）式より

$$z_1 = \frac{\omega^2 x_1^2}{2g} = \frac{(9.95)^2}{2 \times 9.8} x_1^2 = 5.05\, x_1^2 \tag{3}$$

（3）式を（2）式に代入すれば $5.05\, x_1^4 = 4.32$ $\therefore$ $x_1 = 0.962\,\mathrm{m}$
したがって $z_1 = 5.05 \times (0.962)^2 = 4.67\,\mathrm{m}$

$$\overline{\mathrm{CD}} = h_0 = 6 - 4.67 = 1.33\,\mathrm{m}$$

故に D 点における水圧の強さは

$$p_0 = w h_0 = 1 \times 1.33 = 1.33\ \mathrm{tf/m^2} = \underline{0.133\ \mathrm{kgf/cm^2}}$$

　　次に E 点における圧力を求める．

前例題の（1）式より $p = \rho\left(\frac{\omega^2 x^2}{2} - gz\right) + C$ において，$x = 0,\ z = 0$ で
$p = 0$ であるから $C = 0$．

$$\therefore \quad p = \rho\left(\frac{\omega^2 x^2}{2} - gz\right) = w\left(\frac{\omega^2 x^2}{2g} - z\right) \tag{4}$$

（4）式に，$w = 1\ \mathrm{tf/m^3}$, $x = 1.2\,\mathrm{m}$, $z = -h_0 = -1.33\,\mathrm{m}$, $\omega = 9.95$

radian/sec を代入すると

$$p_E = 1 \times \left(\frac{9.95^2 \times 1.2^2}{2 \times 9.8} + 1.33 \right) = 8.60 \text{ tf/m}^2 = \underline{0.860 \text{ kgf/cm}^2}$$

〔**類　題**〕　内径 a なる中空球に液体をちょ
うど半分満してある．この球をその鉛直軸のまわ
りに一定の角速度で回転するとき，球の最低部が
ちょうど露出したとする．角速度を求めよ．

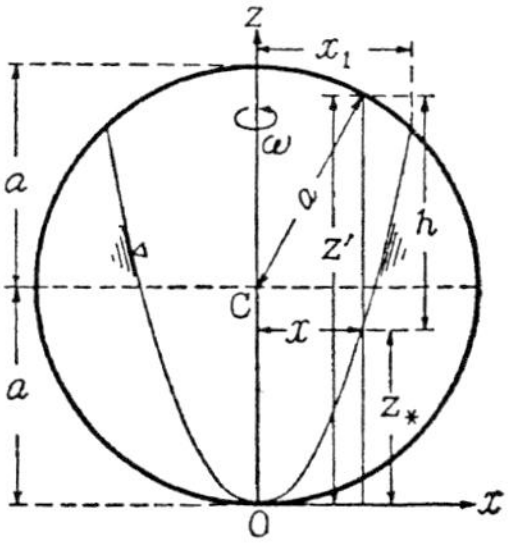

　　解　　角速度を ω とし，図 -2・28 のように
座標軸を選べば水面曲線は例題 2・20 の（3）式
より

$$z_* = \frac{\omega^2 x^2}{2g} \tag{1}$$

球内の空間の体積を V とすると

図 - 2・28

$$V = \frac{1}{2} \times \frac{4}{3} \pi a^3 = \int_0^{x_1} 2 \pi x h \, dx \tag{2}$$

ところが，$h = z' - z_* = (a + \sqrt{a^2 - x^2}) - \dfrac{\omega^2 x^2}{2g}$ \tag{3}

これを（2）式に代入して

$$\frac{2}{3} \pi a^3 = 2 \pi \int_0^{x_1} x \left\{ a + \sqrt{a^2 - x^2} - \frac{\omega^2 x^2}{2g} \right\} dx$$

$$= 2 \pi \left\{ \frac{a x_1^2}{2} - \frac{1}{3} (a^2 - x_1^2)^{\frac{3}{2}} + \frac{1}{3} a^3 - \frac{\omega^2 x_1^4}{8g} \right\}$$

$$\therefore \quad \frac{a x_1^2}{2} - \frac{1}{3} (a^2 - x_1^2)^{\frac{3}{2}} - \frac{\omega^2 x_1^4}{8g} = 0 \tag{4}$$

一方，x_1 は水面曲線と球面が一致する点であることにより，$z_* = z'$ となるから
（3）式より

$$\frac{\omega^2 x_1^2}{2g} = a + \sqrt{a^2 - x_1^2} \tag{5}$$

（5）式を（4）式に代入すれば

$$\frac{a x_1^2}{2} - \frac{1}{3} (a^2 - x_1^2)^{\frac{3}{2}} - \frac{x_1^2}{4} (a + \sqrt{a^2 - x_1^2}) = 0 \tag{6}$$

（6）式を解くにあたり，便宜上 $\sqrt{a^2 - x_1^2} = z_0$ とおくと，$x_1^2 = a^2 - z_0^2$
故に（6）式は次式となる．

$$(z_0 + a)^3 = 4a^3$$

$$\therefore \quad z_0 = a (4^{\frac{1}{3}} - 1)$$

したがって　$x_1{}^2 = a^2 - z_0{}^2 = a^2\{1-(4^{\frac{1}{3}}-1)^2\} = 4^{\frac{1}{3}}(2-4^{\frac{1}{3}})\,a^2$　　　　　　（7）

（7）式を（5）に代入して

$$\frac{\omega^2}{2g}4^{\frac{1}{3}}(2-4^{\frac{1}{3}})\,a^2 = a+z_0 = a(1+4^{\frac{1}{3}}-1) = 4^{\frac{1}{3}}a \qquad (8)$$

故に　　$\omega^2 = \dfrac{2g}{(2-4^{\frac{1}{3}})a}$,　$\omega = \dfrac{6.892}{\sqrt{a}}$　（ラジアン/秒）

【2・22】　図-2・29 の円形に弯曲し
た水路で，内側の半径は 15 m，外側の半
径は 20 m である．この水路に水が流れて
いるとき，内・外側（図の A, B）の水位差
が 20 cm であった．流速の概略値を求め
よ．

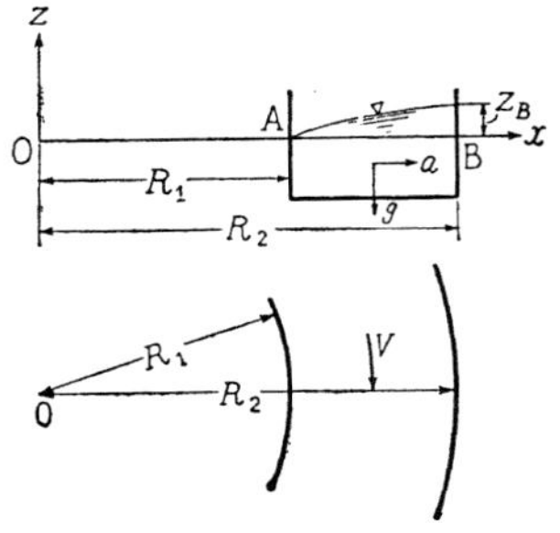

図-2・29

　解　　原点を曲率中心にとり，x 軸は A
点を通るように選び，z 軸は鉛直上方にと
る．遠心力は流速を V とすると

$$X = \frac{V^2}{x}. \qquad Z = -g$$

故に（2・8）式より　　$dp = \rho\left(\dfrac{V^2}{x}dx - g\,dz\right)$

積分して　　$p = \rho V^2 \log x - \rho g z + C$

A 点（$x = R_1$, $z = 0$）で　$p = 0$ であるから，$c = -\rho V^2 \log R_1$

$$\therefore \quad p = \rho\left(V^2 \log \frac{x}{R_1} - g\,z\right) \qquad (1)$$

B 点の水位上昇高を z_B とすると（1）式に $p = 0$, $x = R_2$, $z = z_B$ を代
入して

$$z_B = \frac{V^2}{g}\log_e \frac{R_2}{R_1} = 2.3\frac{V^2}{g}\log_{10}\frac{R_2}{R_1}$$

$$\therefore \quad V = \sqrt{\frac{g\,z_B}{2.3\log_{10}\dfrac{R_2}{R_1}}} = \sqrt{\frac{9.8\times0.2}{2.3\log_{10}\dfrac{20}{15}}} = 2.61 \text{ m/sec}$$

問　　題　（9）

（1）　直径 50 cm の円筒容器に水を入れて，その鉛直中心軸のまわりに一定の角

速度で回転する. 中心軸から 15 cm の距離にお
ける水面が水平線と 45° の傾斜をなすとき，角速
度 ω を求めよ.

　　答　$\omega = 8.08$ ラジアン/秒

　　　　　　　　　　（$= 1.29$ 回転/秒）

（**2**）　図 – 2・30 に示す U 字管が AB を通
る鉛直軸のまわりに回転するとき，AB 管の水銀
がちょうどなくなった. 回転速度を求めよ.

　　答　$\omega = 6$ ラジアン/秒（$= 57.30$ r.p.m）

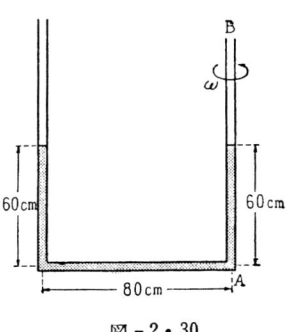

図 – 2・30

（**3**）　図 – 2・31 のようにバケツに水を入れ
て，水平軸のまわりに一定角速度 ω でふりまわ
すとき，バケツ内の水面形を求めよ.

$$\text{答}\quad x^2 + \left(z - \frac{g}{\omega^2}\right)^2 = C$$

となり $x = 0$, $z = g/\omega^2$ に中心をもつ円曲線であ
る.

（**4**）　半径 a の中空球形容器に密度 ρ の液体
が満たされている. この容器を鉛直軸のまわりに
一様な角速度 ω で回転するとき，容器壁に働く
圧力の強さが最大となる位置を求めよ.

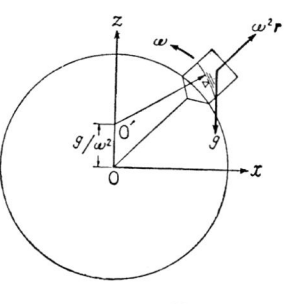

図 – 2・31

　　答　$a > g/\omega^2$ の場合には球中心より g/ω^2 下った位置，

　　　　$a \leq g/\omega^2$ の場合には球形容器の最低部.

第3章　流れの基礎原理

　静止している流体には二つの種類の力，すなわち，質量力と圧力とが働いている．流体が運動している場合には，これら二つの力の他に，流体が粘性をもつために形の変形に逆らおうとする内部摩擦の作用がある．しかしながら，水や空気は非常に小さい粘性をもつにすぎないので，問題によってはこの影響を無視しうる場合も少なくない．このように取扱いの便宜のために粘性の影響を無視した流体を完全流体，粘性の作用を考慮した実在の流体を粘性流体という．また，流体とくに気体は圧縮されて密度をかえる．この密度変化を無視しうるか否かによって，非圧縮性流体と圧縮性流体とに分れる．水の流れの大部分および音速にくらべて小さい速度で流れる空気は前者に，音速付近または音速をこえる空気の流れは後者に属する．

　流れは，また定常流・非定常流および等流・不等流にわけられる．定常流は流速・圧力などが時間的に変化しない流れをいい，洪水時の流れや潮汐の影響を受ける河川等のように時間的に変化する流れは非定常流（不定流）である．定常流の中で，流速が場所的にも変化しない流れを等流と呼び，流水断面が場所によって異なったり，流れの中に障害物があったりして，流速が場所によって異なる流れを不等流という．

　一般に流体の流れは，連続の方程式，運動の方程式（あるいはエネルギー方程式），および圧力と流体の密度との関係をあらわす示性方程式によって規定される．本章においては，これらの基礎方程式および流れの基本的な性質を取り扱う．

3・1　完全流体の基礎方程式

　流れの状態を表わすには，流線といってある瞬間における流体の速度の方向を連ねる線が用いられる．運動が定常的であるとすると，流線は図-3・1のようになり，流体の小部分が次々に経過する道筋と一致する．流れを2次元とし，(x, z)における速度を $\vec{V^*}$，その成分を (u, w) とすると流線の方程

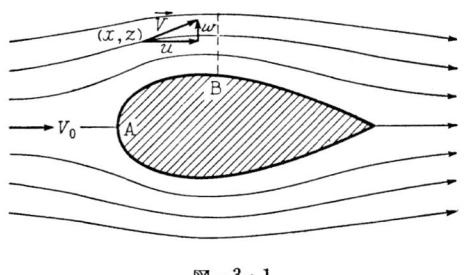

図-3・1

---

*)　本書ではベクトルに→をつけて区別する．

式は次式で表わされる.

$$\frac{dz}{dx} = \frac{w}{u} \tag{3・1}$$

1次元流れの基礎方程式　管路や開水路の流れは1本の流管とみなすことができ，流れの方向に s 軸をとると速度などは一つの空間座標 s によってきめられる．このような流れを1次元流れという．図-3・2 の流管中を重力だけの作用のもとに運動している流体を考え，速度を V，断面積を A，密度を ρ とすると質量不変の法則より

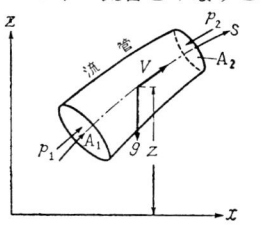

$$\frac{\partial \rho}{\partial t} + \frac{1}{A}\frac{\partial(\rho VA)}{\partial s} = 0 \tag{3・2}$$

図-3・2

が成り立つ．定常運動においては，$\partial\rho/\partial t = 0$ であるから上式は

$$\rho VA = 一定 = m \tag{3・3}$$

となり，さらに流体が非圧縮性で ρ を一定とみなしうる場合には，各断面を通る単位時間あたりの流体の体積，すなわち流量 Q は一定となる．

$$VA = 一定 = Q \tag{3・4}$$

(3・2)，(3・3)，(3・4) 式を連続の方程式という．

　運動の方程式はある基準面（x軸）から z の高さ（zは鉛直上方にとる）の場所における速度を V，圧力を p とすると

$$\frac{\partial V}{\partial t} + V\frac{\partial V}{\partial s} = -g\frac{\partial z}{\partial s} - \frac{1}{\rho}\frac{\partial p}{\partial s} \tag{3・5}$$

となる（例題 3・4）．上式を1次元のオイラー（Euler）の運動方程式という．

　2次元流れの基礎方程式　一様な流れの中に置かれた流体の周りの流れなどでは，流線の方向が分らないので上述の式は使えない．このような場合には，速度 $\vec{V}$ を直角座標軸 $x,\ y,\ z$ の方向の成分 $u,\ v,\ w$ に分解し，それぞれの方向について運動の方程式を考えるのが普通である．簡単のため2次元流れを考え，紙面上に x および z 軸をとり，紙面に垂直な y 軸方向には流れは一様であるとする．

　流れの中に $dx \times dz$ の微小部分を考え，質量不変の法則を適用すると連続の方程式は

$$\frac{\partial \rho}{\partial t}+\frac{\partial (\rho u)}{\partial x}+\frac{\partial (\rho w)}{\partial z} = 0 \tag{3・6}$$

となり，圧縮性のない場合には次のようになる．

$$\frac{\partial u}{\partial x}+\frac{\partial w}{\partial z} = 0 \tag{3・7}$$

運動の方程式は単位質量に働く外力の x 成分，z 成分をそれぞれ $X,\ Z$ とすると

$$\left.\begin{array}{l}\dfrac{\partial u}{\partial t}+u\dfrac{\partial u}{\partial x}+w\dfrac{\partial u}{\partial z} = X-\dfrac{1}{\rho}\dfrac{\partial p}{\partial x} \\[2mm] \dfrac{\partial w}{\partial t}+u\dfrac{\partial w}{\partial x}+w\dfrac{\partial w}{\partial z} = Z-\dfrac{1}{\rho}\dfrac{\partial p}{\partial z}\end{array}\right\} \tag{3・8}$$

となる（例題 3・6）．流れの場を知ることは速度 $\vec{V}\ (u,\ w)$，圧力 p および密度 ρ を座標 (x, z) および時間 t の関数としてきめることに他ならない．流体が非圧縮性の場合には密度は一定であるから，三つの方程式 (3・7)，(3・8) 式より $u,\ w$ および p を規定することができる．しかしながら，圧縮性流体の場合には未知量が4個であるから，もう一つの方程式が必要である．この不足を補なうものは流体の熱力学的状態式であって，常用されているものは第1章2節でのべた

（ⅰ）　等温変化: $p/\rho = $ 一定

（ⅱ）　断熱変化: $p/\rho^n = $ 一定

などである．

例　　題　（10）

【3・1】　　図-3・1 に示した2次元流れにおいて，物体から十分離れたところでは 5 cm 間隔に書かれた流線が，B 線上では物体に近づくにつれて 4.6 cm，4.0 cm，3.5 cm というふうにせまくなっている．物体から十分離れた点の流速を 2.5 m/sec として，B 線上の流速はいくらか．

解　　流線間の流量は等しいから，4.6 cm の間隔の流速を $V_{4.6}$ と書くと，(3・4) 式より

$$2.5\times0.05 = V_{4.6}\times0.046 = V_{4.0}\times0.04 = V_{3.5}\times0.035$$

故に　$V_{4.6} = 2.5\times\dfrac{0.05}{0.046} = 2.72 \text{ m/sec}$

$$V_{4.0} = 3.13 \text{ m/sec}, \qquad V_{3.5} = 3.57 \text{ m/sec}$$

〔**類 題**〕 径 20 cm, 30 cm および 40 cm の管をつなぎ, 60 l/sec の水を流したとき各管の流速はいくらか.

解
$$V_{20} = \frac{0.06}{\frac{\pi}{4} \times (0.2)^2} = 1.91 \text{ m/sec}$$

$$V_{30} = 1.91 \times \left(\frac{0.2}{0.3}\right)^2 = 0.849 \text{ m/sec,}$$

$$V_{40} = 1.91 \times \left(\frac{0.2}{0.4}\right)^2 = 0.477 \text{ m/sec}$$

【3・2】 径 40 cm の円筒水槽から径 1 cm の管を通じて水が流出している. 管内の流速が 1.2 m/sec のとき, 水槽水面の下がる速度を求めよ.

解 水槽および管の断面積を A, a, 管内流速を V とする. 水面の座標値を z として, z 軸を鉛直上方にとると, dt 時間内の流出量 $aV\,dt$ は, その間における水槽内の水の体積減少量 $-A\,dz$ (符号は z 軸を上向きにとっているから$-$) に等しい. 故に

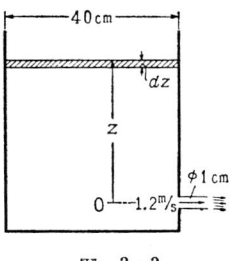

図 - 3・3

$$-A\,dz = aV\,dt$$

$$\therefore \quad \frac{dz}{dt} = -\frac{a}{A}V = -\left(\frac{1}{40}\right)^2 \times 120 = -0.075 \text{ cm/sec}$$

すなわち 1 秒間に 0.075 cm の割合いで水面が下がる.

〔**類 題**〕 例題 3・2 において, 管から水が流出すると同時に, 水槽に毎秒 300 cc の割合で水が補給されているとき, 水面の昇降速度を求めよ.

答 0.164 cm/sec の速さで昇る.

【3・3】 x, z 方向の速度がそれぞれ, $u = -r\omega\sin\theta$, $w = r\omega\cos\theta$ で与えられるときの流線の方程式を求めよ. ただし, 流れは y 方向には変らないものとし, $r = \sqrt{x^2+z^2}$, $\theta = \tan^{-1}z/x$ とする.

解 流線の方程式 (3・1) に u, w を入れると

$$\frac{dz}{dx} = \frac{w}{u} = \frac{r\omega\cos\theta}{-r\omega\sin\theta} = -\frac{1}{\tan\theta} = -\frac{x}{z}$$

$$\therefore \quad x\,dx + z\,dz = 0$$

これを積分すると

$x^2+z^2 = C^2$, すなわち $r = C$. これより流線は原点を中心とする円である.

【3・4】※　1次元流れの運動方程式 (3・5) 式を Newton の運動方程式 (質量×加速度 = 外力) より導け. また連続の方程式 (3・2) 式を導け.

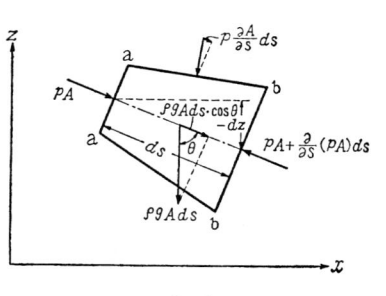

図 - 3・4

解　a) 図 - 3・4 のように流管から長さ ds の微小部分 ab を切りとり, a 面の座標を s, 断面積を A とする. この微小部分に働く流れ方向の力は境界に垂直に働く圧力による力の成分と, 微小部分の重さの成分とからなり, 図に示したようである. したがって

$$pA-\left[pA+\frac{\partial(pA)}{\partial s}ds\right]^*+p\frac{\partial A}{\partial s}ds^{**}+\rho gA\cos\theta\cdot ds$$

$$= -A\frac{\partial p}{\partial s}ds-\rho gA\,dz = -A\,ds\left(\rho g\frac{\partial z}{\partial s}+\frac{\partial p}{\partial s}\right)$$

となる $\left(\because \quad 図から -dz = -\frac{\partial z}{\partial s}ds = \cos\theta\cdot ds\right)$

ニュートンの運動方程式によると, 上の力は加速度を dV/dt とするとき $\rho A\,ds\,dV/dt$ に等しい.

次に dV/dt について考察する. 座標 s なる断面における速度を V とすると, 時間 t にこの断面にあった流体部分は, $t+dt$ 時間には $s+ds = s+V\,dt$ の断面上に来て, $V+dV$ なる速度をもつ. 速度 V は s と t との関数であるから, $V = V(s, t)$ とすれば, テイラー展開より

$$V+dV = V(s+V\,dt, \ t+dt) = V(s, \ t)+\frac{\partial V}{\partial t}dt+\frac{\partial V}{\partial s}V\,dt$$

故に $dV = \left(\frac{\partial V}{\partial t}+V\frac{\partial V}{\partial s}\right)dt$ すなわち, 加速度は $\dfrac{dV}{dt} = \dfrac{\partial V}{\partial t}+V\dfrac{\partial V}{\partial s}$ となり, これを流体力学的加速度とよぶ. 以上のことから

$$\rho A\,ds\frac{dV}{dt} = \rho A\,ds\left(\frac{\partial V}{\partial t}+V\frac{\partial V}{\partial s}\right) = -A\,ds\left(\rho g\frac{\partial z}{\partial s}+\frac{\partial p}{\partial s}\right)$$

---

*)　註1参照 (p. 61)
**)　註2参照 (p. 61)

$$\therefore \quad \frac{\partial V}{\partial t} + V\frac{\partial V}{\partial s} = -g\frac{\partial z}{\partial s} - \frac{1}{\rho}\frac{\partial p}{\partial s}$$

b) 次に連続方程式 (3・2) 式を証明する. a 断面を通って ds 区間に単位時間に入ってくる流体の質量は ρAV. b 断面を通って出てゆく質量は $\rho AV + \frac{\partial}{\partial s}(\rho AV)\,ds$ である. したがって単位時間にこの区間にたまる流体の質量は $-\frac{\partial}{\partial s}(\rho AV)\,ds$ となる. これだけの質量がたまる結果, ds 区間の質量 $\rho A\,ds$ が単位時間に $A\,ds\cdot\partial\rho/\partial t$ だけ増加する. この二つの量が等しいとおいて

$$A\frac{\partial\rho}{\partial t}ds + \frac{\partial}{\partial s}(\rho AV)\,ds = 0 \qquad \therefore \quad \frac{\partial\rho}{\partial t} + \frac{1}{A}\frac{\partial(\rho AV)}{\partial s} = 0$$

（註 1.）　一般にある物理量 M が s の関数, すなわち $M = M(s)$ で表わされるときには, $s+ds$ の点における M の値すなわち $M(s+ds)$ は, テーラー展開により次のようになる.

$$M(s+ds) = M(s) + \frac{\partial M}{\partial s}ds + \frac{1}{21}\left(\frac{\partial^2 M}{\partial s^2}\right)(ds)^2 + \cdots\cdots$$

ds は微小項であるから $(ds)^2$ 以上の項を無視し, (ρA) を M とおけばよい.

（註 2.）　これは側壁に働く圧力の流れ方向の成分で, p は s の関数であるから, 厳密には a, b 間の平均圧力 $\frac{p+(p+\partial p/\partial s\cdot ds)}{2}$ を用いて $\left(p+\frac{1}{2}\frac{\partial p}{\partial s}ds\right)dA$ となる. しかしながら ds は微小であるから, $\partial p/\partial s\cdot ds$ は高次の微小項となり無視することができる.

【3・5】　図 -3・5 のように A, B 二つの水槽（水平断面積 $A_1 = 20\ \mathrm{m}^2$, $A_2 = 10\ \mathrm{m}^2$）を断面積 $a = 0.80\ \mathrm{m}^2$, 長さ $l = 200\ \mathrm{m}$ の管でつないだ場合, 何らかの原因によって水位差を生じ, 水面が自由振動するときの振動周期を求めよ. ただし, 水槽内の水の加速度は無視する.

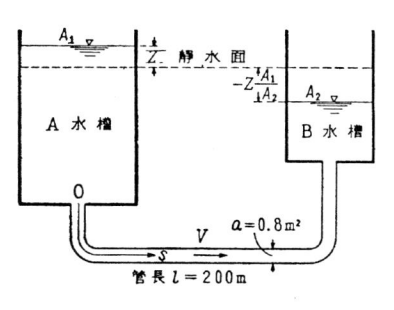

図 -3・5

解　静水面を原点として鉛直上方に z 軸をとる. A 水槽の水位が静水面より z だけ上がった状態では, B 水槽の水位は $-z\cdot A_1/A_2$ となる. 管に沿って s 軸をとると, 密度 ρ は一定

であるから連続の式 (3・2) は $\partial(Va)/\partial s = 0$ となる. さらに $a = $ 一定であるから, 結局流速 V は s に無関係で時間 t だけの関数となる. したがって連結管内の水の運動方程式は (3・5) 式において $\partial V/\partial s = 0$ とおき, s 方向の速度 V を正にとると

$$\frac{\partial V}{\partial t} = -\frac{\partial}{\partial s}\left(\frac{p}{\rho} + gz\right) \tag{1}$$

いま A 水槽が dt 時間に dz だけ水位を増したとすると, 体積増加 $A_1 \times dz$ は dt 時間内に管から A 水槽に流れこむ流量 $-aV\,dt^*$ に等しいから

$$\frac{dz}{dt} = -\frac{aV}{A_1} \tag{2}$$

(2) 式を (1) 式に代入して

$$\frac{A_1}{a}\frac{d^2z}{dt^2} = \frac{\partial}{\partial s}\left(\frac{p}{\rho} + gz\right) \tag{3}$$

この式の左辺は s には無関係で t だけの関数であるから, 右辺も s に無関係すなわち管全体を通じて一様であって, その値は管の両端での $(p/\rho+gz)$ の値を管の長さ l で割ったものに等しい. さらに水槽内の水の加速度は無視するから, 各水槽内における $(p/\rho+gz)$ の値は, その水表面における値に等しい. 故に

$$\frac{\partial}{\partial s}\left(\frac{p}{\rho} + gz\right) = \frac{g}{l}\{(\text{B 水槽の水面高}) - (\text{A 水槽の水面高})\}$$

$$= \frac{g\left(-z\dfrac{A_1}{A_2} - z\right)}{l}$$

これを (3) 式に代入すると $\quad \dfrac{d^2z}{dt^2} = -z\dfrac{ag\,(A_1+A_2)}{l\,A_1\,A_2}$

この微分方程式の解は $\quad z = A\cos\left(\sqrt{\dfrac{ag\,(A_1+A_2)}{l\,A_1\,A_2}}\,t + \theta\right)$

なる振動であって, その振動の周期は

$$T = 2\pi\sqrt{\frac{l}{ag}\frac{A_1\,A_2}{A_1+A_2}} = 2\pi\sqrt{\frac{l}{ag}\frac{A_2}{1+A_2/A_1}}$$

---

*) この場合の管内流れの方向は A 水槽の方に向い, s 方向と逆であるため負号がつく.

題意の数値 $l = 200\,\mathrm{m}$, $A_1 = 20\,\mathrm{m^2}$, $A_2 = 10\,\mathrm{m^2}$, $a = 0.8\,\mathrm{m^2}$ および $g = 9.8\,\mathrm{m/s^2}$ を代入して $T = 81.9\,\mathrm{sec}$

〔**類 題 1.**〕 例題 3・5 においてA水槽の代りに，面積が非常に大きい貯水池である場合，B 水槽の振動周期を求めよ．

（**ヒント**） 貯水池の水面は一定でB水槽だけが昇降するとして，前の例題と同じようにすれば求まる．答は前の例題の周期の式で $A_2/A_1 = 0$ とおいた場合にあたる．すなわち $T = 2\pi\sqrt{lA_2/ag}$

答 100.3 秒

〔**類 題 2.**〕 図 – 3・6 のように鉛直線に対して，α_1, α_2 の角度で両側に傾いた管の中の水の振動周期は，水柱の長さを l として

$$T = 2\pi\sqrt{\dfrac{l}{g\,(\cos\alpha_1 + \cos\alpha_2)}}$$

となることを示せ．

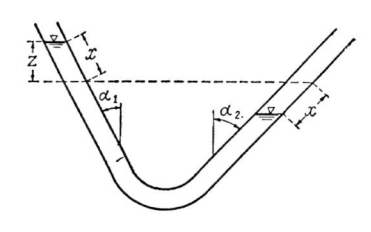

図 – 3・6

（**ヒント**） 例題 3・5 において $A_1 = A_2$ $= a$ として，図 – 3・6 の x に関する方程式を作る．（3）式に対応する $d^2x/dt^2 = d(p/\rho + gz)/ds$ において，両端における圧力差は $-gx\cos\alpha_2 - gx\cos\alpha_1$ であることに注意する．

【**3・6**】※ 2次元流れの運動方程式（3・8）式を導け．また2次元流れの連続方程式（3・6）式を証明せよ．

解 a） 流れの中に座標軸に平行な辺 dx, dz をもつ微小部分 $dx\,dz$ について，ニュートンの運動方程式を作る．この微小部分に働く力は図 – 3・7

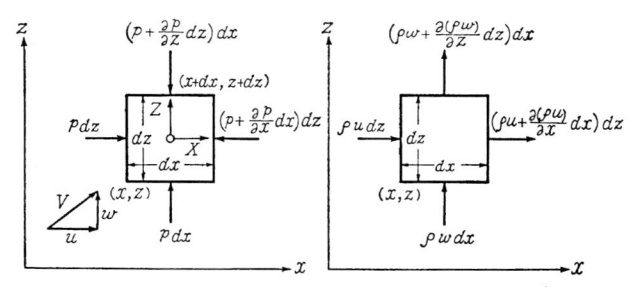

図 – 3・7

に示したとおりで，この力の x 方向の成分 $(\rho X - \partial p/\partial x)\,dx\,dz$ はニュートンの運動方程式より，質量×加速度 $\rho\,dx\,dz\cdot du/dt$ に等しい．

加速度 du/dt は一つの流体小部分について速度 u の変化する割合を示すものであるから，時刻 t に点 $(x,\,z)$ にあった点がもつ速度と，それが時刻 $t+dt$ に点 $(x+u\,dt,\ z+w\,dt)$ に移ったときにもつ速度との差を考えて

$$\frac{du}{dt} = \lim_{dt\to 0} \frac{u(x+u\,dt,\ z+w\,dt\,;\,t+dt) - u(x,\,z\,;\,t)}{dt}$$

$$= \lim_{dt\to 0} \frac{u(x,\,z\,;\,t) + dt\,\dfrac{\partial u}{\partial t} + u\,dt\,\dfrac{\partial u}{\partial x} + w\,dt\,\dfrac{\partial u}{\partial z} + \left(\begin{array}{c}dt\text{の2次}\\ \text{以上の項}\end{array}\right) - u(x,\,z\,;\,t)}{dt}$$

$$= \frac{\partial u}{\partial t} + u\,\frac{\partial u}{\partial x} + w\,\frac{\partial u}{\partial z}$$

$$\therefore\quad \frac{\partial u}{\partial t} + u\,\frac{\partial u}{\partial x} + w\,\frac{\partial u}{\partial z} = X - \frac{1}{\rho}\,\frac{\partial p}{\partial x}$$

となる．z 方向についても同じように考えると，(3・8) 式が得られる．

b) 次に連続方程式について考察する．x 軸に垂直な面を通って微小部分 $dx\,dz$ に流入する量は単位時間あたり $\rho u\,dz$，この面と相対する面を通って出てゆく量は $\left[\rho u + \dfrac{\partial(\rho u)}{\partial x}\,dx\right]dz$ であるから，結局微小部分にたまる質量は単位時間について $-\dfrac{\partial(\rho u)}{\partial x}\,dx\,dz$ である．また，z 軸に垂直な2面間についても同様に，$-\dfrac{\partial(\rho w)}{\partial z}\,dx\,dz$ の量だけたまり，この両者の和は単位時間における微小部分の質量増加 $\dfrac{\partial \rho}{\partial t}\,dx\,dz$ に等しくなければならない．すなわち

$$\frac{\partial \rho}{\partial t}\,dx\,dz = -\frac{\partial(\rho u)}{\partial x}\,dx\,dz - \frac{\partial(\rho w)}{\partial z}\,dx\,dz$$

$$\therefore\quad \frac{\partial \rho}{\partial t} + \frac{\partial(\rho u)}{\partial x} + \frac{\partial(\rho w)}{\partial z} = 0$$

問　題　(10)

(1)　油を満した内径 165 mm のシリンダーの中に，外径 160 mm のピストンが 3 cm/sec の速度でおしこまれるとき，ピストンとシリンダーとの隙間を通じて逆流

する油の速度を求めよ.

答 47.3 cm/sec

（2） 内径 30, 20, 10 cm の各円管を次々に接続した管水路がある. この管水路に 0.04 m³/sec の水が流れているとき, 各管の平均流速を求めよ.

答 0.566 m/sec, 1.27 m/sec, 5.09 m/sec

（3） 高さ 30 m の円断面鉛直煙突がある. その内径は底部で 6 m, 頂部で 4 m であってその間一様に変化している. 単位重量 0.48 kg/m³ の石炭ガスが煙突の底部から 3 m/sec の速度で進入するが, ガスの単位重量は上昇するにつれて一様に増大し, 煙突の頂部においては 0.64 kg/m³ となるものとする. 煙突内のガスの平均流速を 10 m ごとに計算せよ.

答 $z = 10$ m では $V_{10} = 3.42$ m/sec, $z = 20$ m では
$V_{20} = 4.06$ m/sec, $z = 30$ m では $V_{30} = 5.06$ m/sec

3・2 ベルヌイの定理

非圧縮性完全流体の定常流れでは, 1次元流れの運動方程式 (3・5) 式を積分して, $w = \rho g$ とおくと直ちに次のベルヌイ (Bernoulli) の定理が得られる.

$$\frac{V^2}{2g} + z + \frac{p}{w} = 一定 = E \tag{3・9}$$

上式において, $V^2/2g$ は自由落下によって速度 V が得られるような高さであり, p/w は圧力差 p を与えるような液体柱の高さである. これらをそれぞれ速度水頭, 圧力水頭とよぶ. ベルヌイの方程式は, 非圧縮性完全流体の定常流れにおける速度水頭, 圧力水頭および高度水頭の和 (これらを全水頭と呼ぶ) は, 流線にそって一定に保たれることを示している.

図-3・8 に示すように, $z + p/w$ を連ねた線を動水コウ配線, それより速度水頭 だけ上の $V^2/2g + z + p/w$ を連ねた線をエネルギー線という. 動水コウ配線は管にとりつけたピエゾメーター (水圧管) の水面の高さと一致する. また, $I_e = -\partial E/\partial s$, $I = -\dfrac{\partial}{\partial s}\left(\dfrac{p}{w} + z\right)$ をそ

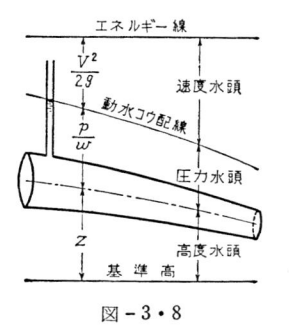

図 - 3・8

れぞれ，エネルギーコウ配，動水コウ配という．なお，本節の例題および問題では完全流体として取り扱うから，すべての水頭損失を無視する．したがってエネルギー線は図 - 3・8 のように水平である．

例　　題 (11)

【3・7】　　径 8″ の管がいったん 6″ に縮小してから再び径 12″ に拡大している．管路に流量 0.120 m³/sec の水が流れ，図 - 3・9 における A 点の圧力が 3.20 ton/m² であった．B 点および C 点の流速と圧力ヘッド（水頭）を求めよ．ただし，B, C 点は A 点よりそれぞれ 0.5 m，1.0 m 高い位置にある．

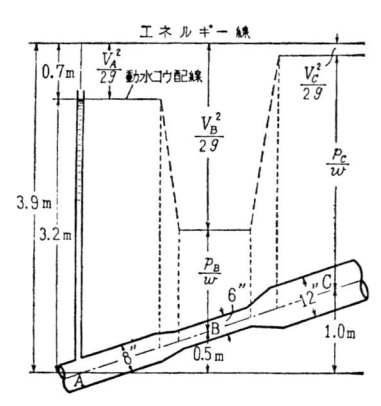

図 - 3・9

解　　A, B, C 点の諸量にそれぞれ添字 A, B, C をつけると，連続の式

$$V_A = \frac{Q}{\frac{\pi}{4}D_A^2}, \quad V_B = \left(\frac{D_A}{D_B}\right)^2 V_A, \quad V_C = \left(\frac{D_A}{D_C}\right)^2 V_A$$

より流速は直ちに求まる．1″ は 0.0254 m であるから

$$V_A = \frac{0.120}{\frac{\pi}{4}(8\times0.0254)^2} = 3.70 \text{ m/sec},$$

$$V_B = \left(\frac{8}{6}\right)^2 \times 3.70 = \underline{6.58 \text{ m/sec}}$$

$$V_C = \left(\frac{8}{12}\right)^2 \times 3.70 = \underline{1.64 \text{ m/sec}}$$

次に A, B, C 点にベルヌイの定理 (3・9) 式を適用すると，A 点を基準として

$$E = \frac{V_A^2}{2g} + 0 + \frac{p_A}{w} = \frac{V_B^2}{2g} + z_B + \frac{p_B}{w} = \frac{V_C^2}{2g} + z_C + \frac{p_C}{w}$$

より p_B/w, p_C/w は求められる．すなわち

$$\frac{p_{\mathrm{B}}}{w} = \left(\frac{V_{\mathrm{A}}^2}{2g} + \frac{p_{\mathrm{A}}}{w}\right) - \left(\frac{V_{\mathrm{B}}^2}{2g} + z_{\mathrm{B}}\right) = \left(\frac{3.70^2}{2\times9.8} + \frac{3.20}{1.0}\right)$$

$$- \left(\frac{6.58^2}{2\times9.8} + 0.5\right) = 3.90 - 2.71 = \underline{\underline{1.19\ \mathrm{m}}}$$

$$\frac{p_{\mathrm{C}}}{w} = \left(\frac{V_{\mathrm{A}}^2}{2g} + \frac{p_{\mathrm{A}}}{w}\right) - \left(\frac{V_{\mathrm{C}}^2}{2g} + z_{\mathrm{C}}\right) = 3.90 - \left(\frac{1.64^2}{2\times9.8} + 1.0\right)$$

$$= \underline{\underline{2.76\ \mathrm{m}}}$$

なお，エネルギー線は A 点より $E = 3.90\ \mathrm{m}$ 上方を通る水平線で，動水コウ配線はエネルギー線より $V^2/2g$ だけ下方の線であるから，図に示したようになる．管の中心から動水コウ配線までの距離が圧力ヘッド p/w を与える．

〔**類 題**〕　例題3・7において管が水平とすると，B 点および C 点の圧力ヘッドはいくらか．

答　$p_{\mathrm{B}}/w = 1.69\ \mathrm{m}$,　$p_{\mathrm{C}}/w = 3.76\ \mathrm{m}$

【**3・8**】　図 -3・10 のように長さ 3 m，径 15 cm の円管をつけた径 1 m の円筒水槽に毎秒あたり $Q = 0.15\ \mathrm{m}^3$ の水が供給されているとき，水槽の水深はいくらになるか．また，管内の圧力分布を求めよ．

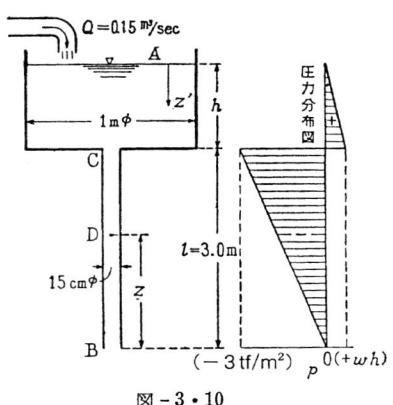

図 - 3・10

解　損失を無視すると $E = V^2/2g + z + p/w$ の値は一定に保たれるが，自由水面 A，出口 B における圧力は大気圧 $(p = 0)$ である．故に A，D および B 点にベルヌイの定理を適用すると（B点を基準としてD点はB点より z だけ上方にある），図の記号を用いて

$$\frac{V_{\mathrm{A}}^2}{2g} + (l+h) + 0 = \frac{V_{\mathrm{D}}^2}{2g} + z + \frac{p_{\mathrm{D}}}{w} = \frac{V_{\mathrm{B}}^2}{2g} + 0 + 0 \qquad (1)$$

水槽の直径を D_{A}，管の直径を D_{B} とすると $(V_{\mathrm{A}}/V_{\mathrm{B}})^2 = (D_{\mathrm{B}}/D_{\mathrm{A}})^4 = (0.15/1)^4 = 5\times10^{-4}$ であるから，上式において $V_{\mathrm{A}}^2/2g$ は $V_{\mathrm{B}}^2/2g$ に対して無視しうる．したがって（1）式の始めの式と終りの式から

$$h+l = \frac{V_B{}^2}{2g} = \frac{1}{2g}\left(\frac{Q}{A_B}\right)^2 = \frac{1}{2\times9.8}\left(\frac{0.15}{\dfrac{\pi}{4}\times0.15^2}\right)^2 = 3.68\,\text{m}$$

故に $h = 3.68 - 3.00 = \underline{0.68\,\text{m}}$

次に圧力分布は $V_B = V_D$ であるから（1）式の第二式と第三式より

$$p_D/w = -z$$

一方，水槽内では圧力は静水圧分布で水表面からの距離を z' とすると $p/w = z'$. したがって管の入口では圧力は不連続になる.

（註） 本例題において，もし $Q = 0.10\,\text{m}^3/\text{sec}$ の水が供給されているとすると，上の式の h は負となり水槽内には自由水面を生じ得ない. 次に，BC 管内に自由水面を生じ得るかどうかを吟味するのに，自由水面があると仮定してその高さを z とすると（1）式より，$V_D{}^2/2g + z = V_B{}^2/2g$，$V_B = V_D$ であるから，$z = 0$ となる. したがって，この場合には水は自由落下して水表面を生じないことがわかる.

【3・9】 図-3・11 に示したベンチュリー計において，差動圧力計の水銀柱の差が 25.2 cm であった. 管内を流れる流量はいくらか.

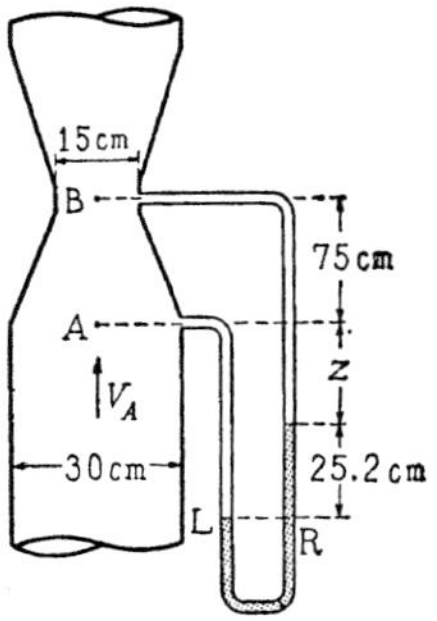

解 連続の式より

$$V_A = \frac{A_B}{A_A}V_B = \left(\frac{D_B}{D_A}\right)^2 V_B = \left(\frac{15}{30}\right)^2 V_B$$

$$= \frac{1}{4}V_B$$

A 点を基準として，A, B にベルヌイの定理を適用すると，

図 - 3・11

$$\frac{V_A{}^2}{2g}+0+\frac{p_A}{w} = \frac{V_B{}^2}{2g}+0.75+\frac{p_B}{w}$$

より $\dfrac{p_A}{w}-\dfrac{p_B}{w} = \dfrac{V_B{}^2}{2g}-\dfrac{1}{16}\cdot\dfrac{V_B{}^2}{2g}+0.75 = \dfrac{15}{16}\dfrac{V_B{}^2}{2g}+0.75$ （1）

次にマノメーターに対しては，L, R の圧力が等しいことから

$$\frac{p_A}{w}+z+0.252 = \frac{p_B}{w}+0.750+z+0.252\times13.6$$

これより $\dfrac{p_A}{w}-\dfrac{p_B}{w} = 0.750+0.252\times12.6$ （2）

（1）式と（2）式から $\dfrac{15}{16}\dfrac{V_B{}^2}{2g} = 0.252\times12.6 = 3.175$

$$\therefore \quad V_B = 8.15 \, \text{m/sec}$$

$$Q = \frac{\pi}{4} D_B{}^2 V_B = \frac{\pi}{4} \times 0.15^2 \times 8.15 = 0.144 \, \text{m}^3/\text{sec}$$

【3・10】　12″ 管が図 - 3・12 のように 8″ 管と 6″ 管に Y 状に分岐して水を大気中に放流している. 12″ 管の流量が 135 l/sec とするとき, 各管の流量および主管の圧力水頭はいくらか.

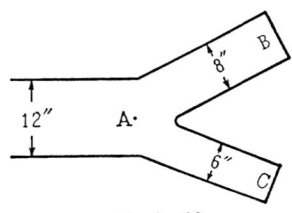

図 - 3・12

解　分岐点付近の主管中に A 断面をとり, 8″ 管, 6″ 管の放出口を B, C とする. 連続の式

$$Q = \frac{\pi}{4} D_A{}^2 V_A = \frac{\pi}{4} D_B{}^2 V_B + \frac{\pi}{4} D_C{}^2 V_C$$

より　$V_A = \left(\dfrac{D_B}{D_A}\right)^2 V_B + \left(\dfrac{D_C}{D_A}\right)^2 V_C$ 　　　　（1）

なお,　$V_A = \dfrac{0.135}{\dfrac{\pi}{4}(12 \times 0.0254)^2} = 1.85 \, \text{m/sec}$

A 点の圧力ヘッドを p_A/w とし, AB, AC 間にベルヌイの定理を用い, A, B, C 点が同一高さにあるものとすると, B, C 点の圧力は大気圧 (= 0) であるから

$$\frac{p_A}{w} + \frac{V_A{}^2}{2g} = 0 + \frac{V_B{}^2}{2g} = 0 + \frac{V_C{}^2}{2g} \qquad (2)$$

（2）式より $V_B = V_C$ となる. したがって（1）式より

$$V_B = \frac{V_A}{\left(\dfrac{D_B}{D_A}\right)^2 + \left(\dfrac{D_C}{D_A}\right)^2} = \frac{1.85}{\left(\dfrac{8}{12}\right)^2 + \left(\dfrac{6}{12}\right)^2} = 2.66 \, \text{m/sec}$$

となる. 故に

$$Q_B = \frac{\pi}{4} D_B{}^2 V_B = \frac{\pi}{4}(8 \times 0.0254)^2 \times 2.66 = \underline{0.0864 \, \text{m}^3/\text{sec}}$$

$$Q_C = Q - Q_B = 0.135 - 0.0864 = \underline{0.0486 \, \text{m}^3/\text{sec}}$$

A 点の圧力は（2）式の始めの式より

$$\frac{p_A}{w} = \frac{1}{2g}(V_B{}^2 - V_A{}^2) = \frac{1}{19.6}(2.66^2 - 1.85^2) = \underline{0.186 \, \text{m}}$$

〔**類　題**〕　例題 3・10 の寸法をもつ分岐管において，主管の圧力が 204 kgf/m²（＝ 0.0204 kgf/cm²）のとき各分岐管の流量はいくらか.

$$答\quad Q_A = 140.9\ l/\text{sec},\quad Q_B = 90.2\ l/\text{sec}$$
$$Q_C = 50.7\ l/\text{sec}$$

問　　題　（11）

本問題ではすべての損失を無視する.

（1）　図-3・13 のように ACB の管を通じて水が流れているとき，縮小断面 C より他の小管をもって下方にある水槽と連絡すると，水槽の水は EC の管において，水槽水面より $h = H\left(\dfrac{A_B^2}{A_C^2} - 1\right)$ だけ昇ることを示せ. ここに，A_B，A_C は管の出口および縮小断面における断面積である.

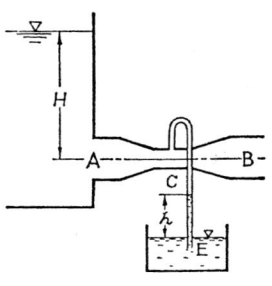

図 - 3・13

（2）　内径 20 cm の吸入管をもつ渦巻ポンプが水面より 2.4 m の高さに取付けてある. またこの点に取り付けた吸入管の真空計の読みが 0.35kgf/cm² の負圧を示すとき，ポンプの揚水量（吸入管を流れる流量）はいくらか.

$$答\quad 0.146\ \text{m}^3/\text{sec}$$

（3）　水平においた 2 枚の平行な円板の間を水が中央から外向きに流れている. 半径 $r_1 = 60$ cm の円周 A 上では流速が 6 m/sec，圧力水頭が 3 m のとき，半径 $r_2 = 120$ cm の円周 B 上における流速と圧力の強さを求めよ.

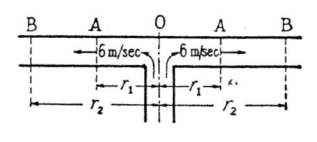

図 - 3・14

$$答\quad 3\ \text{m/sec},\quad p = 4\,380\ \text{kgf/m}^2$$

（4）　入口の内径が 120 cm なる水平においたベンチュリー計で，流量 0.79 m³/sec の水を測るとき，入口と狭窄部の壁に設けられた圧力測定孔を結びつける U 字管の水銀柱の差が 15 cm であるためには，狭窄部の内径はいくらにしたらよいか.

$$答\quad 40.54\ \text{cm}$$

（5）　6″ 管に 3″ 管が連結されている水平な管路に水が流れる. 6″ 管の圧力が 4.22kgf/cm²，3″ 管の圧力が 1.41kgf/cm² のとき，a）流量はいくらか. b）比重 0.752 の油が流れるとすれば流量はいくらか.

$$答\quad a）\ 0.111\ \text{m}^3/\text{sec}\quad b）\ 0.128\ \text{m}^3/\text{sec}$$

3・3　ポテンシャル流動

　力学において力がポテンシャルから導かれたと同様に，粘性を無視した完全流体においては，流速 $\vec{V}$（その成分 $u,\ w$）は次式

$$u = \frac{\partial \Phi}{\partial x}, \qquad w = \frac{\partial \Phi}{\partial z} \tag{3・10}$$

から導かれる.*上式のスカラー Φ を速度ポテンシャル（Velocity potential）という.（3・10）式を連続の式（3・7）に代入すると，非圧縮性の場合，Φ をきめる方程式

$$\frac{\partial^2 \Phi}{\partial x^2} + \frac{\partial^2 \Phi}{\partial z^2} = 0 \tag{3・11}$$

が得られる. 上式はラプラス（Laplace）の方程式と呼ばれ，数理物理学において最も多く現われる方程式の一つである.

　2次元流れの場合には，直角座標の代りに極座標を用いると便利なことが多い. 直角座標における微小部分 $dx \times dy$ が極座標では $dr \times r\,d\theta$ に対応するから，半径方向の速度を V_r，切線方向の速度を V_t とすると，（3・10），（3・11）式に対応して

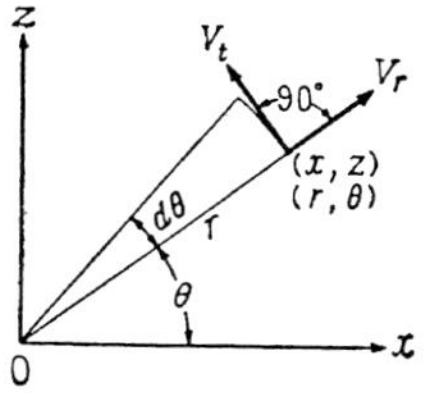

$$V_r = \frac{\partial \Phi}{\partial r}, \qquad V_t = \frac{1}{r} \frac{\partial \Phi}{\partial \theta} \tag{3・12}$$

図 - 3・15

$$\frac{\partial^2 \Phi}{\partial r^2} + \frac{1}{r} \frac{\partial \Phi}{\partial r} + \frac{1}{r^2} \frac{\partial^2 \Phi}{\partial \theta^2} = 0 \tag{3・13}$$

　完全流体のエネルギー方程式は外力がポテンシャル Ω をもつ（すなわち，$X = -\partial\Omega/\partial x,\ Z = -\partial\Omega/\partial z$）ものとして，運動方程式（3・8）式を積分すると

$$\frac{1}{2} V^2 + \int \frac{dp}{\rho} + \Omega + \frac{\partial \Phi}{\partial t} = F(t) \tag{3・14}$$

となる. ここに $F(t)$ は場所（$x,\ z$）に無関係で時間 t だけの関数である（例題 3・15）. とくに外力として重力の作用だけをうける 非圧縮性流体の定常流れでは，$\Omega = gz$（z は鉛直上方を正）であるから再びベルヌイの 方程式

---

*)　流体力学の本を参照されたい.

$$\frac{V^2}{2g}+\frac{p}{\rho g}+z = E = 一定 \qquad (3\cdot15)$$

が得られる．上式は流れの中のすべての点において $E = 一定$ なることを示し，流管にそって $E = 一定$ が成立した $(3\cdot9)$ 式の内容を拡張したものである．

例　題 (12)

【3・11】（渦運動）　$\Phi = \dfrac{\Gamma}{2\pi}\theta$ で表わされる流れの模様をしらべよ．

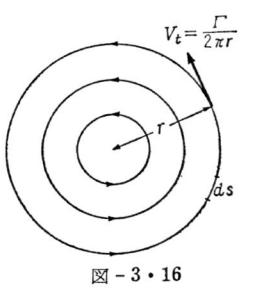

図 − 3・16

解　$(3\cdot12)$ 式より $V_r = \dfrac{\partial\Phi}{\partial r} = 0,\; V_t = \dfrac{1}{r}\dfrac{\partial\Phi}{\partial\theta} = \dfrac{\Gamma}{2\pi r}$ であるから，この流れは角速度を ω とすると $\omega = \dfrac{d\theta}{dt} = \dfrac{V_t}{r} = \dfrac{\Gamma}{2\pi r^2}$ なる円運動である．また，中心を含む円の周りの循環（一つの閉曲線にそって速度の切線成分を積分して得られる値，すなわち $\oint V_t\,ds$. ただし，ds は閉曲線に沿う線要素）は $\oint V_t\,ds = \displaystyle\int_0^{2\pi}\dfrac{\Gamma}{2\pi r}\times r\,d\theta = \dfrac{\Gamma}{2\pi}\times 2\pi = \Gamma$ であるから，本例題の式は原点にある Γ なる強さを持つ小さい渦によって誘起される流れをあらわす．

〔**類　題**〕　$x = 0,\; y = 0$ に Γ_1 の渦，$x = a,\; y = 0$ に Γ_2 の渦がある場合，これらの渦が互いに他の渦によって与えられる速度を求めよ．

略解　$\Gamma_1,\; \Gamma_2$ の渦によって誘起される流体速度は点 B，A においてそれぞれ $\Gamma_1/2\pi a,\; -\Gamma_2/2\pi a$ であり，その方向は二つの渦を結ぶ直線に対して垂直である．故に両渦は図の S 点を中心とする円運動を行なうが，その位置 x は $\dfrac{x}{a-x} = \dfrac{\Gamma_2/2\pi a}{\Gamma_1/2\pi a}$ より $x = \dfrac{\Gamma_2}{\Gamma_1+\Gamma_2}a$.

図 − 3・17

両渦の S 点のまわりの回転の角速度 ω_0 は $\dfrac{\Gamma_2}{2\pi a} = \omega_0 x = \omega_0\dfrac{\Gamma_2 a}{\Gamma_1+\Gamma_2}$

$$\therefore\quad \omega_0 = \frac{\Gamma_1+\Gamma_2}{2\pi a^2}$$

【3・12】　（湧出し）　$\Phi = \dfrac{m}{2\pi}\log r$ で表わされる流れの模様をしらべよ.

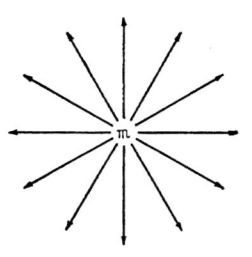

図 – 3・18

解　（3・12）式より　$V_r = \dfrac{\partial \Phi}{\partial r} = \dfrac{m}{2\pi r}$, $V_t = \dfrac{1}{r}\dfrac{\partial \Phi}{\partial \theta} = 0$ であるから, 原点から出る放射状の流れを表わす. また $V_r 2\pi r = m$ より, m は流量であることがわかる. すなわち, 原点に強さ m なる2次元の湧出しが存在するときの流れを表わす.

【3・13】　$\Phi = -V_0\left(r + \dfrac{a^2}{r}\right)\cos\theta$ は速度 V_0 の一様な流れの中におかれた半径 a の円柱のまわりの流れを表わすことを示し, 円柱表面における流速分布・圧力分布を求めよ.

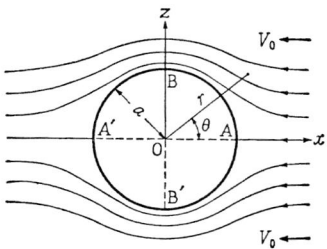

図 – 3・19

解　a)　$r = \infty$ では $\Phi = -V_0 r\cos\theta = -V_0 x$ であるから $u_{r=\infty} = \left(\dfrac{\partial \Phi}{\partial x}\right)_{r=\infty} = -V_0$ となり, $r = \infty$ では流れは円柱の影響を受けず, x の負の方向に一様に流れる.

b)　円柱表面における速度の法線成分は

$$\left(\frac{\partial \Phi}{\partial r}\right)_{r=a} = \left[-V_0\left(1 - \frac{a^2}{r^2}\right)\cos\theta\right]_{r=a} = 0$$

であるから, 流れは円柱表面に沿って流れる.

このように, 円柱表面および無限遠点における境界条件を満たし, かつ Φ はラプラスの方程式 (3・13) を満足するから（証明は容易, 各自試みよ), 原式は円柱周りの流れの速度ポテンシャルであることが証明された.

次に円柱表面における速度は

$$(V_t)_{r=a} = \left(\frac{1}{r}\frac{\partial \Phi}{\partial \theta}\right)_{r=a} = \left[V_0\left(1 + \frac{a^2}{r^2}\right)\sin\theta\right]_{r=a} = 2V_0\sin\theta \quad (1)$$

となる. 円柱表面の圧力分布は, 円柱から十分離れた点の圧力を p_0 とし, 重力の方向を xz 面に垂直とすると

$$\left(\frac{\rho V^2}{2}+p\right)_{r=a}=\frac{\rho V_0{}^2}{2}+p_0$$

これより　$\dfrac{p-p_0}{\dfrac{1}{2}\rho V_0{}^2}=\left[1-\left(\dfrac{V}{V_0}\right)^2\right]_{r=a}=1-4\sin^2\theta$　　　　（2）

（註）　一様な流れの中に物体を置くと，図 – 3・19 の A 点のように速度が 0 に
なる点ができるが，これをよどみ点（Stagnation point）とよび，圧力 p_A は（2）
式で $\theta=0$ とおいて

$$p_A=p_0+\frac{1}{2}\rho V_0{}^2\qquad\qquad(3)$$

すなわち，よどみ点の圧力は流速 V_0 の水が静止させられるために，$\rho V_0{}^2/2$ だけ静
圧 p_0 より増加している．$\rho V_0{}^2/2$ を動圧といい，静圧と動圧との和を総圧とよぶ．総

圧を測るには，よどみ点に小さ
い孔をあけその点の圧力を圧力
計に導けばよい．また流速がち
ょうど V_0 に等しくなる側壁上
の点に小孔をあけると静圧を測
ることができる．静圧管と総圧
管を組み合わして流速を測る装
置をピトー管という．図 – 3・20
はプラントル型のピトー管の寸
法を示したものである．

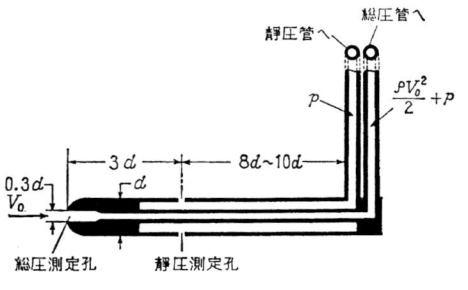

図 – 3・20

（注意）　（2）式は図 – 3・19 の BAB′ の範囲で
はほぼ実験の結果と一致するが，B より下流における
実際の流れは円柱表面から剝離して理論の結果と非常
に異なる．原式および（1），（2）式の適用は BAB′
の範囲に限られる．

〔類　題 1〕　（a）は総圧管，（b）は静 圧管で
あって，それぞれ A，B なるマノメーター（水位管）
につないである．総圧管（a）が水面より 30 cm の深

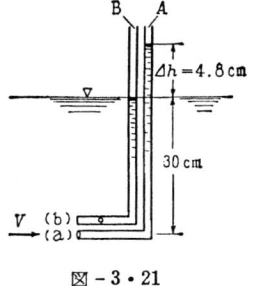

図 – 3・21

さの位置にあるとき，マノメーター水面の読みの差は 4.8 cm であった．流速はいく
らか．

略解　マノメーターの読みの差を Δh とすると，前例題の（3）式より

$$\Delta h = \frac{総圧}{w} - \frac{静圧}{w} = \frac{1}{2}\frac{\rho V^2}{w} = \frac{V^2}{2g}$$

$$\therefore\ V = \sqrt{2g \cdot \Delta h} = \sqrt{19.6 \times 0.048} = 0.97\ \text{m/sec}$$

〔**類 題 2**〕　図 - 3・22 のよ
うに円柱に 45° の角度を なして圧
力孔 A, B, C をあけ, それぞれ a,
b, c なるマノメーターにつないであ
る. なお, マノメーターは類題 1.
のように他端を大気に解放する型の
ものとする. いまマノメーター b, c
の水面は同一の高さで, a の読みが
b, c より 3.2 cm 高い. 流速はいくらか.

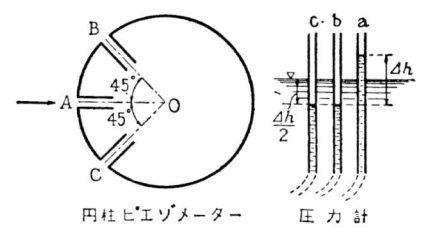

円柱ピエゾメーター　　圧 力 計

図 - 3・22

（**ヒント**）　（2）式より A 点, B 点に対して

$$p_A - p_0 = \frac{1}{2}\rho V_0{}^2$$

$$p_B - p_0 = \frac{1}{2}\rho V_0{}^2(1 - 4\sin^2 45°) = \frac{1}{2}\rho V_0{}^2(1-2) = -\frac{1}{2}\rho V_0{}^2$$

故に　$\rho V_0{}^2 = p_A - p_B = \rho g \cdot \Delta h$　　$\therefore\ V_0 = \sqrt{g \cdot \Delta h}$

答　56.0 cm/sec

（**註**）　水流の方向がわからないとき, マノメーター b, c の読みが一致するよう
に円柱を回転させると, 流速の大きさと同時に流れの方向もわかる. この種のピトー
管を三孔ピトー管という.

【**3・14**】　水深 5 m, 流速 2.4 m/sec
の流れの中に半径 2.0 m の円筒形の橋脚
を作った. 図 - 3・23 の A, B, C, D, E
点における流速および水深を求めよ.

　解　円筒形橋脚の中心に原点をとると
き, 点 $(r,\ \theta)$ の流速, 水深を V, h, 一
様流の流速, 水深を V_0, h_0 とすると, 水
表面では圧力が 0 であるから, ベルヌイの
定理より　$\dfrac{V^2}{2g} + h = \dfrac{V_0}{2g} + h_0$

$$\therefore\ h = h_0 + \frac{V_0{}^2}{2g}\left(1 - \frac{V^2}{V_0{}^2}\right)\quad (1)$$

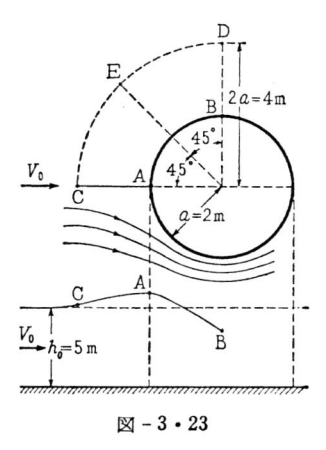

図 - 3・23

点 (r, θ) における流速は例題 3・13 より

$$\Phi = -V_0\left(r+\frac{a^2}{r}\right)\cos\theta$$

$$V_r = \frac{\partial\Phi}{\partial r} = -V_0\left(1-\frac{a^2}{r^2}\right)\cos\theta$$

$$V_t = \frac{1}{r}\frac{\partial\Phi}{\partial\theta} = V_0\left(1+\frac{a^2}{r^2}\right)\sin\theta$$

$$\therefore\ \ V = \sqrt{V_r{}^2+V_t{}^2} = V_0\sqrt{\left(1-\frac{a^2}{r^2}\right)^2\cos^2\theta+\left(1+\frac{a^2}{r^2}\right)^2\sin^2\theta} \qquad (2)$$

となる．（2）式より各点の流速が得られ，（2）式を（1）式に代入して水深が求まる．

A点: $r = a,\ \theta = 0$ とおいて $\underline{V = 0}$

$$h = h_0+\frac{V_0{}^2}{2g} = 5.0+\frac{2.4^2}{2\times9.8} = \underline{\underline{5.294\,\mathrm{m}}}$$

B点: $r = a,\ \theta = \frac{\pi}{2}$ $\quad V = 2V_0 = \underline{\underline{4.8\,\mathrm{m/sec}}}$

$$h = h_0-\frac{V_0{}^2}{2g}\times3 = \underline{\underline{4.118\,\mathrm{m}}}$$

C点: $r = 2a,\ \theta = 0$ $\quad V = \frac{3}{4}V_0 = \underline{\underline{1.8\,\mathrm{m/sec}}}$

$$h = h_0+\frac{V_0{}^2}{2g}\left[1-\left(\frac{3}{4}\right)^2\right] = \underline{\underline{5.129\,\mathrm{m}}}$$

D点: $r = 2a,\ \theta = \frac{\pi}{2}$ $\quad V = \frac{5}{4}V_0 = \underline{\underline{3.0\,\mathrm{m/sec}}}$

$$h = h_0+\frac{V_0{}^2}{2g}\left[1-\left(\frac{5}{4}\right)^2\right] = \underline{\underline{4.835\,\mathrm{m}}}$$

E点: $r = 2a,\ \theta = \frac{\pi}{4}$

$$V = V_0\sqrt{\frac{(3/4)^2+(5/4)^2}{2}} = \sqrt{\frac{34}{32}}V_0 = \underline{\underline{2.47\,\mathrm{m/sec}}}$$

$$h = h_0+\frac{V_0{}^2}{2g}\left[1-\frac{34}{32}\right] = \underline{\underline{4.982\,\mathrm{m}}}$$

【3・15】* エネルギー方程式 $\dfrac{1}{2}V^2+\displaystyle\int^p\frac{dp}{\rho}+\Omega+\frac{\partial\Phi}{\partial t} = F(t)$ を導

け.

解　$V^2 = u^2 + w^2$ を x で偏微分すると　$\dfrac{\partial}{\partial x}\left(\dfrac{1}{2}V^2\right) = u\dfrac{\partial u}{\partial x}+w\dfrac{\partial w}{\partial x}$

となり，$\omega = \partial u/\partial z - \partial w/\partial x$ で定義される渦度 ω を導入すると次の恒等式が成り立つ.

$$u\frac{\partial u}{\partial x}+ w\frac{\partial u}{\partial z}-\frac{\partial}{\partial x}\left(\frac{1}{2}V^2\right) = u\frac{\partial u}{\partial x}+ w\frac{\partial u}{\partial z}-\left(u\frac{\partial u}{\partial x}+ w\frac{\partial w}{\partial x}\right) = \omega w$$

同様に　$u\dfrac{\partial w}{\partial x}+ w\dfrac{\partial w}{\partial z}-\dfrac{\partial}{\partial z}\left(\dfrac{1}{2}V^2\right) = -\omega u$

上式をオイラーの運動方程式 (3・8) に代入し，外力がポテンシャル Ω をもつ $\left(X = -\dfrac{\partial \Omega}{\partial x},\ Z = -\dfrac{\partial \Omega}{\partial z}\right)$ とすると

$$\frac{\partial u}{\partial t}+\omega w = -\frac{\partial}{\partial x}\left(\Omega+\frac{1}{2}V^2\right)-\frac{1}{\rho}\frac{\partial p}{\partial x}$$

$$\frac{\partial w}{\partial t}-\omega u = -\frac{\partial}{\partial z}\left(\Omega+\frac{1}{2}V^2\right)-\frac{1}{\rho}\frac{\partial p}{\partial z}$$

示性方程式が $\rho = f(p)$ で与えられ，さらに $u = \partial\Phi/\partial x,\ w = \partial\Phi/\partial z$ なる速度ポテンシャルをもつときには　$\omega = \dfrac{\partial u}{\partial z}-\dfrac{\partial w}{\partial x} = 0,\ \dfrac{\partial}{\partial x}\displaystyle\int^{p}\dfrac{dp}{\rho} = \dfrac{\partial}{\partial p}$

$\left(\displaystyle\int^{p}\dfrac{dp}{\rho}\right)\dfrac{\partial p}{\partial x} = \dfrac{1}{\rho}\dfrac{\partial p}{\partial x}$ であるから

$$\frac{\partial}{\partial x}\left(\frac{1}{2}V^2+\int^{p}\frac{dp}{\rho}+\Omega+\frac{\partial\Phi}{\partial t}\right) = 0$$

$$\frac{\partial}{\partial z}\left(\frac{1}{2}V^2+\int^{p}\frac{dp}{\rho}+\Omega+\frac{\partial\Phi}{\partial t}\right) = 0$$

すなわち $\left(\dfrac{1}{2}V^2+\displaystyle\int^{p}\dfrac{dp}{\rho}+\Omega+\dfrac{\partial\Phi}{\partial t}\right)$ なる量は x および z に無関係であって，時間 t だけの関数である. 故に (3・14) 式は証明された.

問　題 (12)

（1）　気流中におかれた ピトー管の総圧管と静圧管を，それぞれアルコール（比重 0.80）を入れたU字管の両端に結びつけたとする. U字管の両方の液面差が 6.5 cm であるときの気速を求めよ.

　　　　答　28.8 m/sec (15℃)

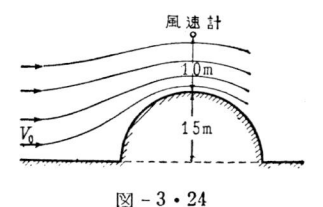

図 - 3・24

（2） 図-3・24 のように半径 15 m の半円形の台地の上に測候所があり，風速計はそれよりさらに 10 m の高さのところにある．この風速計で風速 30 m/sec が記録されたとすると，平地上の風速はいくらか．

答 22.06 m/sec

（3） $\Phi = Ar^{\frac{\pi}{\alpha}} \cos \frac{\pi}{\alpha}\theta$ は α の角度をなす二つの壁の間の流れを表わす

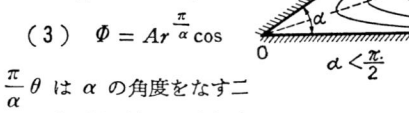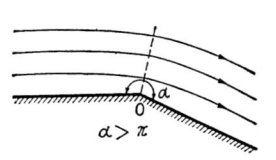

図 - 3・25

ことを示し，原点 $r = 0$ における流速および圧力について吟味せよ．

3・4 圧縮性気体の運動

流管内を圧縮性気流が定常的に流れる場合，流速 V，圧力 p および密度 ρ を定める方程式は

連続の方程式　$\rho V A = 一定 = m$ （3・16）

エネルギー方程式　$\dfrac{1}{2}V^2 + \displaystyle\int^{p}\dfrac{dp}{\rho} = 一定 = E^*$ （3・17）

断熱関係　$p/\rho^n = 一定 = a$ （3・18）

である．断熱関係の式中の圧力は絶対圧力であるから，圧縮性気流の場合には絶対圧力を用いねばならない．この他に気体の状態方程式

$$p = \rho R T$$ （3・19）

が成立している．ここに T は絶対温度，R は気体常数であって巻末の表-7 に示してある．

（3・18）式の ρ を （3・17）式に代入し代表点における流速・圧力・密度をそれぞれ V_0, p_0, ρ_0 とすると，エネルギー方程式は次のようになる．

$$E = \frac{1}{2}V^2 + \frac{n}{n-1}\frac{p_0^{\frac{1}{n}}}{\rho_0}p^{1-\frac{1}{n}} = \frac{1}{2}V^2 + \frac{n}{n-1}\frac{p}{\rho}$$

$$= \frac{1}{2}V_0^2 + \frac{n}{n-1}\frac{p_0}{\rho_0}$$ （3・20）

気流中においては，微小な圧力変化は音速

---

*) （3・14）式のエネルギー方程式で定常運動とし，さらに気体では重力の影響を無視する．

$$c = \sqrt{dp/d\rho} = \sqrt{np/\rho} \tag{3・21}$$

をもって伝わる. したがって, 気流の速度 V が音速 c より大きいときには, 圧力変化は上流に向かって伝わることができないので, このような流れは下流からの影響を受けない(例題 3・16). これに反して, $V < c$ の流れでは 圧力変化は上流に伝わり下流からの影響を受ける. このように, $V \gtrless c$ によって気流の性質が甚だしく異なるので, マッハ(Mach)数

$$M = V/c \tag{3・22}$$

を導入し, $M > 1$ $(V > c)$ の気流を超音速の流れ, $M < 1$ $(V < c)$ の気流を亜音速の流れという. (3・20) 式に音速を代入して書きかえると, V_0 の場所の音速を c_0 として次のようになる.

$$\frac{1}{2}V^2 + \frac{1}{n-1}c^2 = \frac{1}{2}V_0{}^2 + \frac{1}{n-1}c_0{}^2 \tag{3・23}$$

例　題 (13)

【3・16】　ジェット機が $-10℃$ の空中を $420\,\mathrm{m/sec}$ の速度で飛んでいるものとする. a) この空中における音速をもとめよ. b) ジェット機によって起される圧力変化が存在する範囲を示せ. ただし, 気体常数は $R = 287\,\mathrm{m^2/s^2\ °K}$ である.

解　a)　音速 $c = \sqrt{np/\rho}$ に状態方程式 (3・19) を代入すると

$c = \sqrt{n\dfrac{p}{\rho}} = \sqrt{nRT}$. この式に $n = 1.4$, $R = 287\,\mathrm{m^2/s^2\ °K}$, $T = $ 絶対温度 $= 273° + t℃ = 273 - 10 = 263°\mathrm{K}$ を入れると $c = 325\,\mathrm{m/sec}$.

b)　圧力変化は音速 c で伝わるから, t 秒後にはそれは半径 ct の球面上に達する. 一方ジェット機は Vt の位置にくるから, $V > c$ の場合には攪乱の存在範囲は図に示した円錐形の内部に限られる. その頂角の半分 α は

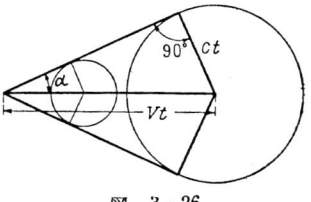

図 – 3・26

$$\alpha = \sin^{-1}\frac{c}{V} = \sin^{-1}\frac{325}{420} = \sin^{-1}0.7738 = 50°42'$$

なお, 上の α をマッハ角とよび超音速の場合にだけ存在する.

【3・17】*　圧力 p_0, 密度 ρ_0 に圧縮された十分大きい容器内の空気が,

断面積 A の小さい穴から圧力 p, 密度 ρ の空気中に噴出するときの流出量を求めよ.

解 容器内の流速 V_0 は0とみなして差支えないから, エネルギー方程式 (3・20) 式は

$$\frac{V^2}{2}+\frac{n}{n-1}\frac{p_0^{\frac{1}{n}}}{\rho_0}p^{1-\frac{1}{n}}=0+\frac{n}{n-1}\frac{p_0}{\rho_0}$$

となる. 上式より流出速度 V は

$$V=\sqrt{\frac{2n}{n-1}\frac{p_0}{\rho_0}\left\{1-\left(\frac{p}{p_0}\right)^{\frac{n-1}{n}}\right\}}\qquad(1)$$

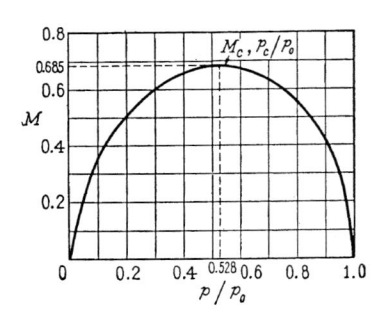

図 – 3・27

流出量 $m=\rho VA$ は次のようになる.

$$m=\rho_0\left(\frac{p}{p_0}\right)^{\frac{1}{n}}VA=A\sqrt{\frac{2n}{n-1}\rho_0 p_0\left\{\left(\frac{p}{p_0}\right)^{\frac{2}{n}}-\left(\frac{p}{p_0}\right)^{\frac{n+1}{n}}\right\}}\qquad(2)$$

（2）式をツオイネル (Zeuner) の公式とよび, $n=1.4$ として（2）式から, $M=m/A\sqrt{\rho_0 p_0}$ と p/p_0 との関係を計算したものが図 – 3・28 である. 図から分るように M には極大値 M_c が存在し, それに対応する圧力 p_c は（2）式で $dM/d(p/p_0)=0$ とおいて次の値となる.

図 – 3・28

$$\frac{p_c}{p_0}=\left(\frac{2}{n+1}\right)^{\frac{n}{n-1}}\qquad(3)$$

以上の計算結果を実験と比較すると, $p_c/p_0\leqq p/p_0\leqq 1$ の範囲では両者はよく一致する. しかし $0\leqq p/p_0\leqq p_c/p_0$ の範囲では計算結果の方は p/p_0 が減ると M は減少し, 遂には $p/p_0=0$ で $M=0$ となるのに反し, 実験によると M は p/p_0 に無関係に一定値 M_c に保たれる. この矛盾は次のように説明される. (3・23) 式の

$$\frac{V^2}{2}+\frac{1}{n-1}(c^2-c_0{}^2)=0\qquad(4)$$

において, 流速がちょうど音速に等しくなる限界状態を考え, $V=V_c=c$

とおくと（4）式は次のようになる．

$$V_c{}^2 = \frac{2}{n+1} c_0{}^2 \tag{5}$$

いま，このときの圧力を p_c，密度を ρ_c とすると，（5）式の両辺はそれぞれ

$$V_c{}^2 = \frac{n\,p_c}{\rho_c} = n\,p_c \Big/ \rho_0 \Big(\frac{p_c}{p_0}\Big)^{\frac{1}{n}}, \qquad \frac{2}{n+1} c_0{}^2 = \frac{2\,n}{n+1}\,\frac{p_0}{\rho_0}$$

これらを（5）式に代入すれば流速と音速とがちょうど一致するような限界

圧力は $\dfrac{p_c}{p_0} = \Big(\dfrac{2}{n+1}\Big)^{\frac{n}{n-1}}$ であって，面白いことにこの限界圧力は（3）

式の p_c と一致している．このことから，外圧 p を p_c 以下に下げても，孔の位置における圧力は限界圧力 p_c の状態に保たれ，したがって M は一定値（M_c）をとることが知れる．なお，$n = 1.40$ とすると $p_c = 0.528\,p_0$,

$$V_c = 0.913\,c_0, \quad M_c = \frac{m_c}{A\sqrt{p_0\,\rho_0}} = 0.685$$

〔**類 題**〕 例題 3・17 において，圧縮性の影響を無視した場合に生ずる流出速度の誤差を評価せよ．

解 圧縮性を無視した場合の流出速度を V_{in} とし，ベルヌイの式（3・9）を容器の内とその出口とに適用する．圧縮性を無視する以上，ρ_0 は容器の内外において変化しないはずであるから

$$\frac{1}{2} V_{in}{}^2 + \frac{p}{\rho} = \frac{p_0}{\rho_0} \qquad \therefore\ V_{in} = \sqrt{\frac{2\,(p_0 - p)}{\rho_0}}$$

一方，前例題の（1）式において $p = p_0 - \Delta p,\ \Big(\dfrac{p}{p_0}\Big)^{\frac{n-1}{n}} = \Big(1 - \dfrac{\Delta p}{p_0}\Big)^{\frac{n-1}{n}}$ とおいてテーラー展開すると

$$1 - \Big(\frac{p}{p_0}\Big)^{\frac{n-1}{n}} = 1 - \Big(1 - \frac{\Delta p}{p_0}\Big)^{\frac{n-1}{n}} = \frac{n-1}{n}\,\frac{\Delta p}{p_0} - \frac{1}{2}\,\frac{(n-1)^2}{n^2}\Big(\frac{\Delta p}{p_0}\Big)^2 + \cdots\cdots$$

故に，$\Delta p/p_0 \ll 1$，すなわち圧力差が小さいとして，上の展開の 2 乗以上の項を無視すれば

$$V \fallingdotseq \sqrt{\frac{2n}{n-1}\,\frac{p_0}{\rho_0} \times \frac{n-1}{n}\,\frac{\Delta p}{p_0}} = \sqrt{\frac{2\,\Delta p}{\rho_0}} = \sqrt{\frac{2\,(p_0 - p)}{\rho_0}}$$

したがって $(\Delta p/p_0)^2$ 以上の項を無視した場合が非圧縮性としての取扱いと一致する．

$$\frac{V_{in}}{V} = \sqrt{\frac{1 - p/p_0}{\dfrac{n}{n-1}\Big\{1 - (p/p_0)^{\frac{n-1}{n}}\Big\}}} \qquad \text{および誤差} = 1 - \frac{V_{in}}{V}$$

の値を $n = 1.40$ として計算した結果は表-3・1のようである.

【3・18】 1.5 気圧および2気圧の高圧ボンベから，面積 $2\,\mathrm{cm}^2$ の小孔を通じて空気が1気圧の大気中に噴出する場合の流出量を求めよ．ただし，温度は 15℃ とする.

解 例題3・17において，ボンベからの流出量の無次元表示 $M \equiv m/A\sqrt{\rho_0\,p_0}$ は，外圧 p と容器内の圧力 p_0 との比 p/p_0 の関数として，図-3・28，表-3・1に与えられている．内圧1.5気圧の場合には，横軸 $p/p_0 = 1/1.5 = 0.667$ に対応する M の値は $M = 0.646$ となる．内圧2気圧の場合には $p/p_0 = 0.5 < 0.528 = p_c/p_0$ であって限界圧力より低いので，M は限界流出量 $M_c = 0.685$ に等しい.

次に状態方程式 $\rho = p/RT$ より，温度 15℃，圧力 1.5 気圧 $= 1.5 \times 10.33 \times 10^3\,\mathrm{kgf/cm}^2$ における空気の

表-3・1

p/p_0	M	V_{in}/V	$1-V_{in}/V$
0.05	0.236	0.687	0.313
0.10	0.355	0.730	0.270
0.15	0.441	0.762	0.238
0.20	0.509	0.787	0.213
0.25	0.562	0.809	0.191
0.30	0.604	0.829	0.171
0.35	0.636	0.847	0.153
0.40	0.660	0.863	0.137
0.45	0.676	0.878	0.122
0.50	0.684	0.892	0.108
0.528	0.685	0.899	0.101
0.55	0.684	0.905	0.095
0.60	0.677	0.917	0.083
0.65	0.662	0.929	0.071
0.70	0.638	0.941	0.059
0.75	0.606	0.951	0.049
0.80	0.561	0.962	0.038
0.85	0.502	0.971	0.029
0.90	0.423	0.982	0.018
0.95	0.308	0.990	0.010
0.98	0.198	0.996	0.004

密度は $\rho\,(1.5\,\text{気圧}) = \dfrac{1.5 \times 10.33 \times 10^3}{287\,(273+15)} = 0.1875\,\mathrm{kgf \cdot s^2/m^4}$

同様に2気圧における空気の密度は $\rho\,(2\,\text{気圧}) = 0.250\,\mathrm{kgf \cdot s^2/m^4}$ となる.

以上のことから，1.5 気圧のとき

$$m = MA\sqrt{\rho_0\,p_0} = 0.646 \times 2 \times 10^{-4}\sqrt{0.1875 \times 1.5 \times 10.33 \times 10^3}$$
$$= 6.96 \times 10^{-3}\,\mathrm{kgf \cdot sec/m}$$

2気圧のとき

$$m = M_c A\sqrt{\rho_0\,p_0} = 0.685 \times 2 \times 10^{-4}\sqrt{0.250 \times 2 \times 10.33 \times 10^3}$$
$$= 9.83 \times 10^{-3}\,\mathrm{kgf \cdot sec/m}$$

問　　題　(13)

（1）　ジェット機が時速 1020 km で海面上を飛ぶときの Mach 数はいくらか. ただし, 空気の温度は 20°C とする.

　　　　　　　　　　　　　　　　　　　　　　　　　　　答　0.826

（2）　管路中を 1 気圧, 15°C の空気が流れている. この中にピトー管を挿入して流速を測ったところ, 総圧と静圧との差は水銀柱で 320 mmHg であった. ピトー管挿入部の空気の速度を, a)圧縮性を考慮したとき, b)この影響を無視した場合, について求めよ.

　　　　　　　　　　　　答　a)　247 m/sec,　b)　263.9 m/sec

3・5　常 流 と 射 流

　開水路流れでは, 水面の微小変動は長波の伝播速度 c で伝わる. したがって流速 V が c より大きいときには, 水面変化は上流に伝わることができないから, 流れは下流からの影響をうけることはない. これに反して $V<c$ の流れでは, 水面変化は上流に伝わり下流からの影響をうける. このように $V \gtrless c$ によって開水路流れの性質が著しく異なることは, 圧縮性気流の流れと酷似している. したがって開水路流れにおいてはフルード (Froude) 数

$$F_r = \frac{V}{c} \tag{3・24}$$

を導入して, $F_r < 1$ の流れを常流 (Ordinary flow) または亜波速の流れ (Subcritical flow), $F_r > 1$ の流れを射流 (Jet flow) または超波速の流れ (Supercritical flow) という. また $F_r = 1$ の流れを限界流 (Critical flow), そのときの水深, 流速を限界水深 h_c, 限界流速 V_c という.

　長波の伝播速度 c は幅 b の矩形水路では水深を h として, $c = \sqrt{gh}$ である (註 1). したがって矩形水路の h_c, V_c は流量を Q, 水路幅を b とすれば, $V_c = c$ より次のようになる.

$$h_c = \sqrt[3]{\frac{Q^2}{gb^2}}, \qquad V_c = \sqrt{g\,h_c} = \sqrt[3]{\frac{gQ}{b}} \tag{3・25}$$

　任意な断面形をもつ水路の限界水深は次のようにしても求めることができる. 図 - 3・29 の開水路の一点 Z における比エネルギー $E = V^2/2g + z + p/w$ は, 水圧が静水圧分布 $p = w(h-z)$ に従うとすると

$$E = h + \frac{Q^2}{2gA^2} \qquad\qquad (3 \cdot 26)$$

となる．一定の比エネルギーを
もつ流れがきまった断面形の水
路を流れる場合には，上式から
Q と h との関係を求めると，
図に示したように流量に極大値
Q_{max} があらわれる．したがっ
て $E = $ 一定 の流れでは，与え
られた流量に対して一般に二つ
の水深が存在し，大きい方の水

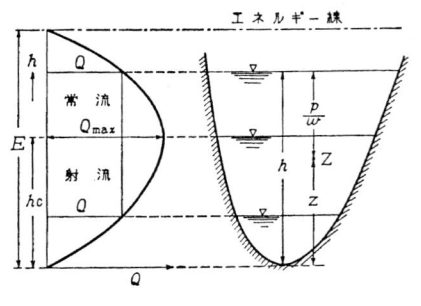

図 - 3・29

深は常流に，小さい方の水深は射流に対応している．$Q = Q_{max}$ において両
水深は一致し，そのときの水深が限界水深を与えるから，h_c は $E = $ 一定 の
条件のもとに流量を最大ならしめる水深ということ が で き る．したがって
$(\partial Q/\partial h)_{E=一定} = 0$ より，h_c は次式の解である（例題 3・20）．

$$\frac{Q^2}{gA^3}\frac{dA}{dh} = 1 \qquad\qquad (3 \cdot 27)$$

　支配断面　　流れの途中において常流から限界水深をへて射流に遷移する
場合はとくに重要である．簡単のため，矩形水路とすると E と h_c，E と
Q との間に次の関係が成り立つ．

$$E = h_c + \frac{V_c^2}{2g} = h_c\left(1 + \frac{1}{2}\right) = \frac{3}{2}h_c \qquad\qquad (3 \cdot 28)$$

$$Q = b\,h_c\,V_c = b\,h_c\sqrt{g\,h_c} = \frac{2}{3}\sqrt{\frac{2g}{3}}\,b\,E^{\frac{3}{2}}$$

上式より常流から射流に遷移する流れでは，流量は下流の条件に無関係に上
流の比エネルギーによってきめられる．このことから h_c の生じている断面
を支配断面（Control section）という．

　（**註 1.**）　　重力の作用のもとに水面に起る波を重力波というが，重力波のうちで波
長が水深にくらべて十分に大きく，鉛直加速度が水平加速度にくらべて無視できるも
のを長波という．波高の小さい長波の伝播速度は $\sqrt{gh}$ であることが証明される（下
巻の「波」p.240 参照）．

　（**註 2.**）　　射流から常流に遷移する場合には，いわゆる跳水現象が起るのであ る

が，これについては　p. 98 例題 3・31 参照.

例　　題 （14）

【3・19】　幅 9 m の矩形水路に 16.2 m³/sec の流量が 92 cm の水深で流れている.　a)　この流れは常流か射流か.　b)　比エネルギーはいくらか.

解　a)　$V = \dfrac{Q}{bh} = \dfrac{16.2}{9 \times 0.92} = 1.957 \, \text{m/sec}$

長波の伝播速度　$c = \sqrt{gh} = \sqrt{9.8 \times 0.92} = 3.00 \, \text{m/sec}$

$\therefore$　フルード数　$F_r = \dfrac{V}{\sqrt{gh}} = \dfrac{1.957}{3.00} = 0.652 < 1$

したがって流れは常流である.

b)　$E = h + \dfrac{V^2}{2g} = 0.92 + \dfrac{(1.957)^2}{19.6} = 1.115 \, \text{m}$

（注意）　水深 0.92 m が限界水深 $h_c = \sqrt[3]{Q^2/gb^2} = 0.692 \, \text{m}$ より大きいことから，常流であることを示してもよい.

【3・20】　限界水深 h_c が (3・27) 式　$\dfrac{Q^2}{gA^3}\dfrac{dA}{dh} = 1$　で与えられることを示せ.

解　比エネルギー $E = $ 一定の条件のもとに，Q を最大ならしめる水深 h_c を求める. (3・26) 式を h で微分した　$0 = 1 + \dfrac{Q}{2gA^2}\dfrac{dQ}{dh} - \dfrac{Q^2}{gA^3}\dfrac{dA}{dh}$ において，$h = h_c$ のとき $dQ/dh = 0$ （Qが最大となる）であるから

$$\frac{Q^2}{gA^3}\frac{dA}{dh} = 1$$

（注意 1.）　A は h の関数であるが，少し複雑な断面形（たとえば台形断面）では試算法によって (3・27) 式を満す解を求めねばならない.

（注意 2.）　$Q = $ 一定の条件のもとに E を最小ならしめる水深を求めても，(3・27) 式が得られる. したがって，h_c は $E = $ 一定のもとに Q を最大ならしめる水深，あるいは $Q = $ 一定のもとに E を最小ならしめる水深として定義される.

【3・21】　底幅が 6 m で両側壁が 1 : 2 の台形水路に 11.2 m³/sec の流量が流れるとき，限界水深を求めよ.

解　台形水路に対する一般式を求め

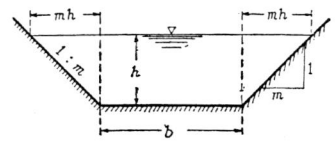

図 - 3・30

る．底幅 b, 両側壁コウ配 $1: m$ の場合，$A = bh + mh^2$ であるから

$$\frac{dA}{dh} = b + 2mh \qquad \text{故に (3・27) 式は} \qquad \frac{Q^2(b+2mh_c)}{g(bh_c+mh_c^2)^3} = 1$$

この式を書き直せば

$$h_c = \frac{\sqrt[3]{1+2mh_c/b}}{1+mh_c/b}\sqrt[3]{\frac{Q^2}{gb^2}}$$

与えられた数値 $m = 2$, $b = 6$, $Q = 11.2$ を入れると上式は

$$h_c = 0.708\frac{\sqrt[3]{1+0.667\,h_c}}{1+0.333\,h_c} \tag{1}$$

（1）式をとくには逐次近似法を用いる．（1）式における $\sqrt[3]{1+0.667\,h_c}/(1+0.333\,h_c) \equiv f(h_c)$ はかなり 1 に近いと予想されるので，まず $f(h_c) \equiv 1.00$ とおいて h_c の第一近似値 $h_{c_1} = 0.708$ をうる．この h_{c_1} を $f(h_c)$ に代入すると

第二近似値

$$h_{c_2} = 0.708 \times f(h_{c_1}) = 0.708 \times \frac{\sqrt[3]{1+0.667 \times 0.708}}{1+0.333 \times 0.708}$$

$$= 0.708 \times 0.921 = 0.652$$

さらに h_{c_2} を $f(h_c)$ に代入すれば

第三近似値　$h_{c_3} = 0.708 \times f(h_{c_2}) = 0.708 \times 0.927 = 0.656$　同様な手順をくり返して，$h_{c_4} = 0.708 \times f(h_{c_3}) = 0.708 \times 0.927 = 0.656$ となり，h_c は 0.656 に収束する．故に $h_c = 0.656\,\mathrm{m}$ を答とする．

〔類 題〕　側壁が $1:1/2$ の三角形水路に $192\,l/\mathrm{sec}$ の水を流すとき，水深が 48cm であった．a）この流れは常流か射流か．b）比エネルギーはいくらか．

解　a）三角形水路に対する一般式を求める．側壁コウ配 $1:m$ の場合，$A = mh^2$, $dA/dh = 2mh$, 故に（3・27）式は

$$\frac{2Q^2}{gm^2h_c^5} = 1$$

$$\therefore \quad h_c = \left(\frac{2Q^2}{gm^2}\right)^{\frac{1}{5}} = \left(\frac{2 \times 0.192^2}{9.8 \times 0.5^2}\right)^{\frac{1}{5}} = 0.496\,\mathrm{m} > 0.48\,\mathrm{m}$$

故にこの流れは射流である．

b）比エネルギー

$$E = h + \frac{Q^2}{2gA^2} = h + \frac{Q^2}{2gm^2h^4} = 0.48 + \frac{0.192^2}{2 \times 9.8 \times 0.5^2 \times 0.48^4}$$

$$= 0.622\,\mathrm{m}$$

【3・22】　　矩形水路の底面に図 – 3・31 のような突起があり，その上を単位幅流量 $q\,(=Q/b)$ が流れる．流れが全領域で常流である場合，射流である場合および常流から射流に遷移する場合について，それぞれの水面形の

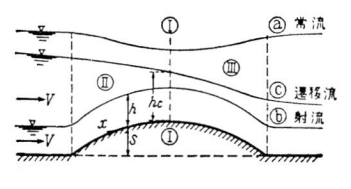

図 – 3・31

模様を調べよ．ただし，摩擦損失その他の損失を無視する．

解　　突起にそって x 軸をとり，底面より突起までの高さを s，水深を h，水位を $H = h + s$ とする．

連続の式　$\dfrac{d(hV)}{dx} = 0$　より　$V\dfrac{dh}{dx} + h\dfrac{dV}{dx} = 0$

$E = $ 一定 $= \dfrac{V^2}{2g} + h + s$　より　$\dfrac{V}{g}\dfrac{dV}{dx} + \dfrac{dh}{dx} + \dfrac{ds}{dx} = 0$

両式より dV/dx を消去すると，次式をうる．

$$\frac{dh}{dx}\Big(1 - \frac{V^2}{gh}\Big) = -\frac{ds}{dx}, \quad \frac{dH}{dx}\Big(1 - \frac{V^2}{gh}\Big)\frac{V^2}{gh} = -\frac{ds}{dx} \quad (1)$$

突起の頂点を（Ⅰ）とし，左側の領域を（Ⅱ），右側の領域を（Ⅲ）とする．

流れが全領域を通じて常流（$V < \sqrt{gh}$）の場合には，（1）式より

領域（Ⅱ）では　$\dfrac{ds}{dx} > 0$　なる故　$\dfrac{dH}{dx} < 0$

突起の頂点（Ⅰ）では　$\dfrac{ds}{dx} = 0$　なる故　$\dfrac{dH}{dx} = 0$

領域（Ⅲ）では　$\dfrac{ds}{dx} < 0$　なる故　$\dfrac{dH}{dx} < 0$

すなわち，常流の場合には，突起にかかると水位は減少してゆき，頂点で最小水位となり突起を過ぎると水位は増加するから，水面曲線は図の（a）曲線のようになる．

流れが全領域で射流（$V < \sqrt{gh}$）の場合には，（1）式より領域（Ⅱ）では $\dfrac{dH}{dx} > 0$，頂点（Ⅰ）では $\dfrac{dH}{dx} = 0$，領域（Ⅲ）では $\dfrac{dH}{dx} < 0$．

すなわち，射流の場合の水面形は常流とは反対であって，頂点において水位は最大となる（水面曲線は（b））．

　領域（Ⅱ）で流れが常流（$V<\sqrt{gh}$），（Ⅲ）で射流（$V>\sqrt{gh}$）の場合には上にのべたことから dH/dx は常に負である．したがって（Ⅰ）において $ds/dx = 0$ となるためには，（1）式より $dH/dx \neq 0$ であるから $V^2 = gh$ でなければならない．すなわち常流から射流への遷移は突起の頂点で起り，その点の水深は限界水深 h_c に等しい．水面曲線は図の（c）曲線のようになる．

　【3・23】　越流部堤頂の地盤面よりの高さ 20 m，長さ 100 m のダムがあり，貯水池内の水深は 22.4 m である．越流幅を 20 m とすると越流量はいくらか．

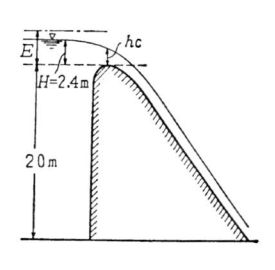

図 – 3・32

　解　例題 3・22 よりダムの頂点において流れは常流から射流に変わり，頂点が支配断面（常流から射流に遷移する断面）になっている．頂点の水深を h_c，頂点を基準とした比エネルギーを E，越流幅を b とすると，ベルヌイの定理および支配断面の定義より

$$E = h_c + \frac{V_c{}^2}{2g} = \frac{3}{2}h_c, \quad \text{また}$$

$$\frac{Q}{b} = h_c V_c = h_c\sqrt{g\,h_c} = \frac{2}{3}\sqrt{\frac{2}{3}g}\,\sqrt{E^3}$$

$$= 1.704\sqrt{E^3} \quad (\text{m・s 単位}) \tag{1}$$

貯水池の流速はきわめて小さいから 速度水頭を無視して，$E = H$（H はダム頂点より測った貯水池の水深）とおくと

$$Q = 1.704\,b\sqrt{H^3} = 1.704 \times 20\sqrt{2.4^3} = 127\,\text{m}^3/\text{sec}$$

　（注意 1.）　$E = H + \dfrac{v_a{}^2}{2g}$（$v_a$ は貯水池内の流速）において，$v_a = \dfrac{127}{22.4 \times 100} = 0.0567$ m/sec，$\dfrac{v_a{}^2}{2g} = 1.64 \times 10^{-4}$ m であるから $\dfrac{v_a{}^2}{2g}$ は $H = 2.4$ m にくらべて問題にならない．しかし，ダムが低いなどのために $v_a{}^2/2g$ が無視できないときには，上に求めた Q を第一近似値として E を計算し，この E を（1）式に代入して Q を求めるという風に逐次計算法によらなければならない．

　（注意 2.）　実際のダムをこえる流れには遠心力の影響が加わり，その効果はダムの形状によって変わる．これらについては第5章（p. 233）を参照されたい．

　〔類　題〕　前例題のダムに 220 m³/sec の洪水量が越流するとき貯水池内の水深を求めよ．

【**3・24**】 (ベンチュリー・フ
ルーム) 図 – 3・33 のように,
水路の途中において横幅が 90 cm
から 67.5 cm に縮少し再び拡大
している水平な矩形水路がある.
水路床を基準とした比エネルギー
$E = 60$ cm のときの流量と水深
との関係曲線を描き,これを用い
て $Q = 0.50$ m³/sec の場合の
2 種の水面曲線を求めよ.また最
小幅断面において,常流から射流

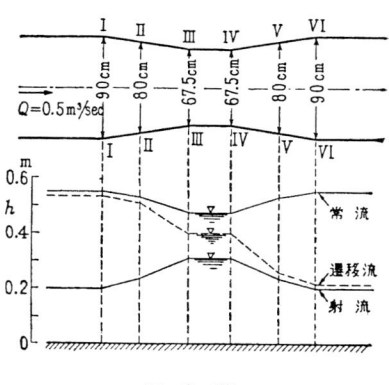

図 – 3・33

に遷移するときの流量および水面曲線を求めよ.

解 $E = \dfrac{V^2}{2g} + h = \dfrac{Q^2}{2g\,b^2\,h^2} + h$ を書き変えると $Q = \sqrt{E-h}\sqrt{2g}\,bh$

となる.横幅 b と E は与えられているので,この式は Q と h との関係を
与える.すなわち,$b = 90$ cm, 80 cm および 67.5 cm の I,II,III 断面
において

  I 断面 $(b = 0.90\,\mathrm{m})$ $Q = \sqrt{0.6-h} \times 3.984\,h$

  II 断面 $(b = 0.80\,\mathrm{m})$ $Q = \sqrt{0.6-h} \times 3.542\,h$

  III 断面 $(b = 0.675\,\mathrm{m})$ $Q = \sqrt{0.6-h} \times 2.988\,h$

計算は表 – 3・2 のように行ない,
Q と h との関係をプロットした
結果は図 – 3・34 のようになる.

  $Q = 0.50$ m³/sec の場合の各点
の水深は,$Q = 0.50$ m³/sec の直
線と各断面の $Q \sim h$ 曲線の交点の
水深を読みとればよい.図より明
らかなように,$Q = 0.50$ m³/sec
の場合には二つの水深(常流の水
深および射流の水深)が存在する.

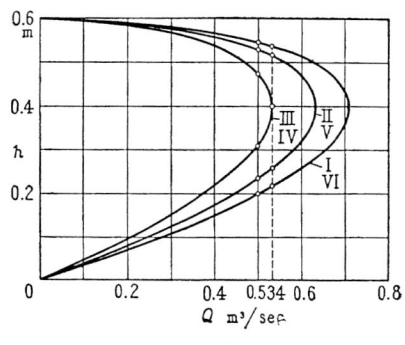

図 – 3・34

表 – 3・2

h	$\sqrt{0.6-h}$	断面 I ($b=0.90$ m)		断面 II ($b=0.80$ m)		断面 III ($b=0.675$ m)	
		$3.984\,h$	Q	$3.542\,h$	Q	$2.988\,h$	Q
0.0	0.775	0	0	0	0	0	0
0.05	0.742	0.199	0.148	0.177	0.131	0.149	0.111
0.1	0.707	0.398	0.281	0.354	0.250	0.299	0.211
0.2	0.632	0.797	0.504	0.708	0.447	0.598	0.378
0.3	0.548	1.195	0.655	1.062	0.582	0.896	0.491
0.4	0.447	1.594	0.713	1.416	0.633	1.195	0.534
0.5	0.316	1.992	0.629	1.771	0.560	1.494	0.472
0.55	0.224	2.191	0.491	1.948	0.436	1.643	0.368
0.6	0	2.390	0	2.125	0	1.793	0

　次に，常流から射流への遷移は例題3・22と同じような考察により最小幅断面において起る．また限界水深 h_c は $E=$ 一定の条件のもとに Q を最大ならしめる水深であるから，図 – 3・34 の III 曲線より $h_c=0.40$ m，そのときの流量 $Q_c=0.534\,\text{m}^3/\text{sec}$ をうる．そのときの水面曲線は図 – 3・34 に点線で示した $Q_c=0.534\,\text{m}^3/\text{sec}$ の直線と，各断面の $Q\sim h$ 曲線の交点の値を読みとって，図 – 3・33 の破線のようになる．

　（註）　水路幅をせばめて流れの中に支配断面を作り，流量を測定する装置をベンチュリー・フルームとよぶ．なお，普通は幅を狭くするとともに，コウ配の急な場所を作って射流が発生し易いようにしてある．

問　　題　(14)

　（1）　側壁が 1:2 の台形水路に 16.7 m³/sec の水が流れる．底辺が 3.66 m のとき，a)　限界水深，b)　限界流速を求めよ．

答 a)　1.05 m　　b)　2.76 m/sec

　（2）　底辺が 3.66 m の矩形水路に 16.7 m³/sec の水が流れる．a)　限界水深，b)　限界流速を求めよ．

答 a)　1.29 m　　b)　3.54 m/sec

　（3）　ある射流流れにおいて，針先を水面に接触させたところ水表面に 30° の角をなす波（衝撃波）が発生した．水深を 60 cm とすると，表面流速はいくらか．

答　9.36 m/sec

　（4）　水路床が図のように AD の区間で高くなっている．この水路に AD の水

平線を基準として $E = 1.2\,\mathrm{m}$ の比エネルギーをもつ水が $1\,\mathrm{m}$ 幅当り $q = 0.92\,\mathrm{m}^3/\mathrm{sec \cdot m}$ の割合で流れるときの2種の水面形を求めよ．また $E = 0.9\,\mathrm{m}$ のもとで流しうる最大流量はいくらか．

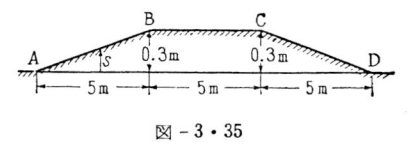

図 – 3・35

答　$q_{max} = 1.455\,\mathrm{m}^3/\mathrm{sec \cdot m}$

3・6　運動量の方程式

　一般力学の運動量の定理* によると，質点系における運動量の時間的変化は系の外部から働く力の総和に等しい．質点の群の極限として連続体を考えるとこの法則は流体の運動にも適用される．定常的な運動を考え，流管の一部 A ab B に運動量の定理を適用する．単位時間後に AB は A′B′ に移るから，単位時間についての運動量の変化は，A′B′ 部分のもつ運動量から AB 部分の運動量を引いたものに等しい．このうち A′B は共通である

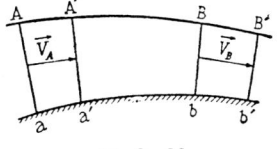

図 – 3・36

ため，AA′ 部分の運動量 $\rho Q \vec{V_A}$ が消え，BB′ 部分の運動量 $\rho Q \vec{V_B}$ が加わるように考えればよい．すなわち，$\rho Q (\vec{V_B} - \vec{V_A})$ で与えられる．この結果よりみると，AB のようにきまった流体部分を追って運動量の変化を考える代りに，空間的に固定された境界面を通って輸送される運動量を考えて差支えないことがわかる．このような境界面を検査面とよぶ．

　検査面に包まれた流体部分に働く力は一般に次のものからなる．

$\vec{X}$：検査面内の流体に働く質量力

$\vec{K}$：物体の表面（図 – 3・36 の ab）に働く応力の積分

$\vec{G}$：残りの仮想の断面（図の A a，AB，B b 部分）に働く応力の積分．

　したがって運動量の定理により

$$\rho Q (\vec{V_B} - \vec{V_A}) = \vec{X} + \vec{G} + \vec{K} \tag{3・29}$$

が成り立つ．いま

---

*)　質量を m，速度を $\vec{V}$，外力を $\vec{F}$ とすると，運動量の定理は $\dfrac{d(m\vec{V})}{dt} = \vec{F}$，すなわち単位時間の運動量の増加は外力 $\vec{F}$ に等しい．

$\vec{F}$：物体が流体から受ける力で，流体が物体から受ける力 $\vec{K}$ に負号をつけたものに等しい．　$\vec{F} = -\vec{K}$

$\vec{M}$：単位時間内に検査面の中に入ってくる運動量で，

$$\vec{M} = \rho Q\,(\vec{V_A} - \vec{V_B})$$

とすると上式は

$$\vec{F} = \vec{X} + \vec{G} + \vec{M} \tag{3・30}$$

と書ける．(3・29), (3・30) 式はベクトル方程式であるから直角座標の各成分についても成り立ち，しかも検査面における物理量だけを知れば，内部の流れの模様を知らなくとも答が得られる点で極めて便利であり応用の範囲が広い．なお，流れの中に置かれた物体に作用する力を計算するときには，運動量の変化にくらべて重力などの質量力 $\vec{X}$ は無視しうる場合が多い．このときには

$$\vec{F} = \vec{G} + \vec{M} \tag{3・31}$$

例　　題　(15)

【3・25】　図-3・37 のように直径 8 cm の噴流が 45 m/sec の速度で板に垂直に衝突して 90° 曲げられる．

a)　板に働く力を求めよ．　b)　板が 20 m/sec の速度で噴流の方向に動いているとき板に働く力を求めよ．

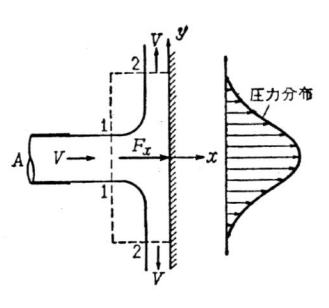

図 - 3・37

解　検査面を図の点線のようにとると，圧力は大気圧に等しく $\vec{G} = 0$ である．

a)　断面 1 より入ってくる x 方向の運動量は図の記号で ρQV，断面 2 より出てゆく運動量は x 成分をもたないから (3・31) 式より，$w = 1\ \mathrm{tf/m^3}$ （$=9.8\ \mathrm{kN/m^3}$：SI 単位）を用いて

$$F_x = M_x = \rho QV = \frac{w}{g}QV = \frac{1}{9.8} \times \frac{\pi}{4} \times (0.08)^2 \times 45 \times 45$$

$$= 1.038\ \mathrm{tf}\ (=10.17\ \mathrm{kN}：\text{SI 単位})$$

また明らかに　$F_y = 0$

b)　板が v の速度で動くとき運動量の変化に寄与する流量は $A(V-v)$ である．また，板に相対的な噴流の速度は $(V-v)$ であるから

$$F_x = M_x = \rho A (V-v)^2 = 0.102 \times \frac{\pi}{4} \times (0.08)^2 \times (45-20)^2$$

$$= 0.320 \text{ tf }(=3.14 \text{ kN : SI 単位})$$

（註）　　噴流が壁にあたるところでは，圧力は図-3・37に示すような分布をもつ．運動量の定理から求められる力は，この圧力分布を積分した力に等しい．検査面については，その面の圧力，流速が単調でわかりやすい面を選ばなければならない．

また，物体が流れによって受ける力 F は，流体の粘性を無視する限り次元解析からも予想される次の形

$$F \propto \rho Q V \propto \rho A V^2 \quad \text{（3次元問題），} \quad F \propto \rho q V \propto \rho b V^2 \quad \text{（2次元問題）}$$

をもつ．ここに，A，b は現象を規定する代表面積，長さ，V は代表流速，Q，q はそれぞれ流量，単位幅あたりの流量である．

【3・26】　　径 8 cm，速度 45 m/sec の噴流が図-3・38 に示すように，ブレードにあたって初めの方向から 150° 方向を変える．　a）ブレードに働く力を求めよ．　b）ブレードが始めの方向に 20 m/sec の速度で動くときブレードに働く力を求めよ．

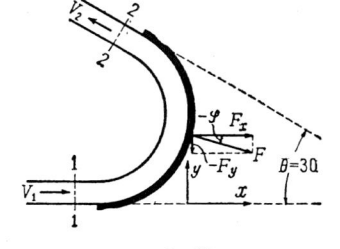

図-3・38

解　　図のように x 軸，y 軸をとり図中の記号を用いる．

a）断面1において検査面の中に入ってくる運動量の x 成分は $\rho Q V_1$，断面2より出てゆく運動量の x 成分は，

$$-\rho Q V_2 \cos \theta = -\rho Q V_1 \cos \theta$$

$$\therefore \quad F_x = M_x = \rho Q [V_1 - (-V_1 \cos \theta)] = \rho Q V_1 (1+\cos \theta)$$

$$= 0.102 \times \frac{\pi}{4} \times 0.08^2 \times 45^2 \left(1 + \frac{\sqrt{3}}{2}\right) = 1.938 \text{ tf}$$

$$F_y = M_y = \rho Q [0 - V_2 \sin \theta] = -\rho Q V_1 \sin \theta = -1.038 \times \frac{1}{2}$$

$$= -0.519 \text{ tf}$$

したがって合力 F は $F = \sqrt{F_x^2 + F_y^2} = \sqrt{1.938^2 + 0.519^2} = \underline{2.01 \text{ tf}}$

その方向を φ とすれば

$$\tan \varphi = \frac{F_y}{F_x} = -\frac{0.519}{1.938} = -0.268$$

故に　$\varphi = -15°0'$

　以上の解答において，F_y および φ に負号のついているのは，F_y の方向が y 軸の方向と反対であることを示す.

　b)　ブレードが v の速度で x 方向に動く場合，上の各式において Q, V_1, V_2 の代りにブレードに相対的な流量 $A(V_1-v)$, V_1-v, V_2-v, を用いればよい．故に

$$F_x = \rho A (V_1-v)^2 (1+\cos\theta) = 0.102 \times \frac{\pi}{4} \times (0.08)^2$$

$$\times (45-20)^2 \left(1+\frac{\sqrt{3}}{2}\right) = 0.599 \text{ tf}$$

$$F_y = -\rho A (V_1-v)^2 \sin\theta = -0.321 \times \frac{1}{2} = -0.161 \text{ tf}$$

合力　$F = \sqrt{F_x^2 + F_y^2} = \sqrt{0.599^2 + 0.161^2} = 0.620 \text{ tf}$

この合力の方向 φ は a) の場合と同じく $\varphi = -15°0'$ である.

　〔類　題〕　　例題 3・26 における噴流がブレードによって入射角より 180° 曲げられるとき，a), b) の場合についてブレードに働く力を求めよ.

答　a)　$F_x = 2.077 \text{ tf}$, 　　$F_y = 0$

b)　$F_x = 0.641 \text{ tf}$, 　　$F_y = 0$

　【3・27】　　幅 5 cm，流速 25 m/sec の2次元的な噴流が図-3・39 のように，30°の角度をなして板に衝突する．板に作用する力およびその着力点を求めよ．ただし，エネルギー損失も平面に作用する接線方向の力（摩擦抵抗）もないものとする.

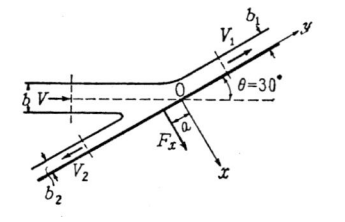

図-3・39

　解　　噴流中心線と板との交点 0 を原点として，板に垂直に x 軸，板の方向に y 軸をとり図の記号を用いる．$V = V_1 = V_2{}^*$ であるから連続の式は

---

*)　ベルヌイの定理 $\dfrac{V^2}{2g} + \dfrac{p}{w} + z = $ 一定　において，$\dfrac{p}{w} = 0$，また z を無視している.

$$b = b_1 + b_2 \tag{1}$$

検査面を図のように選ぶと，y 方向には力が働いていないから，y 方向の運動量方程式は

$$F_y = M_y = \rho b V \times V \cos \alpha - (\rho b_1 V_1 \cdot V_1 - \rho b_2 V_2 \cdot V_2)$$

$$= \rho b V^2 \cos \alpha - \rho V^2 (b_1 - b_2) = 0$$

$$\therefore \quad b \cos \alpha = b_1 - b_2 \tag{2}$$

また x 方向については

$$F_x = M_x = \rho b V \times V \sin \alpha = 0.102 \times 0.05 \times 25^2 \times \frac{1}{2}$$

$$= \underline{1.594 \text{ tf/m}}$$

次に，原点 0 から力 F までの距離を a とすると，0 点のまわりのモーメントを考えて

$$F_x a = \rho b V^2 a \sin \alpha = \rho b_1 V^2 \frac{b_1}{2} - \rho b_2 V^2 \frac{b_2}{2} = \frac{\rho V^2}{2}(b_1{}^2 - b_2{}^2)$$

（1），（2）式および上式を用いて

$$a = \frac{\rho V^2 (b_1{}^2 - b_2{}^2)}{2 F_x} = \frac{b_1{}^2 - b_2{}^2}{2 b \sin \alpha} = \frac{(b_1 + b_2)(b_1 - b_2)}{2 b \sin \alpha}$$

$$= \frac{b \cos \alpha}{2 \sin \alpha} = \frac{5}{2} \times \frac{\sqrt{3}/2}{1/2} = \underline{4.33 \text{ cm}}$$

【3・28】 $60°$ の曲がりをもつ短かい縮少管によって，径 40 cm の管を径 20 cm の管に図 - 3・40 のようにつなぎ，大きい管の圧力が 14.7 tf/m² のもとに 0.423 m³/sec の水が流れている．縮少管に働く力を求めよ．ただし，管は水平面内にあるものとする．

解 連続の式より

$$A_1 = \frac{\pi}{4} \times 0.4^2 = 0.1257 \text{ m}^2$$

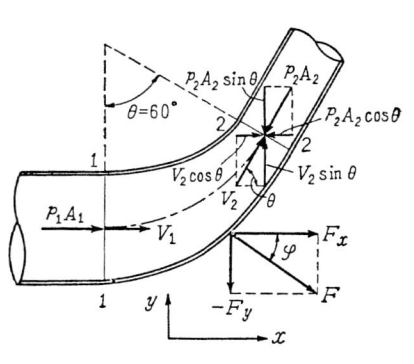

図 - 3・40

$$A_2 = \frac{\pi}{4} \times 0.2^2 = 0.0314\,\mathrm{m^2}$$

$$V_1 = \frac{Q}{A_1} = \frac{0.423}{0.1257} = 3.37\,\mathrm{m/sec}, \qquad V_2 = \frac{Q}{A_2} = 4\,V_1$$

$$= 13.46\,\mathrm{m/sec}$$

運動量方程式 $\vec{F} = \vec{M} + \vec{G}$ を図の 1, 2 断面に適用すると, 1, 2 断面に働く圧力 $\vec{G}$ の成分は図に示すようになるから

x 方向: $F_x = M_x + G_x = \dfrac{wQ}{g}(V_1 - V_2\cos\theta) + (A_1 p_1 - A_2 p_2\cos\theta)$

y 方向: $F_y = M_y + G_y = \dfrac{wQ}{g}(0 - V_2\sin\theta) + (0 - A_2 p_2\sin\theta)$

となる. ここに $\theta = 60°$ であるから $\cos\theta = 1/2,\ \sin\theta = \sqrt{3}/2$.
上式における p_2 はベルヌイの定理を 1, 2 断面に適用して求められる.

$$\frac{V_1^2}{2g} + \frac{p_1}{w} + z_1 = \frac{V_2^2}{2g} + \frac{p_2}{w} + z_2$$

において, 管は水平面内にあって $z_1 = z_2$ である.

$$\frac{p_2}{w} = \frac{p_1}{w} + \frac{V_1^2}{2g}\left(1 - \frac{V_2^2}{V_1^2}\right) = 14.7 + \frac{3.37^2}{2 \times 9.8}(1 - 4^2) = 6.01\,\mathrm{m}$$

$$\therefore\quad p_2 = 6.01\,\mathrm{tf/m^2}$$

故に $F_x = \dfrac{1}{9.8} \times 0.423\left(3.37 - 13.46 \times \dfrac{1}{2}\right)$

$$+ \left(0.1257 \times 14.7 - 0.0314 \times 6.01 \times \frac{1}{2}\right) = 1.61\,\mathrm{tf}$$

$$F_y = -\frac{1}{9.8} \times 0.423 \times 13.46 \times \frac{\sqrt{3}}{2} - 0.0314 \times 6.01 \times \frac{\sqrt{3}}{2}$$

$$= -0.666\,\mathrm{tf}$$

合力 F は $F = \sqrt{F_x^2 + F_y^2} = \sqrt{1.61^2 + 0.666^2} = 1.74\,\mathrm{tf}$

その方向は $\varphi = \tan^{-1}\dfrac{F_y}{F_x} = -\tan^{-1}\dfrac{0.666}{1.61} = -\tan^{-1}0.4137$

$$= -22°29'$$

(注意) 管内の水は圧力を受けているから, 本例題のように管内の水により壁に働く力を計算する場合には $\vec{G}$ を考慮しなくてはならない. このことが大気中の噴流が物体におよぼす力の計算と異なる点である.

【3・29】 図のようなジェット推進
装置が静止した水中を $v_0 = 2.7\,\mathrm{m/sec}$
で進むとき，噴流の装置に対する相対速
度 v_j が $8.3\,\mathrm{m/sec}$ である．推力およ
び推進効率を求めよ．

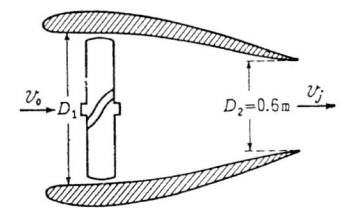

解 推進装置に対して水は $v_0 = 2.7$
$\mathrm{m/sec}$ の速度で流入し，$v_j = 8.3\,\mathrm{m/sec}$
の速度で出る．推力 F は，$\vec{G} = 0$ であるから

図 – 3・41

$$F = \rho Q (v_j - v_0) = \frac{1000}{9.8} \times \frac{\pi}{4} \times 0.6^2 \times 8.3 (8.3 - 2.7) = \underline{1340\,\mathrm{kgf}}$$

推進装置から放出させるエネルギーは単位時間について，装置を前進させ
る仕事 $F v_0$ と噴流に与えられた余分のエネルギー $\dfrac{1}{2} m V^2 = \dfrac{1}{2} \rho Q (v_j - v_0)^2$ の和に等しい．故に効率 η は

$$\eta = \frac{F v_0}{F v_0 + \dfrac{1}{2} \rho Q (v_j - v_0)^2} = \frac{v_0}{v_0 + \dfrac{1}{2} (v_i - v_0)} = \frac{2 v_0}{v_j + v_0}$$

$$= \frac{2 \times 2.7}{8.3 + 2.7} = \underline{0.491}$$

【3・30】 （断面の急激な拡大および渦動
損失） 水平におかれた径 $15\,\mathrm{cm}$ の管が径
$20\,\mathrm{cm}$ に急に拡大している．$15\,\mathrm{cm}$ 管内の平
均流速が $4.8\,\mathrm{m/sec}$，圧力が $350\,\mathrm{kgf/m^2}$ で
あるとすると，$20\,\mathrm{cm}$ 管の圧力はいくらか．

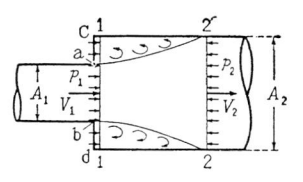

解 狭い断面より広い断面に出た噴流

図 – 3・42

は，強い渦を伴って周囲の液体と混合するため相当大きなエネルギーが消
失する．したがって比エネルギー一定の仮定は成り立たなくなるから，エ
ネルギー方程式は用い得ず，本節の運動量の定理を用いて解かねばならない．

検査面としては図のように，断面1は $20\,\mathrm{cm}$ 管の中で狭い断面に十分近
く，断面2は渦が消失して流れが一様となる位置にとる．断面1では水は
$15\,\mathrm{cm}$ 管の面積 A_1 の部分を V_1 の速度で流れ，その外側の水は静止してい
ると考えてよい．したがって，運動量方程式（3・31）式において，壁面の摩

擦を無視すると $\vec{F} = 0$ であるから

$$M_x + G_x = \rho\, A_2\, V_2\, (V_1 - V_2) + A_2\, (p_1 - p_2) = 0$$

$$\therefore\quad p_2 = p_1 + \rho\, V_2\, (V_1 - V_2) \tag{1}$$

また　$V_2 = V_1 \dfrac{A_1}{A_2} = 4.8\left(\dfrac{0.15}{0.20}\right)^2 = 2.70\ \mathrm{m/sec}$

故に　$p_2 = 350 + \dfrac{1000}{9.8} \times 2.7\,(4.8 - 2.7) = 929\ \mathrm{kgf/m^2}$

（註）　1, 2 断面の持つ比エネルギーの差は，（1）式を用いて

$$\left(\frac{V_1^2}{2g} + z + \frac{p_1}{w}\right) - \left(\frac{V_2^2}{2g} + z + \frac{p_2}{w}\right) = \frac{V_1^2}{2g} - \frac{V_2^2}{2g} - \frac{V_2}{g}(V_1 - V_2)$$

$$= \frac{1}{2g}(V_1 - V_2)^2 \tag{2}$$

となり，両断面間に $H_V = (V_1 - V_2)^2 / 2g$ なる損失水頭がある．これは粘性のため渦が発生し，1断面の運動エネルギーの一部が渦の乱れエネルギーに変わり，さらに粘性のために熱エネルギーに変わってゆくからである．このように，管の拡大・縮少・曲りなどのために流れの中に渦が発生している場合には，エネルギー式は（3・9）式の代りに $\dfrac{V_1^2}{2g} + z_1 + \dfrac{p_1}{w} = \dfrac{V_2^2}{2g} + z_2 + \dfrac{p_2}{w} + H_V$ となる．ここに，H_V は断面1より2に到るまでの局部的な渦動損失水頭である．

（注意）　運動量の定理において，検査面をどこにとるかは任意であるが，検査面上における運動量・圧力などが明確に表示される場所ほどよいことは当然である．たとえばこの例題において，断面1を小管内にとることも考えられるが，そうすると断面 1, 2 間において断面変化部の壁面（ac, bd の面）に作用する力を考慮する必要が起こる．この力が最初評価し難いときには，上の解のような検査面を考えるのが自然である．

【3・31】　跳水（Hydraulic jump）　流れが射流から常流に変わるときにはいわゆる跳水現象を起し，水面は不連続的に増加して水表面に大きな渦ができる．図-3・43の記号を用いて跳水前後の水深の関係とエネルギー損失を求めよ．ただし，水路床は水平とし，底面摩擦を無視する．

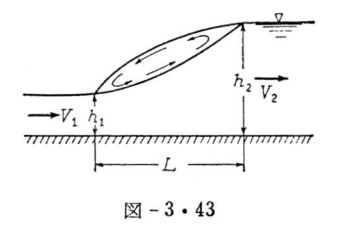

図 - 3・43

　　解　　単位幅あたりの流量を q とし，跳水前の諸量に添字 1，跳水後の諸量に添字 2 をつける．（3・29）式において，$\vec{X} = 0,\ \vec{K} = 0$（摩擦を無視）と

おけるから

$$\rho q\,(V_2-V_1) = \rho g\Big(\frac{h_1{}^2}{2}-\frac{h_2{}^2}{2}\Big) \tag{1}$$

また $\qquad q = h_1\,V_1 = h_2\,V_2$ $\tag{2}$

（1），（2）式より $V_1,\ V_2$ を消去すると

$$(h_1-h_2)\Big\{\frac{1}{2}(h_1+h_2)-\frac{q^2}{gh_1\,h_2}\Big\}=0 \tag{3}$$

故に $h_1 = h_2$（連続解）のほかに，不連続解として跳水前後の水深の間には

$$\left.\begin{aligned}\frac{h_2}{h_1} &= \frac{1}{2}\Big(\sqrt{8\,\frac{q^2}{gh_1{}^3}+1}\,-1\Big)\\[2mm]\frac{h_1}{h_2} &= \frac{1}{2}\Big(\sqrt{8\,\frac{q^2}{gh_2{}^3}+1}\,-1\Big)\end{aligned}\right\} \tag{4}$$

次にエネルギー損失 $\varDelta E$ は

$$\varDelta E = \Big(h_1+\frac{V_1{}^2}{2g}\Big)-\Big(h_2+\frac{V_2{}^2}{2g}\Big) = (h_1-h_2)+\frac{q^2}{2g}\Big(\frac{1}{h_1{}^2}-\frac{1}{h_2{}^2}\Big)$$

（3）式を代入して q^2 を消去すると

$$\varDelta E = (h_1-h_2)+\frac{1}{4}(h_2{}^2-h_1{}^2)\Big(\frac{1}{h_1}+\frac{1}{h_2}\Big) = \frac{(h_2-h_1)^3}{4\,h_1\,h_2} \tag{5}$$

（註 1.） 図のように $h_2 > h_1$ とすると，（4）式より $q^2/gh_1{}^3 > 1$, $q^2/gh_2{}^3 < 1$ となり，跳水前は射流，跳水後は常流であることが確められる．また $\varDelta E > 0$ で跳水によりエネルギー損失が起こっている．

（註 2.） 流れが常流から射流に遷移するとき，水面形は連続であることを p. 84 でのべたが，この場合不連続的な変化がないことを確めておこう．この例題では $h_1 > h_2$ としても（1）～（4）式は成り立ち，この場合（4）式より h_1 は常流，h_2 は射流であることがわかる．しかし（5）式より $\varDelta E < 0$ となり，不連続的変化によってエネルギーを得ることになる．これは熱力学の法則に矛盾するから，常流から射流に移る水面形は，（3）式の連続解すなわち $h_1 = h_2$ であって不連続解はない．

〔**類 題**〕 幅 20 m の水叩上を 160 m³/sec の流量が水深 0.55 m で流れている．この流れを跳水により常流に変えるに必要な下流水深を求めよ．

解 $q = 160/20 = 8\ \text{m}^3/\text{sec}\cdot\text{m}$, $h_1 = 0.55$ m を（4）式に代入すれば，求める下流水深 h_2 は

$$h_2 = \frac{h_1}{2}\Big(\sqrt{8\,\frac{q^2}{gh_1{}^3}+1}-1\Big) = \frac{0.55}{2}\Big(\sqrt{\frac{8\times8^2}{9.8\times0.55^3}+1}-1\Big) = 4.61\ \text{m}$$

問　題　(15)

（1）　内径 200 mm の管内を流れる水量を測るために，図に示すような円形オリフィスを管末にとりつけてある．流量が毎秒 85*l* のとき，オリフィス板に加わる力を求めよ．

答　438 kgf

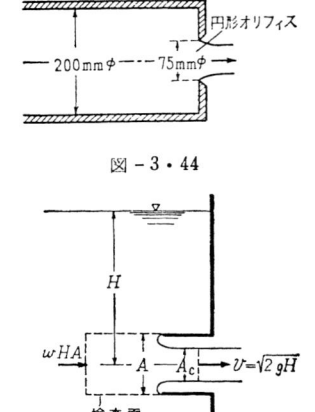

図 - 3・44

（2）　直径 24″ の管が短い縮少管によって径 12″ の管に真すぐにつながれている．大きい管の圧力が 28.12 tf/m^2 のもとに比重 0.85 の油が 889 *l*/sec の割合で流れているとき，縮少管に働く力を求めよ．

答　5.89 tf

（3）　右図のようなボルダ (Borda) 口金から流出した水流の断面積 A_c は，口金の面積 A の 1/2 に縮流することを示せ．

（4）　重さ 0.907kgf の空中ロケットがあり，

図 - 3・45

その後端の内径 12.7 mm の穴より比重量 1.03 kgf/m^3 のガスを，発射初期において 56.6 *l*/sec の割合で噴出する．このロケットを鉛直上方に発射した直後の加速度を求めよ．

答　18.9 m/sec^2

3・7　粘性と乱れの作用

いままでのべてきた完全流体の力学は，その取扱いが比較的簡単なばかりでなく，得られた結果も自然に起る現象をよく説明しうる場合が少なくない．ところが完全流体では流体中におかれた面に働く力はそれに垂直な圧力だけであるから，物体の受ける接線方向の力，すなわち摩擦抵抗を説明するためには，粘性の影響を考慮しなければならなくなる．とくに，管路や開水路の流れでは摩擦抵抗が最も問題となるので，その原因である粘性および乱れの性質について一応の知識をもつ必要がある．

3・7・1　粘性の作用

流体では流れの中に速度の違いがあると，この相対速度に抵抗して流れを一様化しようとする調節作用がありこれを粘性という．まず，最も簡単な場合として，2枚の平行な板の間に流体があって上の板を一様な速度 V_0 で動かすものとする（図 - 3・

46). 板に接する流体部分は粘性のために板に付着す
るから，上の板の面では V_0 の速度で動き下の板の面
では 0 であって，その間では下の板からの距離 y に比
例する速度 $u = V_0 y/h$ で動く．このとき，上の板を
動かすのに逆らう力（抵抗）は板を動かす速度 V_0 に
比例し，板の間隔 h に逆比例することが観測されてい
る．したがって，単位面積についての抵抗を $\tau_0 =$

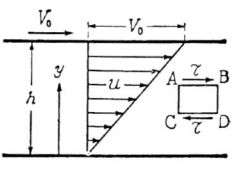

図 - 3・46

$\mu V_0/h$ と書き，比例常数 μ を粘性係数（Coefficient of viscosity）という．このよう
な抵抗があらわれるのは，図 - 3・46 の ABCD 部分より上部にあって速度の大きい
部分は，ABCD 部分を流れの方向に引張るように AB 面に平行に流れの方向の力を
およぼし，CD 面より下部の速度の遅い部分は CD 面に流れと逆方向の力を与えて，
小部分が互いにすべり合うのを妨げるからである．このように表面に平行な力の単位
面積についての値を剪断応力（Shearing stress）と呼ぶ．

剪断応力と運動方程式　　一般には流速分布も直線的でなく剪断応力 τ も
場所によってかわるが，τ はその近くの流れの状態だけに関係するから

$$\tau = \mu \frac{du}{dy}\left(\text{ただし，} \frac{du}{dy} > 0 \text{ のとき } \tau > 0 \text{ とする}\right) \qquad (3・32)$$

で与えられる．なお，水理学では $\nu = \mu/\rho$ がしばしば用いられ ν を動粘性
係数（Coefficient of kinematic viscosity）という．その値は 20°C の空気
でほぼ $0.15\,\mathrm{cm^2/sec}$，水で $0.0101\,\mathrm{cm^2/sec}$ である．

管の中の流れのような 1 次元流れを考え，流れの方向に s 軸，それに垂直
に y 軸をとり，流速 u は y だけの関数とする．いま質量力として重力だ

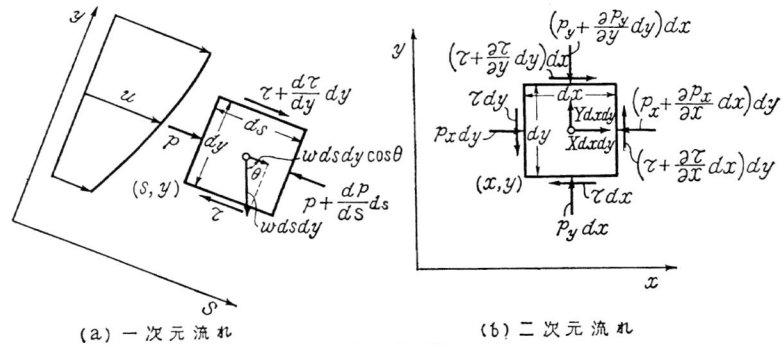

(a) 一次元流れ　　　　　　(b) 二次元流れ

図 - 3・47

けを考え，流れは定常であるとすると，図-3・47(a)に示した $ds \times dy$ 部分の力の釣合いから，運動方程式は

$$\frac{d\tau}{dy} = w\frac{d\left(\dfrac{p}{w}+z\right)}{ds} \qquad (3 \cdot 33)$$

一般に2次元の非圧縮性流体の運動方程式は，流れの中の $dx \times dy$ なる微小部分に働く力が図-3・47(b)のようになるから，x, y 方向にそれぞれ

$$\left.\begin{array}{l}\dfrac{\partial u}{\partial t}+u\dfrac{\partial u}{\partial x}+v\dfrac{\partial u}{\partial y} = X-\dfrac{1}{\rho}\dfrac{\partial p_x}{\partial x}+\dfrac{1}{\rho}\dfrac{\partial \tau}{\partial y} = X-\dfrac{1}{\rho}\dfrac{\partial p}{\partial x} \\ \qquad\qquad +\dfrac{\mu}{\rho}\left(\dfrac{\partial^2 u}{\partial x^2}+\dfrac{\partial^2 u}{\partial y^2}\right) \\[2mm] \dfrac{\partial v}{\partial t}+u\dfrac{\partial v}{\partial x}+v\dfrac{\partial v}{\partial y} = Y-\dfrac{1}{\rho}\dfrac{\partial p_y}{\partial y}+\dfrac{1}{\rho}\dfrac{\partial \tau}{\partial x} = Y-\dfrac{1}{\rho}\dfrac{\partial p}{\partial y} \\ \qquad\qquad +\dfrac{\mu}{\rho}\left(\dfrac{\partial^2 v}{\partial x^2}+\dfrac{\partial^2 v}{\partial y^2}\right)\end{array}\right\} \qquad (3 \cdot 34)$$

で与えられる*. 上式をナビヤー・ストークス (Navier-Stokes) の式とよび，完全流体のオイラーの運動方程式 (3・8) に粘性による力が新しく加わったものである.

レイノルズ数 粘性流体においては代表的な速度を V_0 代表的な長さを L として，$V_0 L/\nu$ で定義される無次元量がよく用いられる. これをレイノルズ数とよび，普通 R_e で表わす. (3・34) 式における加速度項 ($u \partial u/\partial x$ 等) が $V_0 \cdot V_0/L$ に比例し，粘性項 ($\nu \partial^2 u/\partial y^2$ 等) が $\nu V_0/L^2$ に比例することから，R_e は加速度項と粘性項との比を表わす尺度であることがわかる.

層流から乱流への遷移 直径 D の円管に平均流速 V_0 の水を流すとき，レイノルズ数 $V_0 D/\nu$ がある限界値をこえると，いわゆる層流状態の秩序正しい流れは，流体部分が不規則に混合しながら流れる乱流に変わることはよく知られている. この現象を層流から乱流への遷移という. 多くの実験によると，多少の攪乱が入口に存在しても，層流状態が維持される限界のレイノルズ数 $R_{ec} = (VD/\nu)_c$ は

$$R_{ec} = 2320 \qquad (3 \cdot 35)$$

である.

---

*) 粘性流体では，垂直応力は $p_x = p-2\mu\dfrac{\partial u}{\partial x}$, $p_y = p-2\mu\dfrac{\partial v}{\partial y}$ で，剪断応力は $\tau = \mu\left(\dfrac{\partial v}{\partial x}+\dfrac{\partial u}{\partial y}\right)$ で表わされる. これらについては流体力学の本を参照されたい.

例 題 (16)

【3・32】 20°C の空気の粘性係数は 1.807×10^{-4} ポアーズ (poise)*, 比重量 $1.203\,\mathrm{kgf/m^3}$ である. この粘性の値を a) 工学単位, b) フート・ポンド単位で表わせ. またその動粘性係数を, c) C.G.S. 単位, d) フート・ポンド単位で表わせ. ただし, $1\,\mathrm{lbf}=0.4536\,\mathrm{kgf}$, $1\,\mathrm{ft}=0.3048\,\mathrm{m}$.

解 $1\,\mathrm{poise} = 1\,\mathrm{g/cm \cdot sec}$ であるから

$$1\frac{\mathrm{kgf \cdot s}}{\mathrm{m^2}} = 1\frac{\left(980 \times 10^3\,\dfrac{\mathrm{g \cdot cm}}{\mathrm{s^2}}\right)(\mathrm{s})}{(100\,\mathrm{cm})^2} = 98\,\mathrm{g/cm \cdot s}$$
$$= 98\,\mathrm{poise}$$

故に a) $\mu = 1.807 \times 10^{-4}\,\mathrm{poise} = \dfrac{1.807 \times 10^{-4}}{98}\,\mathrm{kgf \cdot s/m^2}$

$\qquad = 1.844 \times 10^{-6}\,\mathrm{kgf \cdot s/m^2}$

b) $\mu = 1.844 \times 10^{-6}\dfrac{\dfrac{1}{0.4536}\mathrm{lbf \cdot s}}{\left(\dfrac{1}{0.3048}\,\mathrm{ft}\right)^2} = 3.777 \times 10^{-7}\,\dfrac{\mathrm{lbf \cdot s}}{\mathrm{ft^2}}$

c) $\nu = \dfrac{\mu}{\rho} = \dfrac{\mu g}{w} = \dfrac{1.844 \times 10^{-6} \times 9.8}{1.203} = 1.502 \times 10^{-5}\,\mathrm{m^2/s}$

$\qquad = 0.1502\,\mathrm{cm^2/s}$

d) $\nu = 0.1502 \times \dfrac{\mathrm{ft^2}}{(30.48)^2}\dfrac{1}{\mathrm{s}} = 1.617 \times 10^{-4}\,\mathrm{ft^2/s}$

【3・33】 直径 2 cm の円管に 25 cc/sec の流量の水が流れている. この流れは層流か乱流か.

解 平均流速 $V = 25 / \dfrac{\pi}{4} \times 2^2 = 7.96\,\mathrm{cm/sec}$. 水の粘性係数は温度 20 °C の値 $\nu \fallingdotseq 0.01\,\mathrm{cm^2/s}$ を用いると, レイノルズ数は $\dfrac{VD}{\nu} = \dfrac{7.96 \times 2}{0.01} = 1590$. この値は限界レイノルズ数 2320 より小さい. 故に流れは層流である.

〔**類 題**〕 例題 3・33 の管において限界レイノルズ数に対応する限界流速を求めよ. ただし, 水の温度を 10°C とする.

---

*) μ の次元は工学単位では $[\mu] = \mathrm{kgf \cdot s/m^2}$, C. G. S. 単位では g/cm・s であるが, 1 g/cm・s = 1 poise とよぶ. ただし, g は質量のグラム.

（ヒント）　$R_{ee} = 2320 = V_e D/\nu$ において温度 $10°C$ のときの $\nu = 1.31 \times 10^{-2}$ cm^2/sec

答　15.2 cm/sec

【3・34】（ポアジューユ（Poiseuille）の法則）　半径 a の円管の中を流体が層流状態で流れるとき，

a)　剪断応力 τ の分布，　b) 流速 u の分布，および　c) 流速と動水コウ配の関係を求めよ．

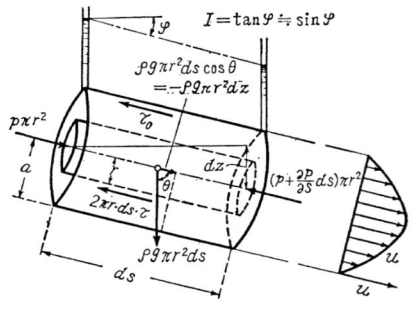

図 – 3・48

解　a)　円管から半径 r, 長さ ds の微小円筒を切り，これに働く力，すなわち，両端に働く圧力差，重さの流れ方向の成分および側面に作用する摩擦力の釣合を考えると

$$\pi r^2 p - \pi r^2 \left(p + \frac{\partial p}{\partial s} ds \right) - \rho \pi r^2 g \frac{dz}{ds} ds - 2\pi r\tau\, ds = 0$$

より

$$\tau = \frac{-rw}{2} \frac{\partial}{\partial s}\left(\frac{p}{w} + z \right) = \frac{rw}{2} I \tag{1}$$

ここに I は動水コウ配で，$I = -\dfrac{\partial}{\partial s}\left(\dfrac{p}{w} + z \right)$ で定義される．（1）式より τ の分布は直線分布で壁面の剪断応力 τ_0 は次式で与えられる．

$$\tau_0 = \frac{aw}{2} I \tag{2}$$

τ_0 を用いて（1）式を書き直すと

$$\frac{\tau}{\tau_0} = \frac{r}{a} \tag{3}$$

b)　剪断応力 τ は（3・32）式より $\tau = -\rho\nu\, du/dr$ で与えられる（今の場合 r が増すと u が減少するから負号をつける）．この式を（1）式に代入すると，流速分布は $w = \rho g$ であるから $-\nu \dfrac{du}{dr} = \dfrac{gI}{2} r$ よりきめられる．上式を

積分すると $u = \dfrac{gI}{4\nu}(A-r^2)$. ここに, A は積分常数であって境界条件: $r = a$ で $u = 0$ (粘性流体の壁面附着の条件) より, $A = a^2$ となる.

故に流速分布は

$$u = \frac{gI}{4\nu}(a^2-r^2) \tag{4}$$

c) 管内の流量 Q, 平均流速 V は (4) 式を管断面について積分して

$$\left.\begin{array}{l} Q = \displaystyle\int_0^a 2\pi r\, u\, dr = \frac{\pi gI}{2\nu}\int_0^a(a^2 r - r^3)\,dr = \frac{\pi a^4 gI}{8\nu} \\[3mm] V = \dfrac{Q}{\pi a^2} = \dfrac{gI\,a^2}{8\nu} \end{array}\right\} \tag{5}$$

すなわち円管内の層流では, 流量は動水コウ配に比例し, 粘性係数に逆比例する. また半径の 4 乗に比例する.

〔類 題〕 間隔 $2h$ の平行板の間を流体が層流状態で流れるとき, 平均流速は $V = gIh^2/3\nu$ なることを示せ.

【3・35】 動粘性係数 $\nu = 2.15\times10^{-4}$ m²/sec の油を 25/1000 の動水コウ配のもとに, 22.5 l/sec の割合で輸送するために必要な管径を求めよ.

解 粘性係数が大きいので流れは層流であると仮定する. 直径 D の円管を層流で流れるときの流量は例題 3・34 より $Q = \dfrac{\pi D^4 gI}{128\nu}$ で与えられる. 故に $D = \sqrt[4]{\dfrac{128\nu Q}{\pi gI}} = \sqrt[4]{\dfrac{128\times2.15\times10^{-4}\times0.0225}{3.14\times9.8\times25\times10^{-3}}} = 0.169$ m.

この径は層流を仮定して得られたものであるから, 上の仮定が果して妥当であったか否かを検討する. 平均流速およびレイノルズ数は

$$V = \frac{Q}{\dfrac{\pi}{4}D^2} = \frac{0.0225}{\dfrac{\pi}{4}(0.169)^2} = 1.00 \text{ m/sec}$$

$$R_e = \frac{VD}{\nu} = \frac{1\times0.169}{2.15\times10^{-4}} = 786$$

R_e は限界レイノルズ数 $R_{ec} = 2320$ より小さいから層流であることが確められた. 故に上の計算は成立する.

答 $D = 16.9$ cm

【3・36】 流速 V_0 の一様な流れの中に, 直径 d の球が置かれている.

レイノルズ数が非常に小さいときには，球に働く力 F は $\mu V_0 d$ に比例することを示せ．

　解　　レイノルズ数は運動方程式 (3・34) における，加速度項と粘性項との割合を表わすから，その値が非常に小さいときには加速度項は無視されて粘性項と圧力差が釣合を保つ．粘性項は $\nu \partial^2 u / \partial x^2$ などであるから $\nu V_0 / d^2$ にだいたい比例し，圧力差は $1/\rho \cdot \partial p / \partial x$ などであるから $p/\rho d$ にほぼ比例する．一方物体に働く力 F は p を全表面に亙って積分したものであるから，F は $p d^2$ に比例する．

$$\therefore \quad F \curvearrowright p d^2 = \frac{p}{\rho d} \times \rho \, d^3 \curvearrowright \nu \frac{V_0}{d^2} \rho \, d^3 = \mu V_0 d$$

　(註)　　Stokes の計算によると球の抵抗は $F = 3\pi \mu V_0 d$ で与えられる．実験の結果と比較するとこの式が正しく成立つためには，レイノルズ数 $V_0 d / \nu$ の値が 1 より小さくなくてはならない．

　〔**類　題**〕　　例題 3・36 において，レイノルズ数が大きい場合には球に働く力は $\rho V_0^2 d^2$ に比例することを示せ．

　（ヒント）　　慣性力は $u \dfrac{\partial u}{\partial x}$ などであるから，おおよそ $V_0 \dfrac{V_0}{d}$ に比例する．この慣性力と圧力差 $p/\rho d$ とが釣合う．

　【**3・37**】　（沈降速度）　ストークスの抵抗法則を用い，温度 20°C の空気の中および水の中における比重 1.82，直径 1, 10, 100 および 1000 ミクロンの球状の粒子の沈降速度を計算せよ．

　解　　理論式をまず求める．静止した比重量 w の液体中に比重量 w_s の小球を落下させ，粒子が一定の沈降速度 V に達した後における粒子に働く力の釣合は

　　　〔浮力 B〕＋〔抵抗 R〕−〔自重 W〕 = 0　　（1）

　Stokes の抵抗法則を用いると $R = 3\pi \mu d V$，また $B = \dfrac{\pi}{6} d^3 w,\ W = \dfrac{\pi}{6} d^3 w_s$ より

$$\frac{\pi}{6} d^3 w + 3\pi \mu d V - \frac{\pi}{6} d^3 w_s = 0$$

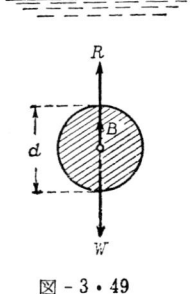

図 - 3・49

$$\therefore \quad V = \frac{d^2(w_s - w)}{18\,\mu} = \frac{d^2 g\left(\dfrac{w_s}{w} - 1\right)}{18\,\nu} \quad (2)$$

a) 空気の場合　$\nu = 1.50 \times 10^{-5}$ m/s², $w = 1.203\,\mathrm{kgf/m^3}$, $w_s = 1.82$ $\times 10^3\,\mathrm{kgf/m^3}$ を用いると, (1) 式における $(w_s/w - 1)$ の1は無視される. $d = 1$ ミクロン $= 1 \times 10^{-6}$ m の場合には

$$V = \frac{(1 \times 10^{-6})^2 \times 9.8 \times \dfrac{1.82 \times 10^3}{1.203}}{18 \times 1.50 \times 10^{-5}} = 0.0548 \times 10^{-3}\,\mathrm{m/sec}$$

このときの R_e 数は　$R_e = \dfrac{VD}{\nu} = \dfrac{0.0548 \times 10^{-3} \times (1 \times 10^{-6})}{1.50 \times 10^{-5}}$

$$= 3.65 \times 10^{-6}$$

$d = 10, 100$ および 1000 ミクロンの場合も同様にして, V, VD/ν は求まる.

b) 水の場合　$\nu = 1.01 \times 10^{-6}$ m²/s, $w_s/w = 1.82$ であるから $d = 1$ ミクロンに対しては

$$V = \frac{(1 \times 10^{-6})^2 \times 9.8\,(1.82 - 1)}{18 \times 1.01 \times 10^{-6}} = 0.441 \times 10^{-6}\,\mathrm{m/sec}$$

このときの R_e は　$R_e = \dfrac{VD}{\nu} = \dfrac{0.441 \times 10^{-6} \times (1 \times 10^{-6})}{1.01 \times 10^{-6}}$

$$= 0.436 \times 10^{-6}$$

同様にして $d = 10 \sim 1000$ ミクロンの場合も計算すると次表のようになる.

表 - 3・3

d ミクロン	空	中	水	中
	V　m/sec	VD/ν	V　m/sec	VD/ν
1	5.48×10^{-5}	3.65×10^{-6}	4.41×10^{-7}	4.37×10^{-7}
10	5.48×10^{-3}	3.65×10^{-3}	4.41×10^{-5}	4.37×10^{-4}
100	0.548	3.65	4.41×10^{-3}	0.437
1000	54.8	3.65×10^3	0.441	437

さて Stokes の適用範囲はレイノルズ数が 1 より小さい範囲である. したがって $d = 100$ ミクロンの空中における $V = 0.548\,\mathrm{m/sec}$ は $R_e = 3.65$ であるから, この計算は厳密には正しくないが, 近似値としては用いることが

できよう．これに反して，$d = 1000$　ミクロンとなると上の計算値は実際とは全く合わない．

　（註）　　抵抗係数 C_x を導入して球の抵抗 R を

$$R = \frac{1}{2} C_x \rho V^2 A = \frac{1}{2} C_x \rho \frac{\pi}{4} d^2 V^2 \qquad (3)$$

と書くと，C_x はレイノルズ数 $V d/\nu$ の関数となり，実験の結果は図 – 3・50 のようになる．（1）式において抵抗 R に（3）式の表現を用いると，沈降速度 V は明らかに（2）式の代りに

$$V = \sqrt{\frac{4}{3} \frac{d g}{C_x} \left(\frac{w_s}{w} - 1 \right)} \qquad (4)$$

で与えられる．C_x は $V d/\nu$ の関数

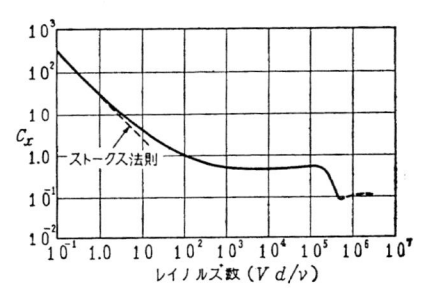

図 – 3・50

であるから，$R_e \geqq 1$ の場合に，d および w_s を与えて V を求めるには図 – 3・50 と（4）式とを用いて，逐次計算によらなければならない．

3・7・2　乱れの作用

　すでにのべた層流から乱流への遷移は円管だけでなく，一般の断面形をもつ管路や開水路においても起る．実際の流れは乱流である場合が多く，層流を保つことはむしろ稀であるといえる．

　乱流の運動方程式　　乱流においては液体塊の混合が行なわれるために，一点における速度，圧力などは絶えず不規則に変動する．したがって，流れの瞬間速度 u, v をその時間的平均値 $\bar{u}$, $\bar{v}$ と乱れ速度 u', v' とに分け

$$u = \bar{u} + u', \qquad v = \bar{v} + v' \qquad (3 \cdot 36)$$

と表わすのが普通である．もちろん u' と v' との時間的平均値は 0 で，平均値に上符号—をつけて表わすと*，$\overline{u'} = 0$, $\overline{v'} = 0$ である．

　乱れた流れの運動方程式は，粘性流体の運動方程式 (3・34) 式の統計的な平均を求めることにより次のようになる．

---

*)　θ の平均値は T を十分大きくとって $\bar{\theta} = \dfrac{1}{T} \displaystyle\int_0^T \theta \, dt$

$$
\left.
\begin{aligned}
\frac{\partial \bar{u}}{\partial t}+\bar{u}\frac{\partial \bar{u}}{\partial x}+\bar{v}\frac{\partial \bar{u}}{\partial y} &= X+\frac{1}{\rho}\frac{\partial}{\partial x}(-\overline{p_x}-\rho\,\overline{u'u'}) \\
&\quad +\frac{1}{\rho}\frac{\partial}{\partial y}(\bar{\tau}-\rho\,\overline{u'v'}) \\
\frac{\partial \bar{v}}{\partial t}+\bar{u}\frac{\partial \bar{v}}{\partial x}+\bar{v}\frac{\partial \bar{v}}{\partial y} &= Y+\frac{1}{\rho}\frac{\partial}{\partial y}(-\overline{p_y}-\rho\,\overline{v'v'}) \\
&\quad +\frac{1}{\rho}\frac{\partial}{\partial x}(\bar{\tau}-\rho\,\overline{u'v'})
\end{aligned}
\right\}
\quad (3\cdot37)
$$

上式と (3・34) 式を比較すると，乱流においては粘性による応力の外に，乱れによる付加的な応力

$$
p'_{xt}=-\rho\,\overline{u'^2},\quad p'_{yt}=-\rho\,\overline{v'^2},\quad \tau_t=-\rho\,\overline{u'v'} \qquad (3\cdot38)
$$

が働いていることがわかる．この付加的な応力をレイノルズ応力とよび，(3・37) 式をレイノルズの方程式という．

乱れによる拡散　乱流においては，微小な流体部分が不規則に混合するから，ある層の流体塊はその層のもつ物理的性質をたずさえて，平均流に垂直にある距離を横切って他の層に達し，その性質が新らしい性質に融合する．したがって，ある物理的な量たとえば運動量・熱量・質量などが乱れのため一つの層から他の層に輸送され，分子運動による粘性・熱伝導・拡散などと同様な作用が起る．

簡単のために，流速 $\bar{u}$ や輸送される物理量 θ は y だけの関数とする．θ なる量が単位時間，単位面積について y 方向に輸送される量は

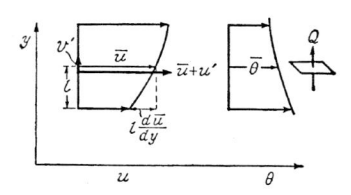

$$
Q=-l'\sqrt{\overline{v'^2}}\,\frac{d\bar{\theta}}{dy} \qquad (3\cdot39)
$$

で表わされる．ここに，l' は混合の出発

図 – 3・51

から終着までの平均距離に比例する長さ，$\sqrt{\overline{v'^2}}$ は流れに垂直な方向の乱れ速度 v' の root mean square で乱れの強度とよばれる．

渦動粘性　上にのべた輸送機構において，θ として x 方向の運動量 $\rho\bar{u}$ が輸送されるものとすると，y 軸に垂直な単位面積を通って単位時間に輸送される x 方向の運動量は $Q_m=-\rho l'\sqrt{\overline{v'^2}}\,d\bar{u}/dy$ となる．運動量の定理により，Q_m に負号をつけたものがレイノルズの剪断応力に等しい．すなわち

$$\tau_t = -\rho \overline{u'v'} = \rho l' \sqrt{\overline{v'^2}} \, \frac{d\bar{u}}{dy} \tag{3・40}$$

乱れの強度は混合の始めと終りの層の速度差 $l'\,d\bar{u}/dy$ に比例すると考えるのが自然である．したがって，l' に比例する新しい長さ l を導入して，$d\bar{u}/dy > 0$ のとき $\tau_t > 0$，および $d\bar{u}/dy < 0$ のとき $\tau_t < 0$ を区別して，τ_t を次式

$$\tau_t = \rho \, l^2 \left| \frac{d\bar{u}}{dy} \right| \frac{d\bar{u}}{dy} \tag{3・41}$$

で表わす．これをプラントル（Prandtl）の運動量輸送の理論とよび，l を混合距離という．

以上のことから，乱流の剪断応力 τ は一般に

$$\tau = \rho \, \nu \frac{d\bar{u}}{dy} - \rho \overline{u'v'} = \rho \, (\nu + \varepsilon) \frac{d\bar{u}}{dy}, \qquad \varepsilon = l^2 \left| \frac{d\bar{u}}{dy} \right| \tag{3・42}$$

で示される．ε を渦動粘性係数という．動粘性係数 ν は分子の熱運動によるものであるが，ε は分子にくらべて遙かにスケールの大きい流体部分の混合によるものである．一般に $\varepsilon \gg \nu$ であって，多くの問題においては上式における ν を無視できる．

例　　題 (17)

【3・38】　きわめて敏感な流速計を用い，河の流れの一点において流れ方向の速度 u および鉛直方向の速度 v を2秒おきに測定して，下表のような値（表の①，②欄）を得たとする．これより，a) 乱れの強度，b) レイノルズの剪断応力を求む．また，平均流の速度コウ配が $d\bar{u}/dy = 0.26$ (sec^{-1}) とすると，c) 混合距離および　d) 渦動粘性係数を求めよ．

解　a) u, v の平均値を求めると，それぞれ表-3・4 の①，②欄の合計値を測定個数 20 で割り，$\bar{u} = 39.84/20 = 1.99\,\text{m/sec}$，$\bar{v} = -0.06/20 = -0.003\,\text{m/sec}$ となる．したがって乱れ速度 $u' = u - \bar{u}$ を欄③に記し，v はそのまま v' とみなしてよい．

次に u'^2, v'^2 を計算して ⑤，⑥ 欄に記入し，$\overline{u'^2} = 149.6/20 = 7.48 \times 10^{-2}\,\text{m}^2/\text{s}^2$，$\overline{v'^2} = (60.42/20) \times 10^{-2} = 3.02 \times 10^{-2}\,\text{m}^2/\text{s}^2$ をうる．これより乱れの強度は $\sqrt{\overline{u'^2}} = \sqrt{7.48 \times 10^{-2}} = 0.2735\,\text{m/sec}$，$\sqrt{\overline{v'^2}} = \sqrt{3.02 \times 10^{-2}} = 0.1738\,\text{m/sec}$ をうる．

b) $u'v'$ を⑦欄に記し$\overline{u'v'} = (-26.23/20) \times 10^{-2} = -1.312 \times 10^{-2}\,\mathrm{m^2/s^2}.$

表 - 3・4

時　刻 (sec)	u (m/sec)	v (m/sec)	u' (m/sec)	v' (m/sec)	$u'^2 \times 10^2$	$v'^2 \times 10^2$	$u'v' \times 10^2$
	①	②	③	④	⑤	⑥	⑦
0	1.88	0.10	−0.11	0.10	1.21	1.0	−1.1
2	2.03	0	0.04	0	0.16	0	0
4	2.05	−0.06	0.06	−0.06	0.36	0.36	−0.36
6	2.34	0.21	0.35	0.21	12.25	4.41	7.35
8	2.30	−0.34	0.31	−0.34	9.61	11.56	−10.54
10	2.55	−0.11	0.56	−0.11	31.36	1.21	−6.16
12	2.40	−0.20	0.41	−0.20	16.81	4.00	−8.20
14	2.17	0.12	0.18	0.12	3.24	1.44	2.16
16	2.19	0.04	0.20	0.04	4.00	0.16	0.80
18	1.92	−0.15	−0.07	−0.15	0.49	2.25	1.05
20	1.92	−0.22	−0.07	−0.22	0.49	4.84	1.54
22	1.74	0.48	−0.25	0.48	6.25	23.04	−12.00
24	1.62	0.18	−0.37	0.18	13.69	3.24	−6.66
26	1.66	−0.07	−0.33	−0.07	10.89	0.49	2.31
28	1.52	0.02	−0.47	0.02	22.09	0.04	−0.94
30	1.91	0.06	−0.08	0.06	0.64	0.36	−0.48
32	1.60	−0.11	−0.39	−0.11	15.21	1.21	4.29
34	1.98	−0.04	−0.01	−0.04	0.01	0.16	0.04
36	2.08	0.07	0.09	0.07	0.81	0.49	0.63
38	1.98	−0.04	−0.01	−0.04	0.01	0.16	0.04
計	39.84	−0.06	0	≒0	149.6	60.42	−26.23
平　均	1.99	−0.003	0	0	7.48	3.02	−1.312

故に乱れによる剪断応力 τ_t は, (3・38) 式より $\tau_t = -\rho \overline{u'v'} = 102 \times$ $1.312 \times 10^{-2} = \underline{1.338 \,\text{kg/m}^2}$

c) (3・41) 式より

$$\frac{\tau_t}{\rho} = l^2\left(\frac{d\bar{u}}{dy}\right)^2 \quad \text{より} \quad l = \frac{\sqrt{\tau_t/\rho}}{\dfrac{d\bar{u}}{dy}} = \frac{\sqrt{0.01312}}{0.26} = \underline{0.44 \,\text{m}}$$

d) (3・42) 式より

$$\varepsilon = l^2\frac{d\bar{u}}{dy} \quad \text{故に} \quad \varepsilon = (0.44)^2 \times 0.26 = 0.0502 \,\text{m}^2/\text{s}$$

【3・39】* 濃度 (単位体積中に含まれる物理量) θ が y だけの関数とするとき, 単位時間, 単位面積について y 方向に乱れのために輸送される量は $Q = -l'\sqrt{\overline{v'^2}}\,d\bar{\theta}/dy$ で表わされることを示せ.

解　θ の分布が図−3・52 ($d\bar{\theta}/dy < 0$) のように
になっているとし, 深さ y の点に単位面積を考え
る. 乱流ではこの面を下から上に通る流れ (正の
v') は y 点の濃度より大きい濃度を上方に運び,
上から下に下がる流れ (負の v') は y 点の濃度よ
り小さい濃度を下方に運ぶ. したがって, y 点の
単位面積を上から下, 下から上に通る流体の量の

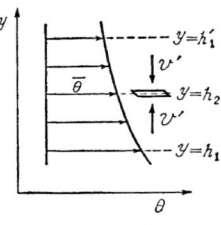

図 − 3・52

方は平均的に等しいのであるが ($\bar{v'} = 0$), 濃度 θ は y 方向に輸送されることになる. このことを解析的に示すと次のようになる.

乱流において, 流体塊が $y = h_1$ から h_1 点の濃度 $\theta(h_1)$ をたずさえて y 方向に動き, $y = h_2$ に達したとき周囲の状態 $\theta(h_2)$ に融合するものとすると, y 方向に垂直な単位面積を通って単位時間に運ばれる平均輸送量は $Q = \overline{v'[\theta(h_1) - \theta(h_2)]}$ で与えられる. ただし, 上線―は $y = h_2$ において平均をとることを示す. $\theta(h_1) - \theta(h_2)$ をテーラー展開し, $(h_1 - h_2)$ が小さいものとすると

$$\theta(h_1) - \theta(h_2) = \theta\{h_2 - (h_2 - h_1)\} - \theta(h_2)$$
$$= \theta(h_2) - (h_2 - h_1)\frac{d\bar{\theta}}{dy} + \frac{(h_2 - h_1)^2}{2}\frac{d^2\bar{\theta}}{dy^2} - \cdots\cdots - \theta(h_2)$$
$$= -(h_2 - h_1)\frac{d\bar{\theta}}{dy} + \frac{(h_2 - h_1)^2}{2}\frac{d^2\bar{\theta}}{dy^2} - \cdots\cdots$$

したがって $(h_2-h_1)^2$ 以下の項を微小項として無視すると

$$Q = \overline{v'[\theta(h_1)-\theta(h_2)]} = -\overline{v'(h_2-h_1)}\frac{d\overline{\theta}}{dy}$$

$y=h_2$ を y の正の方向にすぎる流体塊では $h_2-h_1>0$, $v'>0$ であり，$y=h_2$ を負の方向にすぎるものは $h_2-h_1<0$, $v'<0$ である．したがって，$\overline{v'(h_2-h_1)}$ は正の符号をもつことがわかり，混合距離 l' と乱れの強度を用いて，$\overline{v'(h_2-h_1)} = l'\sqrt{\overline{v'^2}}$ とおける．故に $Q = -l'\sqrt{\overline{v'^2}}\,d\overline{\theta}/dy$ で表わされる．

【 3・40 】*　（乱流拡散による汚染の問題）　直線的な河の片側から図のように汚水が連続的に放流される．放流点 $(x=0, y=0)$ の汚染濃度を C_0, 河の流速を v, 拡散係数 $l'\sqrt{\overline{v'^2}} = D =$ 一定とするとき，下流における汚水の拡散の模様をしらべよ．

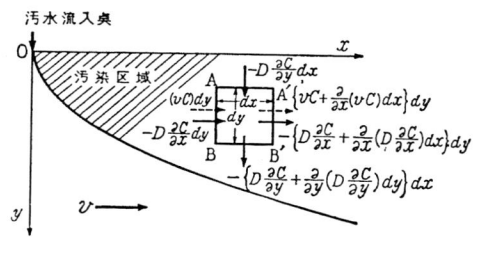

図 – 3・53

解　基礎式を求めるために，図のように $dx \times dy$ の微小矩形をとり汚染物質の連続の式を作る．AB 面，AA′ 面を乱れのために単位時間に輸送される量は，例題 3・39 の基本式より，それぞれ $-D \cdot \partial C/\partial x \cdot dy$, $-D \cdot \partial C/\partial y \cdot dx$ であるから，平均流による輸送を考慮すると各辺を通る汚染物質の量は図に示したようになる．したがって定常状態では，AB，AA′ を通じて微小矩形内に入ってくる量

$$-D\frac{\partial C}{\partial x}dy - D\frac{\partial C}{\partial y}dx + (vC)\,dy \tag{1}$$

と A′B′，BB′ 面を通じて出て行く量

$$-\left\{D\frac{\partial C}{\partial x} + \frac{\partial}{\partial x}\left(D\frac{\partial C}{\partial x}\right)dx\right\}dy - \left\{D\frac{\partial C}{\partial y} + \frac{\partial}{\partial y}\left(D\frac{\partial C}{\partial y}\right)dy\right\}dx$$

$$+\left\{(vC) + \frac{\partial}{\partial x}(vC)\,dx\right\}dy \tag{2}$$

は等しいから次の式が成立する．

$$\frac{\partial}{\partial x}(vC) = \frac{\partial}{\partial x}\left(D\,\frac{\partial C}{\partial x}\right) + \frac{\partial}{\partial y}\left(D\,\frac{\partial C}{\partial y}\right) \tag{3}$$

（3）式の右辺第一項は第二項にくらべて小さいとして無視し，v, D を一定とすると上式は

$$v\frac{\partial C}{\partial x} = D\frac{\partial^2 C}{\partial y^2} \tag{4}$$

となり，1次元の拡散方程式が得られる．$x = 0, y = 0$ に湧源がある場合の C の分布はよく知られているように[*]

$$C = \frac{A}{2\sqrt{D\pi\,x/v}}e^{-\frac{y^2}{2\sigma^2}}, \qquad \sigma^2 = 2D\frac{x}{v} \tag{5}$$

によって表わされる．これより岸における濃度 $C_{y=0}$ は $\sqrt{v/Dx}$ に比例して減少し，y 方向の分布はガウス分布に従うことがわかる．また，σ は標準偏差であって，C が $C_{y=0}$ の値の 60.7% になる y の値に相当する．故に汚染水域の幅は $\sqrt{Dx/v}$ に比例して増加する．

問　題　(16)

（1）　厚さ 25 cm の水槽の壁に幅 0.25 mm，長さ 18 cm の亀裂が水平方向に入っている．水槽内の水の温度は 20°C で，亀裂は水面下 25 cm のところにある．この亀裂より大気中にもれる水の量はいくらか．

答　2.27 cm³/sec

（2）　図 - 3・54 に示す円形管路に　$w = 820\,\text{kg/m}^3$，　$\mu = 0.41\times10^{-2}$ kg・s/m² の流体が層流をなして流れている．流れの方向および流量を求めよ．また，レイノルズ数を求めて層流であることを確めよ．

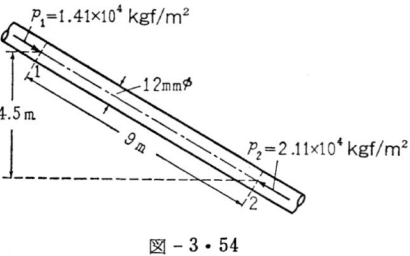

図 - 3・54

答　$Q = 0.0457\ l/\text{sec}$，流れの方向は右から
左に向って流れる．$R_e = 98.9 < 2320$

（3）　比重 7.8，直径 10.5 mm の鋼の球が，比重 0.80 の油の中を沈降速度 8.3 cm/sec で落下する．油の粘度（poise）を計算せよ．

答　50.6 poise

[*]　たとえば犬井鉄郎：偏微分方程式とその応用，p. 140〜142 コロナ社，昭. 32.

（4） 内径 25 mm の管内に 20°C の水および空気を流す場合，流れが乱流にならないための限界流速はいくらか．

答　0.094 m/sec, 1.39 m/sec

（5） 時速 80 km で疾走する自動車の空気抵抗を求めるために，実物の大きさの 1/5 の模型を作りこれを水槽中で実験する．実物と模型とのまわりの流れが力学的に相似であるためには，模型の速度はいくらにしたらよいか．

答　7.4 m/sec

3・8　摩擦損失係数

断面積 A，潤辺（水に接する部分）の長さ S の一様な管路に，等流状態で水が流れているものとする．図 - 3・55（a）のように水路の一部から長さ l

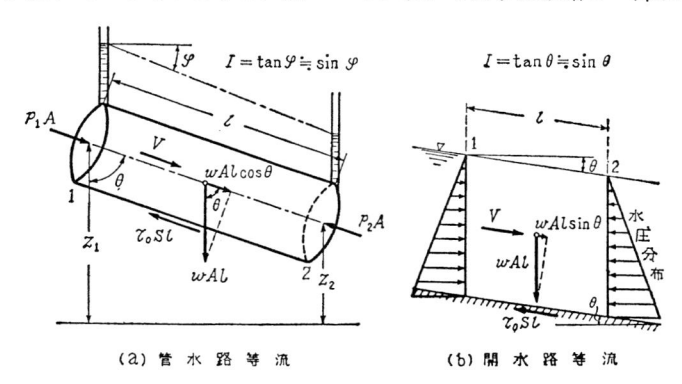

（a）管水路等流　　　　（b）開水路等流

図 - 3・55

の部分を切りとり，両端の値に添字 1, 2 をつけこの部分の釣合を考えると，
（両端に働く圧力差）＋（重さの流れ方向の成分）−（潤辺に働く摩擦力）＝ 0，
であるから

$$A(p_1 - p_2) + wA(z_1 - z_2) - \tau_0 S l = 0$$

したがって，動水コウ配 $I = \dfrac{(p_1/w + z_1) - (p_2/w + z_2)}{l}$ および径深（Hydraulic radius）$R = A/S$ を導入すると，τ_0 は次の式で表わされる．

$$\tau_0 = wRI \tag{3・43}$$

次に，図 - 3・55（b）に示す開水路の等流流れでも，重さの流れ方向の成

分が壁面の摩擦抵抗と釣合うので，I を水面コウ配（$\fallingdotseq \sin\theta$）とするとやはり上の式が成り立つ.

一方，τ_0 は乱流においては平均流速を V とするとほぼ ρV^2 に比例するから

$$\tau_0 = \frac{f}{8}\rho\,V^2 \tag{3・44}$$

と書き，f を摩擦損失係数とよぶ．(3・43), (3・44) 両式より平均流速 V は

$$V = \sqrt{\frac{8}{f}}\sqrt{gRI} \tag{3・45}$$

円管内の速度分布　　図-3・56 の
円管において，剪断応力 τ の分布は
y を壁面から測って

$$\tau = \tau_0(1-y/a)^* \tag{3・46}$$

一方，τ は前節 (3・42) 式より，$\tau = $
$\rho\left(\nu+l^2\left|\dfrac{du}{dy}\right|\right)\dfrac{du}{dy}$ で表示されるが，

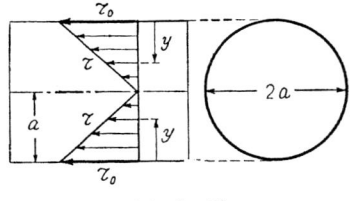

図 - 3・56

流れの大部分において $\varepsilon \gg \nu$ である．また混合距離 l の値は壁面の近くでは壁面に制せられて小さく，壁面からの距離に比例して大きくなると考えられるから，簡単に $l = \kappa y$ とおく．さらに，壁面の近くを考え (3・46) 式における y/a を1に対して無視すると，壁面近くの流速分布は

$$\tau_0 \fallingdotseq \tau = \rho\,\kappa^2\,y^2\left(\frac{du}{dy}\right)^2$$

よりきまる．この式を積分して $y = y_0$ において，$u = 0$ とすると

$$\frac{u}{\sqrt{\tau_0/\rho}} = \frac{1}{\kappa}\log_e\frac{y}{y_0} = \frac{2.3}{\kappa}\log_{10}\frac{y}{y_0} \tag{3・47}$$

実験結果と比較すると，$\kappa = 0.4$ とおけば，上の式は壁の近傍ばかりでなく管の中心部までよく一致する.(3・47) 式をプラントル・カルマン（Prandtl-

---

*)　　例題 3・34 の（3）式において $r = a-y$

**)　　円管では　$R = \dfrac{A}{S} = \dfrac{\dfrac{\pi}{4}D^2}{\pi D} = \dfrac{D}{4}$

Kármán）の対数分布法則とよぶ．また上式における $\sqrt{\tau_0/\rho} = \sqrt{gRI} =$ $\sqrt{gDI/4}$ は速度の次元をもち，流速分布を規定する最も重要な量である．これを摩擦速度（Shear velocity）とよび，

$$u_* = \sqrt{\tau_0/\rho} = \sqrt{gRI} \tag{3・48}$$

であらわす．

滑らかな管と粗い管 （3・47）式における y_0 はその定義より明らかなように，壁面の性質を表わす長さで壁面付近の物理量 τ_0, ρ, ν および壁面の凹凸の高さ k の関数である．したがって次元解析の π 定理により，y_0 の関数形は

滑らかな管 $(k=0)$ の場合には $\dfrac{y_0 u_*}{\nu} = $ 一定

粗い管の場合 $\dfrac{y_0}{k} = f\left(\dfrac{u_* k}{\nu}\right)$

この表現を（3・47）式に代入し，滑らかな管* および粒径 k の砂を壁面にはりつけた粗い壁** についてのニクラッセ（Nikuradse）の実験より常数をきめると次のようになる（例題3・43 註参照）．

滑らかな場合

$$\dfrac{u_* k}{\nu} \leqq 5.0 \qquad \dfrac{u}{u_*} = 5.5 + 5.75 \log_{10} \dfrac{u_* y}{\nu}$$

粗滑遷移領域

$$5.0 \leqq \dfrac{u_* k}{\nu} \leqq 70 \qquad \dfrac{u}{u_*} = A\left(\dfrac{u_* k}{\nu}\right) + 5.75 \log_{10} \dfrac{y}{k}$$

粗 い 場 合

$$\dfrac{u_* k}{\nu} \geqq 70 \qquad \dfrac{u}{u_*} = 8.5 + 5.75 \log_{10} \dfrac{y}{k} \tag{3・49}$$

平均流速および摩擦損失係数 （3・49）式を積分して求められ，その結果は次のようになる．（例題 3・42）．

滑らかな場合：$\dfrac{V}{u_*} = \sqrt{\dfrac{8}{f}} = 1.75 + 5.75 \log_{10} \dfrac{u_* D}{2\nu}$

---

*) Nikuradse, J., "Gesetzmässigkeiten der Turbulenten Strömung in glatten Rohren," V. D. I. Forschungsheft 356, 1932.

**) Nikuradse, J., "Strömungsgesetze in rauhen Rohren", V. D. I. Forschungsheft 361, 1933.

$$= 1.75 + 5.75 \log_{10} \frac{R_e}{2} \sqrt{\frac{f}{8}}$$

$$\left. \begin{array}{l} \text{遷 移 領 域}: \dfrac{V}{u_*} = \sqrt{\dfrac{8}{f}} = A\left(\dfrac{u_* k}{\nu}\right) - 3.75 \\[2mm] \qquad\qquad\qquad\qquad +5.75 \log_{10} \dfrac{D}{2k} \\[2mm] \text{粗 い 場 合}: \dfrac{V}{u_*} = \sqrt{\dfrac{8}{f}} = 4.75 + 5.75 \log_{10} \dfrac{D}{2k} \end{array} \right\} \qquad (3 \cdot 50)$$

(3・49), (3・50) 式の粗滑遷移領域における A は $u_* k/\nu$ の関数で，その変化は図 - 3・57 に示してある．一様砂をはりつけた均一粗度 では A の変化は複雑であるが，セメント管や鋳鉄管などのような不均一な粗度をもつ管については比較的簡単に移り変わることが知られている．それでコールブルック（Colebrook）は

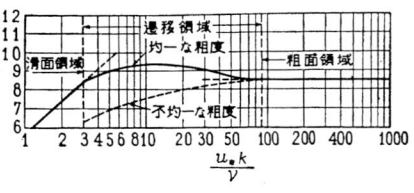

図 - 3・57

これらの市販管の f について次式を提案した．

$$\frac{1}{\sqrt{f}} = 1.74 - 2 \log_{10}\left(\frac{2k}{D} + \frac{18.7}{R_e \sqrt{f}}\right) \qquad (3 \cdot 51)$$

f の関数形については，次章にのべるように多くの実験式があるが，上の式は $R_e = \infty$ のとき (3・50) 式の粗面の式に，$k/D = 0$ のときに滑面の式に一致する点で最も合理的であり，また精度もよい．

　なお，(3・49)～(3・51) 式は円管に対して導かれたものであるが，上の式中の直径 D の代りに $4R$ （Rは径深）を代入すれば，任意の形をもつ管や開水路流れにもほとんどそのまま適用することができる．

　終りに (3・49)～(3・51) 式における k の値は底面の粗さの大きさを表わすものであるが，その値は凹凸の大きさだけでなく，その配列や形によっても影響される．したがって Nikuradse の粗面領域の式（3・49 あるいは 3・50 の第三式）を標準にし，粗領域における実験結果から k の値を逆算して管材料の粗度をきめることが多い．このようにきめた k を相当粗度とよび，市販管の k の標準の値は次章第1節の表 - 4・3 に示してある．

例　　題　(18)

【3・41】　　同一の断面積 A をもつ円形，正方形および辺の長さが $1:2$ である矩形の管路に同一の動水コウ配で水を流すとき，

a)　壁面における平均の剪断応力を比較し，　b)　摩擦損失係数の変化を無視して流量を比較せよ．

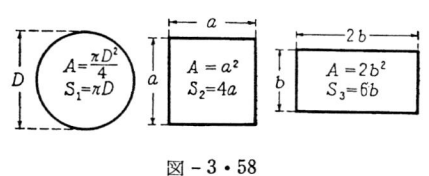

図 – 3・58

解　(3・43) 式 $\tau_0 = w\,RI$ において，$R = A/S$ の値は

1)　円形管では　$R_1 = \dfrac{D}{4} = \dfrac{1}{2}\sqrt{\dfrac{A}{\pi}}$

2)　一辺の長さ a の正方形管では　$R_2 = \dfrac{a^2}{4\,a} = \dfrac{1}{4}\sqrt{A}$

3)　辺の長さ $b \times 2\,b$ の矩形管では　$R_3 = \dfrac{2\,b^2}{6\,b} = \dfrac{1}{3}\sqrt{\dfrac{A}{2}}$

故に

$$\tau_{01} : \tau_{02} : \tau_{03} = R_1 : R_2 : R_3 = \frac{1}{2}\sqrt{\frac{A}{\pi}} : \frac{1}{4}\sqrt{A} : \frac{1}{3}\sqrt{\frac{A}{2}}$$

$$= \frac{1}{2}\sqrt{\frac{1}{\pi}} : \frac{1}{4} : \frac{1}{3}\sqrt{\frac{1}{2}} = 1 : \frac{1}{4}2\sqrt{\pi} : \frac{\sqrt{2\pi}}{3}$$

$$= 1 : 0.886 : 0.835$$

次に，流量 $Q = AV = A\sqrt{\dfrac{8}{f}}\sqrt{gRI}$ において，題意により R の変化に基づく摩擦損失係数 f の変化を無視すると

$$Q_1 : Q_2 : Q_3 = \sqrt{R_1} : \sqrt{R_2} : \sqrt{R_3} = 1 : 0.941 : 0.914$$

〔類　題〕　　底幅が a，水深が a なる矩形開水路と一辺の長さ a の正方形の管路とに，同一のコウ配で水を流すときの流量を比較せよ．ただし，f は一定とみなす．

（ヒント）　　開水路の径深 $R = a/3$，管路の径深 $R = a/4$

答　$Q_{開水路} / Q_{管路} = 1.155$

【3・42】　　直径 $40\,\mathrm{cm}$，動水コウ配 $1/100$ の円管において中心速度を測定して $1.82\,\mathrm{m/sec}$ を得た．流量を求めよ．

解　　流速は対数分布法則 (3・47) 式に従うから，中心 $y = a$ における

速度を u_0 とすると

$$\frac{u_0}{u_*} = \frac{1}{\kappa} \log_e \frac{a}{y_0} \quad (1)$$

平均流速　$V = \dfrac{Q}{A}$

図 – 3・59

$$= \frac{1}{\pi a^2} \int_0^a 2\pi (a-y) \, u \, dy$$

$$= \frac{1}{\pi a^2} \int_0^a 2\pi (a-y) \frac{u_*}{\kappa} \log_e \frac{y}{y_0} dy = \frac{2 u_*}{a^2 \kappa} \int_0^a (a-y)(\log_e y - \log_e y_0) dy$$

$$= \frac{2 u_*}{a^2 \kappa} \left[a(y \log_e y - y) - ay \log_e y_0 - \frac{y^2}{2} \log_e y + \frac{1}{4} y^2 + \frac{y^2}{2} \log_e y_0 \right]_0^a$$

$$= \frac{2 u_*}{a^2 \kappa} \left(\frac{a^2}{2} \log_e \frac{a}{y_0} - \frac{3}{4} a^2 \right) = u_* \left(\frac{1}{\kappa} \log_e \frac{a}{y_0} - \frac{3}{2\kappa} \right)$$

ただし,

$$(y \log_e y)_{y \to 0} = \left(\frac{\log_e y}{y^{-1}} \right)_{y \to 0} = \left(\frac{\frac{1}{y}}{-y^{-2}} \right)_{y \to 0} = (-y)_{y \to 0} = 0$$

$$\therefore \quad \frac{V}{u_*} = -\frac{1.5}{\kappa} + \frac{1}{\kappa} \log_e \frac{a}{y_0} \quad (2)$$

故に平均流速と中心速度との関係は, $\kappa = 0.4$ とおくと（1）,（2）式より

$$\frac{V - u_0}{u_*} = -\frac{1.5}{\kappa} = -3.75$$

となる. 上式において

$$u_* = \sqrt{gRI} = \sqrt{9.8 \times \frac{0.4}{4} \times 0.01} = 0.099 \, \text{m/sec}$$

であるから　$V = u_0 - 3.75 \, u_* = 1.82 - 3.75 \times 0.099 = 1.45 \, \text{m/sec}$

$$\therefore \quad Q = AV = \pi \times (0.2)^2 \times 1.45 = 0.182 \, \text{m}^3/\text{sec}$$

〔**類 題**〕　　河川あるいは開水路流れの平均速度を求めるのに, 水深の 8 割の点と 2 割の点の流速を測定し, その平均値を用いることがよく行なわれる（2 点法）. 流速が対数分布法則に従うと仮定して 2 点法の精度を検討せよ.

略解　　底より水深の 2 割, 8 割の点の流速を $u_{0.2}$, $u_{0.8}$ とすると,（3・47）式より $\kappa = 0.4$ として

$$\frac{u_{0.2} + u_{0.8}}{2 u_*} = \frac{1}{2\kappa} \left(\log_e \frac{0.2 \, h}{y_0} + \log_e \frac{0.8 \, h}{y_0} \right)$$

$$= \frac{5.75}{2}(\log_{10}0.2+\log_{10}0.8)+5.75\log_{10}\frac{h}{y_0} \qquad (1)$$

平均流速を V とすると

$$\frac{V}{u_*}=\frac{1}{hu_*}\int_0^h u\,dy=\frac{1}{h}\int_0^h\frac{1}{\kappa}\log_e\frac{y}{y_0}dy=-\frac{1}{\kappa}+\frac{1}{\kappa}\log_e\frac{h}{y_0}$$

$$=-2.5+5.75\log_{10}\frac{h}{y_0} \qquad (2)$$

（1），（2）両式より

$$1-\frac{u_{0.2}+u_{0.8}}{2V}=\left(\frac{V}{u_*}-\frac{u_{0.2}+u_{0.8}}{2u_*}\right)\frac{u_*}{V}$$

$$=\left\{-2.5-\frac{5.75}{2}(\log_{10}0.2+\log_{10}0.8)\right\}\frac{u_*}{V}=-0.21\frac{u_*}{V}$$

となる．開水路や河川では u_*/V の値は 1/10〜1/20 程度のことが多い．したがって
2点法の誤差は 1〜2% であって，かなりよい精度をもつといえよう．

【3・43】*　**層流底層**　壁面が滑ら
かな管あるいは開水路の乱流において
は，対数分布法則が図 - 3・60 に示し
たように，壁面のごく近傍では実験と
合わなくなる．これは壁面に沿って層
流状態のきわめて薄い層（層流底層，
Laminar sublayer）が存在するためと考
えられる．層流底層内の速度分布およ
び層の厚さを求めよ．

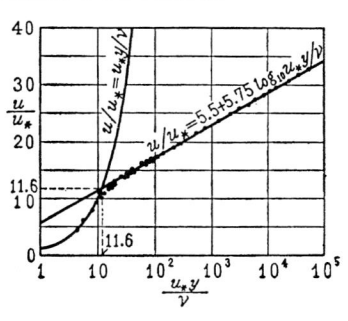

図 - 3・60

解　壁面のごく近傍では，乱れは壁面に制限されて小さく，したがって
レイノルズ応力が無視され，剪断応力は分子粘性による応力に等しい層が存
在する．この層内では　$\tau \fallingdotseq \tau_0 = \mu\dfrac{du}{dy}$．

壁面 $y=0$ で $u=0$ であるから，速度分布は上式を積分して

$$\frac{u}{u_*}=\frac{\tau_0\,y}{\mu\,u_*}=\frac{\tau_0\,u_*\,y}{\mu\,u_*{}^2}=\frac{\tau_0\,u_*\,y}{\mu\,\tau_0/\rho}=\frac{u_*\,y}{\nu} \qquad (1)$$

となる．層流底層の厚さ δ は図 - 3・60 において，流れの大部分において成
り立つ対数分布（3・49）式の第一式と（1）式との交点で定義される．故に
$\dfrac{u_*\,y}{\nu}=5.5+5.75\log_{10}\dfrac{u_*\,y}{\nu}$ を満足する y を δ_L とすると，$\dfrac{u_*\,\delta_L}{\nu}=$

11.6 となることが試算的に求められる.

〔**類　題**〕　　動水コウ配 1/100, 管径 20 cm の円管に水が流れるときの層流底層の厚さ δ_L を求めよ.

略解　$u_* = \sqrt{g\dfrac{D}{4}I} = \sqrt{\dfrac{980 \times 20 \times 1/100}{4}} = 7.0\,\text{cm/sec}$

$\delta_L = 11.6\dfrac{\nu}{u_*} = 11.6 \times \dfrac{0.01}{7.0} = 0.0166\,\text{cm}$

（註）　層流底層の厚さはこの例のように極めて薄い層であるから, 平均流速の計算には考慮する必要はないが, 壁面の性質を規定する上に重要な役割をもっている. すでに (3・49) 式において A は粗度のレイノルズ数 $u_* k/\nu$ の関数であることを示したが, その物理的な意味は次のようである.

（1）　k が δ_L より小さいときには, 粗度は層流底層の中に埋没して粗度の影響はあらわれない（滑面）.

（2）　k が δ_L より十分大きく, 粗度が層流底層より突出してこれを完全に破壊している場合には, 粘性（Reynolds 数）の影響はあらわれない（粗面）.

（3）　両者の中間領域においては, k も δ_L もともに影響する（遷移領域）.

【**3・44**】　　径 10 cm の鋳鉄管に動水コウ配 0.012 のもとに, 温度 20°C の水を流すときの流量を求めよ. ただし, $k = 0.25\,\text{mm}$ とする.

解　　相当粗度が与えられているので, Colebrook の式を用いる問題である. 管内流速 V は (3・45) 式で $R = D/4$ とおいて

$$V = \sqrt{\dfrac{2}{f}}\sqrt{gDI} \tag{1}$$

（1）式における f は Colebrook の式 (3・51) 式を用いて

$$\frac{1}{\sqrt{f}} = 1.74 - 2\log_{10}\left(\frac{2k}{D} + \frac{18.7}{R_e\sqrt{f}}\right) \tag{2}$$

よりきまるが, $R_e\sqrt{f}$ を変形すると

$$R_e\sqrt{f} = \frac{VD}{\nu}\frac{\sqrt{2gDI}}{V} = \frac{\sqrt{2gI}\,D^{\frac{3}{2}}}{\nu}.$$

与えられた数値　$D = 0.1\,\text{m}$,　$k = 0.25 \times 10^{-3}\,\text{m}$,　$\nu = 1.01 \times 10^{-6}\,\text{m}^2/\text{sec}$ (20°C), $I = 0.012$ を入れると

$$R_e\sqrt{f} = \frac{\sqrt{2gI}\,D^{\frac{3}{2}}}{\nu} = \frac{\sqrt{2 \times 9.8 \times 0.012}\,(0.1)^{\frac{3}{2}}}{1.01 \times 10^{-6}} = 1.518 \times 10^4$$

故に（2）式に各数値を入れると

$$\frac{1}{\sqrt{f}} = 1.74 - 2\log_{10}\left(\frac{2\times0.25\times10^{-3}}{0.1} + \frac{18.7}{1.518\times10^4}\right)$$

$$= 1.74 - 2\log_{10}(5\times10^{-3} + 1.231\times10^{-3}) = 6.15$$

これより $f = 0.0264$, 故に（1）式より

$$V = \sqrt{\frac{2}{0.0264}}\sqrt{9.8\times0.1\times0.012} = 0.944\,\text{m/sec}$$

$$Q = \frac{\pi}{4}D^2V = 7.42\,l/\text{sec}$$

問　　題　（17）

（1）　図のようなコンクリート水路を流量
7.05 m³/sec の水が流れている。　a)　潤辺に
おける平均の剪断応力, 　b)　摩擦損失係数を
求めよ. ただし, 水路の底コウ配は 1/820 とす
る.

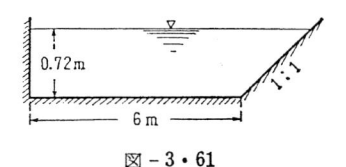

図 – 3・61

答　a)　0.722 kgf/m²　　b)　$f = 0.0239$

（2）　Colebrook の式 $\dfrac{1}{\sqrt{f}} = 1.74 - 2\log_{10}\left(\dfrac{2k}{D} + \dfrac{18.7}{R_e\sqrt{f}}\right)$ において, 括弧内
の $2k/D$ の値が $18.7/R_e\sqrt{f}$ の値の 20 倍をこえるときには完全に粗い管とみなさ
れ, 1/20 より小さい場合には滑らかな管とみなしうることにする. 径 $D = 1$ m, 相
当粗度 $k = 0.2$ mm の管に水が流れるとき, a)滑管とみなし得る最大の摩擦速度,
b)　完全粗管とみなし得る最小の摩擦速度はいくらか.

答　a)　0.083 cm/sec　　　b)　33.1 cm/sec

3・9　1次元の運動方程式とベルヌイの定理

管内の流れにおいて, 長さ ds の微小部
分に働く力は, 側面にそって $\tau_0 S\,ds$（S:
潤辺）なる摩擦力が流れと逆方向に作用す
る他は完全流体の場合と変わらない. した
がって摩擦抵抗を考慮した管内の流れの運
動方程式は次式

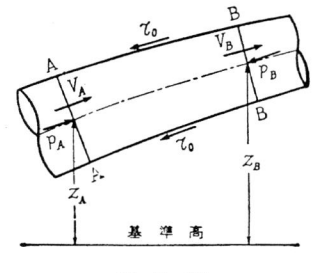

図 – 3・62

$$\frac{1}{g}\frac{\partial V}{\partial t}+\frac{\partial}{\partial s}\left(\alpha\frac{V^2}{2g}+z+\frac{p}{w}\right)=-\frac{\tau_0}{wR} \tag{3・52}$$

で表わされ，完全流体における1次元のオイラーの運動方程式に摩擦による項が新たに加わったものである．なお，上の式の α は流速分布が一様でないための補正値でその値は1に近い．

定常状態を考えると，$\alpha\dfrac{V^2}{2g}+z+\dfrac{p}{w}$ は比エネルギーであるから，上の式は壁面の剪断応力のためにエネルギーが流れ方向に減少してゆき，かつ単位長さあたりの損失が τ_0/wR に等しいことを示している．　また，2点 A, B の間で積分すると

$$\left(\frac{\alpha V_A{}^2}{2g}+z_A+\frac{p_A}{w}\right)-\left(\frac{\alpha V_B{}^2}{2g}+z_B+\frac{p_B}{w}\right)=\int_A^B\frac{\tau_0}{wR}\,ds=H_f \tag{3・53}$$

が得られる．ここに，H_f は A, B 間の摩擦損失水頭である．

流れが等流とみなされる場合には，$\tau_0=wRI$（前節 3・43 式）であるから，(3・44) 式および (3・53) 式から摩擦損失水頭は

$$H_f=\frac{\tau_0 l}{\rho g R}(=I l)=\frac{\frac{1}{8}lfV^2}{gR}=f\frac{l}{4R}\frac{V^2}{2g} \tag{3・54}$$

とくに円管では

$$H_f=f\frac{l}{D}\frac{V^2}{2g} \tag{3・55}$$

となる．ここに，l は A, B 2点間の長さである．

管路の2点 A, B におけるエネルギー保存の原理は，AB 間の摩擦によるエネルギー損失を H_f，局部的な渦の発生によるエネルギー損失を H_v，ポンプ等によって加えられるエネルギーを H_a，水車などに水から供給されるエネルギーを H_T とすると，一般的に

$$\alpha\frac{V_A{}^2}{2g}+z_A+\frac{p_A}{w}+H_a-H_f-H_v-H_T=\alpha\frac{V_B{}^2}{2g}+z_B+\frac{p_B}{w} \tag{3・56}$$

ここに，$H_f+H_v=H_l$ を損失水頭 (Loss of head) とよぶ．上の式は (3・9) 式なるベルヌイの式の一般化に相当するものであるが，水理学においてはやはりベルヌイの定理とよぶ．

（注意）　前節までは $E=V^2/2g+z+p/w$ としてきたが，厳密には速度水頭の項に補正係数 α を導入して，$E=\alpha V^2/2g+z+p/w$ となる．しかし，α はほとん

ど 1 に近いので，本書ではとくに断わらない限り $\alpha = 1$ とおく．

例　　題　(19)

【3・45】　径 16 cm，長さ 300 m の円管で A 点より 8.7 m 高い B 点に水を送る．管壁における剪断応力が 0.337 kgf/m² のとき，A，B 2 点間の圧力差および損失水頭を求めよ．

解　(3・53) 式すなわち

$$\frac{\left(\dfrac{p_A}{w}+z_A\right)-\left(\dfrac{p_B}{w}+z_B\right)}{l} = \frac{\tau_0}{wR} = \frac{H_f}{l} \quad より$$

$$\frac{p_A}{w}-\frac{p_B}{w} = \frac{\tau_0}{wR}l+(z_B-z_A) = \frac{0.337}{1000\times\dfrac{0.16}{4}}\times 300+8.7$$

$$= 2.53+8.7 = 11.23 \text{ m}$$

$$\therefore \quad p_A-p_B = \underline{11.23 \text{ tf/m}^2} \ (=110.1 \text{ kN/m}^2 : \text{SI 単位})$$

摩擦損失水頭　$H_f = \dfrac{p_A}{w}-\dfrac{p_B}{w}-(z_B-z_A) = 11.23-8.70 = \underline{2.53 \text{ m}}$

〔**類　題** 1〕　図-3・63 のような A，B 2 水槽を直径 2″，長さ 120 m の管で連絡したときの流量はいくらか．ただし，両水槽の水位差を 5 m，$f = 0.020$ とする．

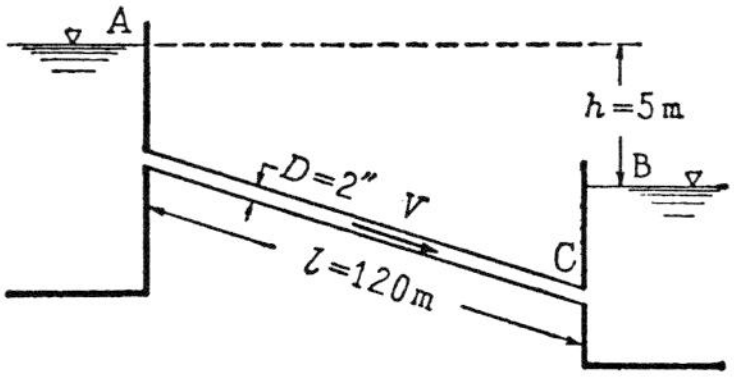

略解　A，B 水槽の水表面にベルヌイの式を適用すると，管内流速を V として

図 - 3・63

$$\left(\frac{V_A{}^2}{2g}+z_A+\frac{p_A}{w}\right)-\left(\frac{V_B{}^2}{2g}+z_B+\frac{p_B}{w}\right) \fallingdotseq z_A-z_B = h = f\frac{l}{D}\frac{V^2}{2g}+H_v$$

H_v として第 4 章 4.1.3 の出口損失を考慮すると　$H_v = \zeta_0 V^2/2g \fallingdotseq V^2/2g$

$$V = \sqrt{\frac{2gh}{1+f\,l/D}} = \sqrt{\frac{2\times 9.8\times 5}{1+0.02\times\dfrac{120}{0.0508}}} = 1.425 \text{ m/sec}$$

$$Q = \frac{\pi}{4}D^2 V = 0.00289 \text{ m}^3/\text{sec} = \underline{2.89 \ l/\text{sec}}$$

なお，A と C 点との間にベルヌイの式を用いてもよい．

〔**類　題** 2〕　類題 1 において B 水槽がなく，A 水槽の水面より 5 m 低いと

ころで水が大気中に放出されている場合の流量を求めよ.

　〔ヒント〕　　A水槽と管末にベルヌイの定理を適用する. 結果は類題 1. と全く同じである.

　【3・46】　図 - 3・64 のように, A水槽の側面から直線的に拡大している水平管を通じて水が流出している. 管の入口の径は 2″, 出口の径は 4″, 管の長さは 10 m, 水槽水面より管の中心までの距離は 2.5 m である. 管の摩擦損失係数を近似的に一定とみなし, $f = 0.032$ とすると流量はいくらか.

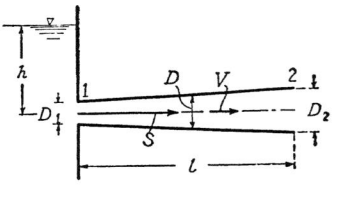

図 - 3・64

　解　　入口・出口の値に添字 1, 2 をつけ図の記号を用いる. 管の中心を基準として水槽水面Aと出口との間にベルヌイの式を適用すると, 出口断面では圧力水頭, 位置水頭は共に 0 であるから, (3・53), (3・55) 式より

$$h = \frac{V_2{}^2}{2g} + 0 + 0 + \int_0^l \frac{\tau_0}{wR} ds = \frac{V_2{}^2}{2g} + \int_0^l f \frac{1}{D} \frac{V^2}{2g} ds \qquad (1)$$

入口断面から管中心線に沿って測った座標を s とすると, s 点における管径は $D/D_1 = 1 + a s/l$, ここに $a = D_2/D_1 - 1$

連続の式は　$V = V_2 \left(\frac{D_2}{D}\right)^2 = V_2 \left(\frac{D_2}{D_1}\right)^2 \left(\frac{D_1}{D}\right)^2$

$$\therefore \int_0^l f \frac{1}{D} \frac{V^2}{2g} ds = f \frac{V_2{}^2}{2g} \int_0^l \frac{1}{D} \left(\frac{D_2}{D_1}\right)^4 \left(\frac{D_1}{D}\right)^4 ds$$

$$= f \frac{V_2{}^2}{2g} \frac{l}{D_1} \left(\frac{D_2}{D_1}\right)^4 \int_0^l \left(\frac{D_1}{D}\right)^5 \frac{ds}{l}$$

ここで $s/l = x$ とおけば

$$\int_0^l \left(\frac{D_1}{D}\right)^5 \frac{ds}{l} = \int_0^1 \left(\frac{D_1}{D}\right)^5 dx = \int_0^1 \frac{dx}{(1+ax)^5} = \frac{1}{4a} \left[\frac{-1}{(1+ax)^4}\right]_0^1$$

$$= \frac{1}{4a} \left\{1 - \frac{1}{(1+a)^4}\right\}$$

故に　$\int_0^l f \frac{1}{D} \frac{V^2}{2g} ds = \frac{V_2{}^2}{2g} f \frac{l}{D_1} \left(\frac{D_2}{D_1}\right)^4 \frac{1}{4a} \left\{1 - \frac{1}{(1+a)^4}\right\}$ 　(2)

（2）式を（1）式に代入して

$$h = \frac{V_2{}^2}{2g} \left[1 + f \frac{l}{D_1} \left(\frac{D_2}{D_1}\right)^4 \frac{1}{4a} \left\{1 - \frac{1}{(1+a)^4}\right\}\right] \qquad (3)$$

題意の数値　$h = 2.5\,\mathrm{m}$,　$D_1 = 2 \times 0.0254 = 0.0508\,\mathrm{m}$,　$l = 10\,\mathrm{m}$,　$D_2/D_1 = 2$,　$a = D_2/D_1 - 1 = 1$,　$f = 0.032$　を代入すると

$$V_2 = \sqrt{\dfrac{2gh}{1+f\dfrac{l}{D_1}\left(\dfrac{D_2}{D_1}\right)^4 \dfrac{1}{4a}\left\{1-\dfrac{1}{(1+a)^4}\right\}}}$$

$$= \sqrt{\dfrac{2\times 9.8 \times 2.5}{1+0.032\times\dfrac{10}{0.0508}\times 2^4 \times \dfrac{1}{4}\left(1-\dfrac{1}{2^4}\right)}} = 1.410\,\mathrm{m/sec}$$

$$Q = \frac{\pi}{4}D_2{}^2 V_2 = 0.0114\,\mathrm{m^3/sec}$$

問　　題　（18）

（1）　大きな貯水池から内径 15 cm，全長 1500 m の鉄管で水を大気中に放出する．管の出口が貯水池の水面から 12 m 下にあるとすると，管内を流れる流速はいくらか，ただし，摩擦損失係数を 0.027 とする.

答　0.932 m/sec

（2）　二つの大きな貯水池を内径 50 cm，全長 800 m の鉄管で連絡したところ，0.4 m³/sec の流量が流れたとする．両貯水池の水面差はいくらであるか．ただし，摩擦損失係数を 0.022 とする.

答　7.66 m

（3）　貯水池 A から直径 60 cm の管路によって，別の貯水池 B に $Q = 0.52\ \mathrm{m^3/sec}$ の割合で送水しようとする．両貯水池の水位差が 110 m，管の長さが 5000 m．摩擦損失係数 $f = 0.028$ のとき，必要なポンプの馬力を求めよ．ただし，ポンプの効率 $\eta = 0.72$ とするとき，ポンプの必要馬力はポンプによって加えられるエネルギーを H_p (m) とすると　$\dfrac{1000\,Q\,H_p}{75\,\eta}$ (HP) にて計算する.

答　1449 HP

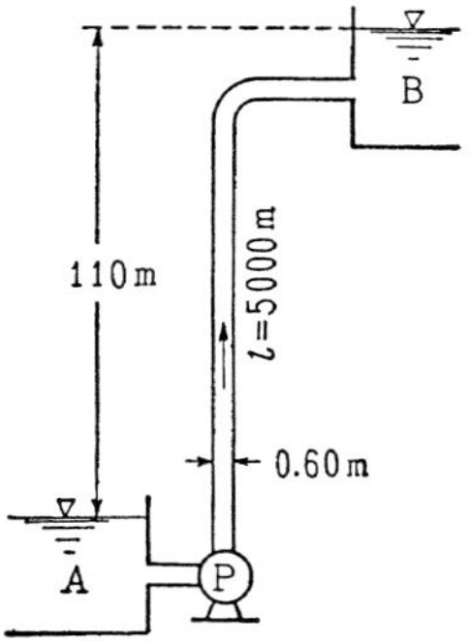

図 - 3・65

128

第4章　管水路の水理

4・1　エネルギー損失

4・1・1　平均流速公式と摩擦損失係数

前の章でのべたように，管水路の流れでは摩擦損失係数を f, 径深を R, 動水コウ配を I とすると，平均流速 V は[*]

$$V = \sqrt{\frac{8}{f}} \sqrt{gRI} \qquad (4\cdot1)$$

また管路の長さを l とすると，摩擦損失水頭 h は $h = lI$ であるから

$$h = f \frac{l}{4R} \frac{V^2}{2g} \qquad (4\cdot2)$$

とくに，円管においては $R = D/4$ より

$$h = f \frac{l}{D} \frac{V^2}{2g} \qquad (4\cdot3)$$

これらの式における f は相対粗度 k/R と流れの Reynolds 数の関数であって，合理的な式としては Colebrook の式（$3\cdot51$）などが提案されているが，これらの式は複雑であって実際の管路の計算には若干不便である．一方，平均流速公式や摩擦損失係数については，古くから多くの実験が行われ，指数公式を始めとしておびただしい実験公式が提案されている．そのうち，現在使われている代表的な公式を列挙すると次のとおりである．

（a）　**指数公式**　$V = CR^m I^n$ の基本形を持つもので，表-1 の各式が主として用いられる（いずれも m・sec 単位である）．

表-1 の式の中で，実際計算にあたって最も重用される公式は Manning の式と Hazen-Williams の式（$H-W$ 式）であって，前者は Reynolds 数および相対粗度が大きい粗面上の流れに対してよい精度をもつ．また Hazen-Williams の式は粗滑遷移領域の流れに適しており，上水道における送配水用管の計算によく用いる．なお，両式における粗度係数 n および C_H は表-4・2 のような値をもつ．また図-4・1 は $H-W$ 式の計算図表であっ

---

[*]　第3章8節（$3\cdot45$）式参照

表 - 4・1　損失係数公式表

式名	公式	式番号	f	f（円形断面）
Chézy	$V = C\sqrt{RI}$	(4.4)	$8g/C^2$	$8g/C^2$
Manning	$V = \dfrac{1}{n}R^{\frac{2}{3}}I^{\frac{1}{2}}$	(4.5)	$8gn^2/R^{\frac{1}{3}}$	$12.7\,gn^2/D^{\frac{1}{3}}$
Forchheimer	$V = \dfrac{1}{n_F}R^{0.7}I^{0.5}$	(4.6)	$8gn_F^2/R^{0.4}$	$13.93\,gn_F^2/D^{0.4}$
Hazen-Williams	$V = C'R^{0.63}I^{0.54} = 0.849\,C_HR^{0.63}I^{0.54}$	(4.7)	$8g/R^{0.167}C'^{1.85}V^{0.15}$	$10.08\,g/D^{0.167}C'^{1.85}V^{0.15}$

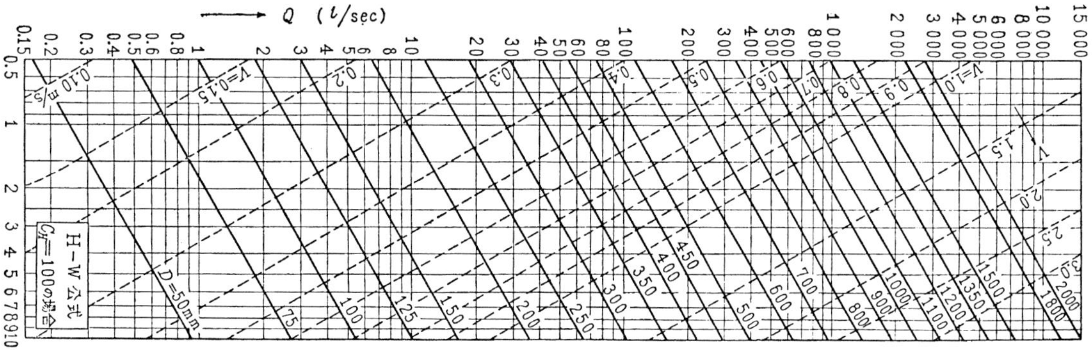

図 - 4・1

て，$C_H = 100$ の場合の V, Q, D および I の相互関係を示すものである．

表 - 4・2　粗 度 係 数 表

材料および潤辺の性質	n	C_H
鋳　　鉄　　管　　新	0.012～0.013	130
旧	0.015	100
鋲　綴　鋼　管　　新	0.013	110
旧	0.017	95
真鍮・鉛・ガ ラ ス 管	0.009～0.013	140～150
コ ン ク リ ー ト 管	0.012～0.016	120～140
平 滑 な 木 管，木 樋	0.011～0.014	120
土　　　　　　　　管	0.010～0.016	110

（b）　**古典的な公式**　　Ganguillet-Kutter の式：$V = C\sqrt{RI}$ において

$$C = \frac{23 + \dfrac{1}{n} + \dfrac{0.00155}{I}}{1 + \left(23 + \dfrac{0.00155}{I}\right)\dfrac{n}{\sqrt{R}}}$$

n は Manning の粗度係数と同じで，この式は下水管渠の設計に用いられている．

　　Darcy の式　　　$f = 0.0199 + \dfrac{0.000508}{D}$

　　Weston の式　　　口径 13～90 mm の滑らかな管に対して作られた実験式で，給水管の計算に用いられている．

$$f = 0.0126 + \frac{0.01739 - 0.1087\,D}{\sqrt{v}} \tag{4・8}$$

（c）　**f を相対粗度と Reynolds 数の関数として表わす式**　　これらの式は合理的である反面，計算が多少複雑である．この欠点を除くため，市販の管に対して精度のよい Colebrook の式については Moody 線図*（f を縦軸，R_e を横軸とし，k/D をパラメーターとする）が作られている（図 - 4・2）．また相当粗度 k の値は表 - 4・3 に示してある．$R_e = VD/\nu$ とすると

　　Mises の式　　　$f = 0.0096 + 4\sqrt{\dfrac{k}{D}} + 1.70\dfrac{1}{\sqrt{R_e}}$

　　Biel の式　　　$f = 0.00942 + \sqrt{\dfrac{k}{100\,D}} + \dfrac{3.9}{R_e}\sqrt{\dfrac{100\,D}{k}}$

---

*）　L. F. Moody : Friction Factors for Pipe Flow, Trans. A. S. M. E., Nov. 1944

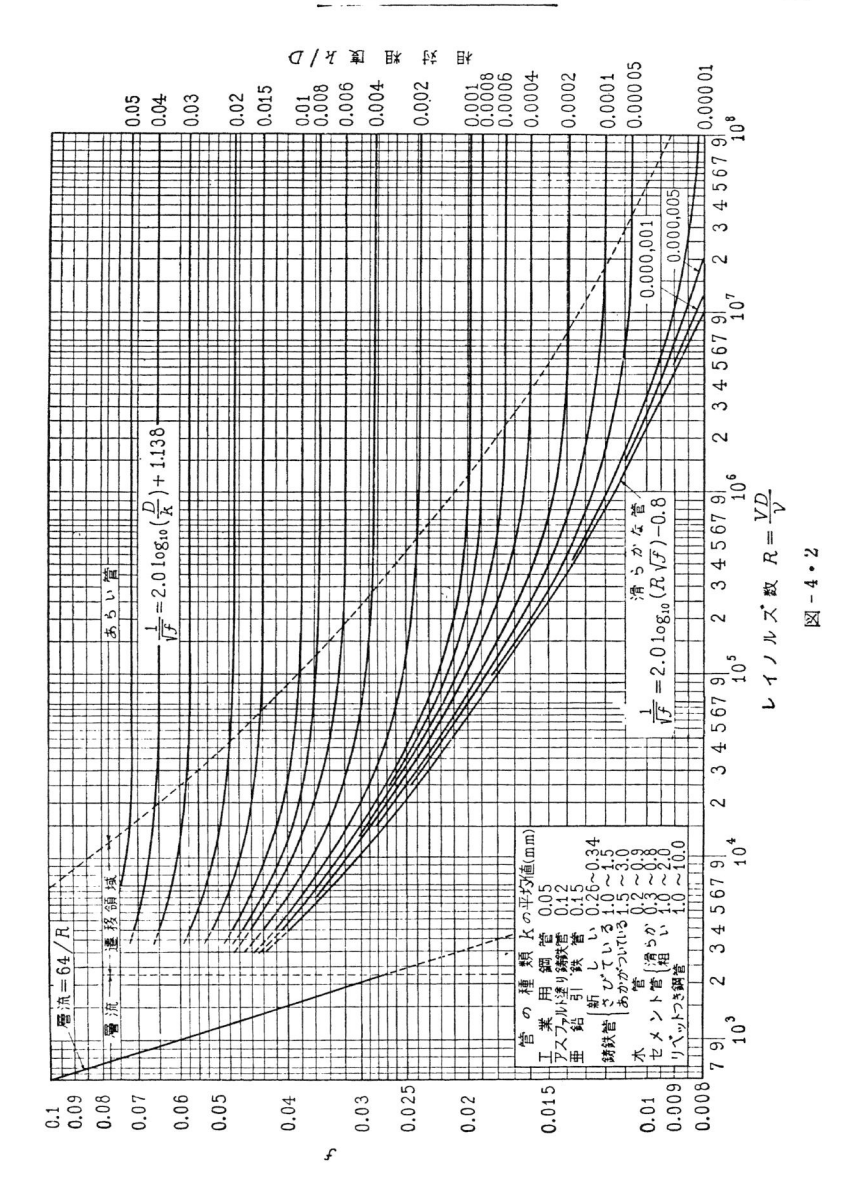

図-4・2

Colebrook の式　　$\dfrac{1}{\sqrt{f}} = 1.74 - 2\log_{10}\left(\dfrac{2k}{D} + \dfrac{18.7}{Re\sqrt{f}}\right)$　　　　(4・9)

（d）　Harrisの式 *(1949)　　Harris は多くの実験結果を整理して，標準の管直径 $D_s = 500$ mm の管の摩擦損失係数 f は図 - 4・3 のように，滑らかな管に対して成り立つ式 $f = 0.0061 + 0.55\,Re^{-\frac{1}{3}}$ （b 曲線）の一部と，Re 数に無関係で壁面の状態によってきまる一定値 f_R の a 直線で表わされる

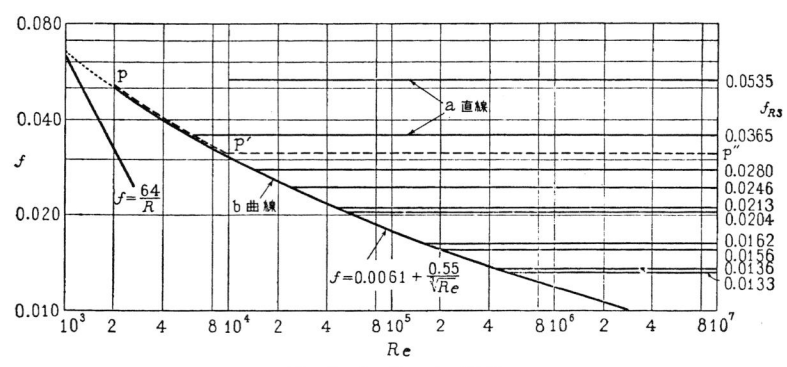

図 - 4・3　Harris 図表

表 - 4・3

管　　の　　種　　類	相当粗度 k (mm)	管　　の　　種　　類	f_{RS}
工　業　用　鋼　管	0.05	錆　の　多　い　鋲　打　鋼　管	0.0535
アスファルト塗り鋳鉄管	0.12	強　く　錆　び　た　鋳　鉄　管	0.0365
亜　鉛　引　鉄　管	0.15	接目のあるセメント管	0.0280
鋳鉄管 〈新しい	0.26〜0.34	上　水　道　用　の　鋳　鉄　管	0.0246
錆びている	1.0〜1.5	陶　器　製　の　下　水　管	0.0213
あかがついている	1.5〜3.0	新　し　い　鋳　鉄　管	0.0204
木　　　　　　　　管	0.2〜0.9	鍛　　　鉄　　　管	0.0162
セメント管 〈滑らか	0.3〜0.8	接目なしセメント管	0.0156
粗　い	1.0〜2.0	長　時　間　使　用　し　た　木　管	0.0136
リ　ベ　ッ　ト　付　き　鋼　管	1.0〜10.0	メタルコンを付けた錆びない鋼管	0.0133

---

*) 　C.W. Harris: An Engineering Concept of Flow in Pipes, Proc. A.S.C.E., Vol. 75, 1949, p. 555

ことを見出し, f_{Rs} に対して表 - 4・3 の数値を与えた.

標準直径 D 以外の管については, 同一表面状態の f_R を用いて

$$f = 0.0061 + (f_R - 0.0061)/\sqrt[3]{D/D} \tag{4・10}$$

を計算し, この f をもつ水平線と b 曲線 (滑らかな場合) との交点 p' を求める. f は図 - 4・3 における b 曲線の一部 pp' と (4・10) を表わす $p'p''$ で与えられる.

例　　題　(20)

【4・1】　断面積 A をもつ円形と正方形の管路に, 同一の動水コウ配で水を流すときの流量を比較し, さらに同じ断面積 A をもつ管の中では円形断面が最も大きな流量を流しうることを示せ. ただし, 管の品質は同じとしManning 式を用いる.

解　Manning 式では

$$Q = AV = \frac{1}{n} A R^{\frac{2}{3}} I^{\frac{1}{2}} \tag{1}$$

円形では $R_1 = \dfrac{D}{4} = \dfrac{1}{2} \sqrt{\dfrac{A}{\pi}}$, 一辺長 a の正方形では $R_2 = \dfrac{a}{4} = \dfrac{\sqrt{A}}{4}$

$$\therefore \quad \frac{Q(\text{円　形})}{Q(\text{正方形})} = \left(\frac{R_1}{R_2}\right)^{\frac{2}{3}} = \left(\frac{2}{\sqrt{\pi}}\right)^{\frac{2}{3}} = \underline{1.083}$$

次に (1) 式を書き直すと $Q = \dfrac{1}{n} A \left(\dfrac{A}{S}\right)^{\frac{2}{3}} I^{\frac{1}{2}}$. ところが一定の A に対して, A を包む周辺すなわち潤辺 S を最小にするような断面形は円形であるから, 最大流量は円管で得られることがいえる.

【4・2】　Manning 式の粗度係数 n と摩擦損失係数 f との関係を円管に対して求めよ.

解　Manning 式および f の定義の式 (4・1) より

$$V = \frac{1}{n} R^{\frac{2}{3}} I^{\frac{1}{2}} = \sqrt{\frac{8}{f}} \sqrt{gRI}$$

$$\therefore \quad f = \frac{8gn^2}{R^{1/3}} = \frac{12.7gn^2}{D^{1/3}} \qquad \left(\because \text{円形断面では } R = \frac{D}{4}\right)$$

または　$V = \dfrac{1}{n} \left(\dfrac{D}{4}\right)^{\frac{2}{3}} I^{\frac{1}{2}}$

一方 $h = f\dfrac{l}{D}\dfrac{V^2}{2g}$ より $I = f\dfrac{1}{D}\dfrac{V^2}{2g}$

$$\therefore V = \sqrt{\dfrac{2gDI}{f}} = \dfrac{1}{n}\left(\dfrac{D}{4}\right)^{\frac{2}{3}}I^{\frac{1}{2}}$$

これより f を求めてもよい.

【4・3】 直径 40 cm の新しい鋳鉄管に $I = 1/100$ で水を流すときの流量を，Manning, Hazen-Williams, Colebrook および Harris の各式を用いて計算せよ.

解 a) Manning 式: $V = \dfrac{1}{n}R^{\frac{2}{3}}I^{\frac{1}{2}}$ において，新鋳鉄管であるから表-4・2 より $n = 0.013$ をとる．また $R = D/4 = 0.1$ m

$$\therefore V = \dfrac{1}{0.013}(0.1)^{\frac{2}{3}}\left(\dfrac{1}{100}\right)^{\frac{1}{2}} = \dfrac{1}{0.013}\times0.215\times0.1 = 1.656 \text{ m/sec}$$

$$Q_M = \dfrac{\pi}{4}D^2V = \dfrac{\pi}{4}\times0.4^2\times1.656 = \underline{0.208 \text{ m}^3\text{/sec}}$$

b) H-W 式: 表-4・2 より $C_H = 130$ にとると

$$V = 0.849 C_H R^{0.63}I^{0.54} = 0.849\times130\times(0.1)^{0.63}\times\left(\dfrac{1}{100}\right)^{0.54}$$

$$= 2.15 \text{ m/sec} \qquad \underline{Q = 0.270 \text{ m}^3\text{/sec}}$$

H-W 式によると V の計算はちょっと面倒であるが，その概略値は図-4・1 を用いて容易に求めることができる．(4・7) 式を $Q = \dfrac{\pi}{4}D^2V$ に代入した流量の式 $Q = 0.279 C_H D^{2.63}I^{0.54}$ において，$C_H = 100$ の場合の計算図表は図-4・1 に与えられている．したがって横座標 $I = 10$ (‰)* と斜線 $D = 400$ mm に対応する流量 Q_0 は，$Q_0 \fallingdotseq 210$ l/sec = 0.210 m³/sec. 故に求める Q は $\dfrac{Q}{Q_0} = \dfrac{C_H}{100}$ より $Q = 0.210\times\dfrac{130}{100} = 0.273$ m³/sec

（注意） 上記の Manning, H-W 式などの平均流速公式は m・sec 単位であるから，管径が cm あるいは mm 単位で与えられているときには，必ず m 単位に直さねばならない．

c) Colebrook の式 : 新しい鋳鉄管であるから相当粗度 k は表-4・3 より $k = 0.3$ mm，したがって相対粗度は $k/D = 0.3/400 = 0.75\times10^{-3}$.

*) ‰ はパーミルで1パーミルは 1/1000

この問題では流量，流速が未知でレイノルズ数が分らないので，一応粗い領域にあるものと仮定する．図 - 4・2 において $k/D = 0.0006$ と 0.0008 の f を示す直線から内挿して，$f \fallingdotseq 0.0184^{*}$.

故に V の第一近似値は

$$V = \sqrt{\frac{8}{f}gRI} = \sqrt{\frac{2}{f}gDI} = \sqrt{\frac{2\times9.8\times0.4\times1\times10^{-2}}{0.0186}}$$
$$= 2.06\,\text{m/sec}$$

このときのレイノルズ数は $\nu = 1\times10^{-6}\,\text{m}^2/\text{s}$（温度 20°C）として

$$VD/\nu = 2.06\times0.4\times10^6 = 8.2\times10^5$$

$VD/\nu = 8.2\times10^5$ と $k/D = 0.00075$ との交点は粗領域より僅かにずれているが，その値は粗領域のものと図上では判別できない程度まで一致している．したがって初めに仮定した $f = 0.0184$ および計算値 $V = 2.06\,\text{m/sec}$ は正しい．故に

$$Q = VA = 2.05\times\frac{\pi}{4}\times(0.4)^2 = \underline{0.259\,\text{m}^3/\text{sec}}$$

d)　　Harris の式：新鋳鉄管の f_{RS} は表 - 4・3 より 0.0204. 故に $D = 0.4\,\text{m}$ 管の粗領域における f の値は（4・10）式より

$$f = 0.0061+(f_{RS}-0.0061)\Big/\sqrt[3]{\frac{D}{D_s}} = 0.0061$$
$$+(0.0204-0.0061)\Big/\sqrt[3]{\frac{0.4}{0.5}} = 0.0215$$

故に　$V = \sqrt{\frac{2}{f}gDI} = \sqrt{\frac{2\times9.8\times0.4\times10^{-2}}{0.0215}} = 1.91\,\text{m/sec}$

また流れの Reynolds 数は $\nu = 1.0\times10^{-6}\,\text{m}^2/\text{s}$ として

$$R_e = VD/\nu = 1.91\times0.4\times10^6 = 7.65\times10^5.$$

上の V の値は粗領域にあると仮定して得られたものであるから，この仮定が妥当であるか否かを検討する．図 - 4・3 の b 曲線（$f = 0.0061+0.55\,R_e^{-\frac{1}{3}}$）と $f = 0.0215$ の交点 P における Reynolds 数 R_u は

---

*)　これは（4・9）式において $R_e \to \infty$ とおいた式，　$\dfrac{1}{\sqrt{f}} = 1.74 - 2\log_{10}\Big(\dfrac{2k}{D}\Big)$ より f を計算することにあたる．

$$R_u = \left[\frac{0.55}{f-0.0061}\right]^3 = \left[\frac{0.55}{0.0215-0.0061}\right]^3 = 4.55 \times 10^4$$

したがって $R_e > R_u$ であるから，この流れは粗領域に属し $V = 1.91\,\mathrm{m/sec}$ は正しい．故に $\underline{Q = 0.240\,\mathrm{m^3/sec}}$．

【4・4】 　直径 40 cm の鋳鉄管に流量 $0.23\,\mathrm{m^3/sec}$ の水を試験的に流したときの動水コウ配は 1.2×10^{-2} であった．これと同じ管を用いて水面差 3.5 m の両水槽をつないだときの流量

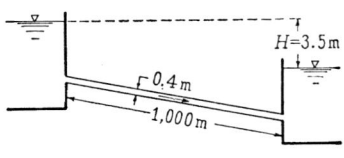

図 - 4・4

を，Manning, Hazen-Williams および Colebrook の各式を用いて計算せよ．ただし，管の長さは 1000 m で摩擦損失だけを考えるものとする．

解 　a）　Manning 式：$V = \dfrac{1}{n} R^{\frac{2}{3}} I^{\frac{1}{2}}$, $Q = AV$ において n, A および R の値は試験に用いたものと同一であるから，試験時の値に添字 0 をつけると

$$\frac{Q}{Q_0} = \frac{\dfrac{1}{n}AR^{\frac{2}{3}}I^{\frac{1}{2}}}{\dfrac{1}{n}AR^{\frac{2}{3}}I_0^{\frac{1}{2}}} = \frac{I^{\frac{1}{2}}}{I_0^{\frac{1}{2}}}$$

より　$Q = Q_0 I^{\frac{1}{2}}/I_0^{\frac{1}{2}} = 0.23\sqrt{\dfrac{3.5}{1000}}\bigg/\sqrt{\dfrac{1.2}{1000}} = \underline{0.1243\,\mathrm{m^3/sec}}$

b）　Hazen-Williams の式：$V = C'R^{0.63}I^{0.54}$, $Q = AV$ より

$$\frac{Q}{Q_0} = \frac{AC'R^{0.64}I^{0.54}}{AC'R^{0.64}I_0^{0.54}} = \frac{I^{0.54}}{I_0^{0.54}}$$

$$\therefore Q = Q_0\frac{I^{0.54}}{I_0^{0.54}} = 0.23\left(\frac{3.5}{1000}\right)^{0.54}\bigg/\left(\frac{1.2}{1000}\right)^{0.54} = \underline{0.1181\,\mathrm{m^3/sec}}$$

c）　Colebrook の式

$$V = \sqrt{\frac{2}{f}gDI} \tag{1}$$

$$\frac{1}{\sqrt{f}} = 1.74 - 2\log_{10}\left(\frac{2k}{D} + \frac{18.7}{R_e\sqrt{f}}\right) = 1.74 - 2\log_{10}\times$$

$$\left(\frac{2k}{D} + \frac{18.7}{\dfrac{DV}{\nu}\dfrac{\sqrt{2gDI}}{V}}\right) = 1.74 - 2\log_{10}\left(\frac{2k}{D} + \frac{18.7}{\dfrac{\sqrt{2gI}}{\nu}D^{\frac{3}{2}}}\right) \tag{2}$$

において，試験の場合と実際の場合とでは I の値が異なるから，a)，b）の場合のような簡単な取扱いはできない．

まず，試験結果からこの管の粗度を求める．

$$V_0 = \frac{Q_0}{A} = \frac{Q_0}{\frac{\pi}{4}D^2} = \frac{0.23}{0.1257} = 1.829 \text{ m/sec}$$

であるから（1）式より　$1.829 = \sqrt{\dfrac{2}{f_0} \times 9.8 \times 0.4 \times 1.2 \times 10^{-2}}$

故に $I_0 = 1.2 \times 10^{-2}$ のときの f は　$f_0 = 0.0281$

これらの数値を（2）式に入れると

$$\frac{\sqrt{2g I_0}}{\nu} D^{\frac{3}{2}} = \frac{\sqrt{2 \times 9.8 \times 1.2 \times 10^{-2}}}{10^{-6}} \times (0.4)^{\frac{3}{2}} = 1.227 \times 10^5$$

$$\therefore \quad \frac{1}{\sqrt{0.0282}} = 1.74 - 2 \log_{10}\left(\frac{2k}{D} + \frac{18.7}{1.227 \times 10^5}\right)$$

$$= 1.74 - 2 \log_{10}\left(\frac{2k}{D} + 1.524 \times 10^{-4}\right)$$

上式より $2k/D$ を求めれば，$2k/D = 7.66 \times 10^{-3}$

したがって，実際の場合の f は

$$\frac{1}{\sqrt{f}} = 1.74 - 2 \log_{10}\left(\frac{2k}{D} + \frac{18.7}{\frac{\sqrt{2gI}}{\nu} D^{\frac{3}{2}}}\right)$$

$$= 1.74 - 2 \log_{10}\left(\frac{2k}{D} + \frac{18.7}{\frac{\sqrt{2g I_0}}{\nu} D^{\frac{3}{2}}}\sqrt{\frac{I_0}{I}}\right)$$

$$= 1.74 - 2 \log_{10}\left(7.66 \times 10^{-3} + 1.524 \times 10^{-4}\sqrt{\frac{I_0}{I}}\right)$$

$$= 1.74 - 2 \log_{10}\left(7.66 \times 10^{-3} + 1.524 \times 10^{-4}\sqrt{\frac{0.012}{0.0035}}\right)$$

この式より f を求めれば，$f = 0.0283$．　故に（1）式より

$$\frac{Q}{Q_0} = \frac{A\sqrt{\dfrac{2}{f}g D I}}{A\sqrt{\dfrac{2}{f_0}g D I_0}} = \sqrt{\frac{I}{I_0}}\sqrt{\frac{f_0}{f}}$$

$$\therefore \quad Q = Q_0 \sqrt{\frac{I}{I_0}} \sqrt{\frac{f_0}{f}} = 0.23 \sqrt{\frac{0.0035 \times 0.0281}{0.012 \times 0.283}}$$

$$= \underline{0.1237\,\mathrm{m^3/sec}}$$

〔**類　題**〕　　例題 4・4 と同じ試験を行なった後，これと同品質の径 80 cm の管を用いて，水面差 3.5 m の両水槽をつないだときの流量を Manning 式，H‐W 式および Colebrook 式を用いて計算せよ．ただし，$l = 1000\,\mathrm{m}$ とする．

略解　　試験時のものに添字 0 をつけると Manning 式では

$$\frac{Q}{Q_0} = \frac{D^{\frac{2}{3}}}{D_0^{\frac{2}{3}}} \frac{I^{\frac{1}{2}}}{I_0^{\frac{1}{2}}} \quad より \quad \underline{Q = 0.1972\,\mathrm{m^3/sec}}$$

同様に H‐W 式では　$\underline{Q = 0.183\,\mathrm{m^3/sec}}$

前例題の Colebrook の式（2）は

$$\frac{1}{\sqrt{f}} = 1.74 - 2\log_{10}\left(\frac{2k}{D_0}\frac{D_0}{D} + \frac{18.7}{\frac{\sqrt{2gI_0}}{\nu}D_0^{\frac{3}{2}}}\left(\frac{D_0}{D}\right)^{\frac{3}{2}}\sqrt{\frac{I_0}{I}}\right)$$

と変形され，$D_0/D = 0.5$, $I_0/I = 0.012/0.0035$, $2k/D_0 = 6.17 \times 10^{-3}$ であるから

$$\frac{1}{\sqrt{f}} = 1.74 - 2\log_{10}\left\{6.17 \times 10^{-3} \times \frac{1}{2} + 1.586 \times 10^{-3} \times \left(\frac{1}{2}\right)^{\frac{3}{2}}\sqrt{\frac{0.012}{0.0035}}\right\}$$

より　$f = 0.0236$.

（1）式より　$\dfrac{Q}{Q_0} = \sqrt{\dfrac{DI}{D_0 I_0}}\sqrt{\dfrac{f_0}{f}} = \sqrt{\dfrac{0.8}{0.4}\times\dfrac{0.0035}{0.012}}\times\sqrt{\dfrac{0.0282}{0.0236}} = 0.835$

$$\therefore \quad \underline{Q = 0.192\,\mathrm{m^3/sec}}$$

（**註**）　　合理性の高い Colebrook の式による流量 Q_C を標準として，上の計算値を比較すると　$\dfrac{Q_M}{Q_C} = 1.027$, $\dfrac{Q_{H-W}}{Q_C} = 0.953$ となる．Manning 式は大きく H‐W 式は小さい流量を与えているが，この例のように前もって試験を行なって粗度をきめれば，各公式の誤差は大略 5% 以内におさまることが期待される．これに反して与えられた管の粗度を表より推定して計算した結果は，公式によって大きな差異があらわれるのが普通である．たとえば例題 4・3 で Harris の計算値 Q_H を基準にすると，$Q_M/Q_H = 0.866$, $Q_{H-W}/Q_H = 1.125$, $Q_C/Q_H = 1.079$ および $Q_M/Q_{H-W} = 0.77$ となっている．

【**4・5**】（管径の問題）　　水面差が 3 m の二つの貯水池を結ぶ長さ 1500 m のコンクリート管によって，流量 1.1 m³/sec の水を送るためには管径をいくらにすればよいか．摩擦以外の損失を無視し，Manning 式および H‐

W 式を用いて計算せよ.

解 a) Manning 式

$$Q = AV = \frac{\pi}{4}D^2\frac{1}{n}\left(\frac{D}{4}\right)^{\frac{2}{3}} I^{\frac{1}{2}} \quad \text{より} \quad D = \left(\frac{4^{\frac{5}{3}}nQ}{\pi I^{\frac{1}{2}}}\right)^{\frac{3}{8}}$$

上式に $I = \dfrac{3}{1500}$, $Q = 1.1\,\mathrm{m^3/sec}$を入れ,粗度係数として表 - 4・2 より $n = 0.014$ を用いると

$$D = (1.105)^{\frac{3}{8}} = \underline{1.038\,\mathrm{m}}$$

b) H - W 式

$$Q = AV = \frac{\pi}{4}D^2 \times 0.849\, C_H\left(\frac{D}{4}\right)^{0.63} I^{0.54} = 0.279\, C_H D^{2.63} I^{0.54}$$

$$(1)$$

これに $C_H = 130$, $Q = 1.1\,\mathrm{m^3/sec}$, $I^{0.54} = (1/1500)^{0.54} = 3.48 \times 10^{-2}$ を入れると

$$D = \left(\frac{Q}{0.279\, C_H I^{0.54}}\right)^{\frac{1}{2.63}} = (0.871)^{\frac{1}{2.63}} = \underline{0.950\,\mathrm{m}}$$

あるいは図 - 4・1 において,横軸 $I = 2 \times 10^{-3} = 2\,(\text{‰})$ と縦軸 $Q = 1.1$ $\mathrm{m^3/sec} = 1100\,l/sec$ の交点を求めると,(1) 式において $C_H = 100$ の場合の必要直径 D_0 は $D_0 = 1000\,\mathrm{mm}$ と $1100\,\mathrm{mm}$ の斜線のほぼ中央におちる.したがって $D_0 \fallingdotseq 1.05\,\mathrm{m}$ 故に (1) 式より

$$\frac{D}{D_0} = \frac{(0.279 \times 100 \times I^{0.54})^{\frac{1}{2.63}}}{(0.279\, C_H I^{0.54})^{\frac{1}{2.63}}} = \left(\frac{100}{C_H}\right)^{\frac{1}{2.63}} = \left(\frac{100}{130}\right)^{\frac{1}{2.63}}$$

$$= 0.906$$

故に $D \fallingdotseq 1.05 \times 0.906 = 0.951\,\mathrm{m}$

4・1・2 通水年齢の影響

一般に鋳鉄管では,通水年齢の増加とともに内面に錆こぶが発生するため,通水面積の減少と粗度の増加をきたして通水能力が減少する.たとえば H - W 式によると,新鋳鉄管の C_H の値は普通 130 であるが,15 年ないし 20 年経過したものは C_H が 100 程度になる.

通水年齢の影響は水質および内面塗装の状態によって異なるが,Hazen

と Williams が口径別に通水年齢に対する C_H の値を示したものは図 - 4・5 のようになっている．また物部博士[*] は H - W 式を用いる場合，流速係数

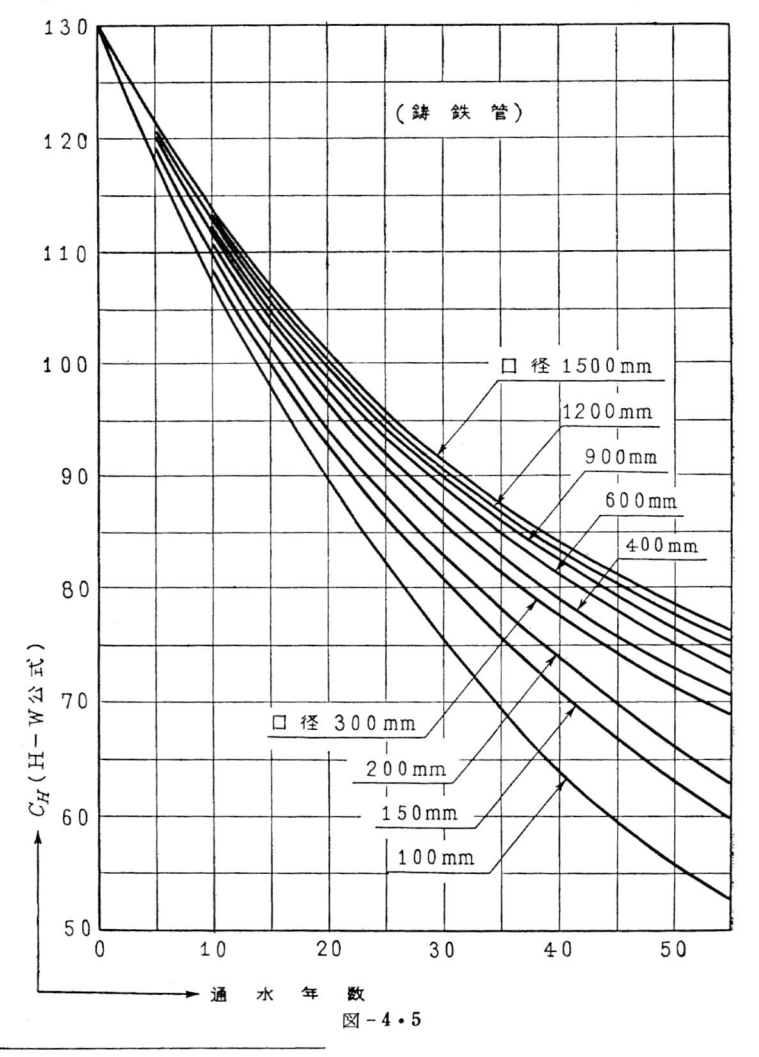

図 - 4・5

[*]　物部長穂：水理学，p. 155〜158，岩波書店刊

が新管の C から C_y に減少するものとして次式

$$C_y = C(1-2.68\sqrt{y}/D)^{2.63} \tag{4・11}$$

を提案している．ここに D は新管の内径（mm），y は通水年齢である．

例　　題 (21)

【4・6】　径 300 mm の鋳鉄管で貯水池から 12000 m はなれ，貯水池面より 40 m 低いところに水を送る．施設時における新管の流量と 20 年後における流量を求めよ．

解　Hazen-Williams の図表を用いて計算する．まず図 - 4・1 において，横軸 $I = 40/12000 = 3.33\times10^{-3} = 3.33\,‰$ と $D = 300$ mm に対応する流量を読みとり，$C_H = 100$ に対する流量 Q_0 は $Q_0 = 54\,l/sec = 0.054$ m³/sec となる．新鋳鉄管の C_H を $C_H = 130$ とすると，$Q = 0.279\,C_H\,D^{2.63}I^{0.54}$ であるから新管の流量は $Q = Q_0(C_H/100) = 0.054\times1.3 = \underline{0.0702\,m³/sec}$ をうる．

20 年後における C_H は，図 - 4・5 において横軸 20 年の直線と $D = 300$ mm の曲線の交点を読んで $C_H = 96.8$ 故に 20 年後における流量は

$$Q = Q_0\times\frac{C_H}{100} = 0.054\times0.968 = \underline{0.0523\,m³/sec}$$

別に，物部式 $C_y = C(1-2.68\sqrt{y}/D)^{2.63}$ を用いると（D は mm 単位），20 年後の C_H は

$$C_H = 130\left(1-\frac{2.68\sqrt{20}}{300}\right)^{2.63} = 130\times0.899 = 117$$

故に再び H - W 式を用いて

$$Q = 0.054\times\frac{117}{100} = \underline{0.0632\,m³/sec}$$

となる．物部式と H - W の図 - 4・5 による計算値には約 2 割の差異がある．

〔類　題〕　動水コウ配 3.33×10^{-3} の鋳鉄管において，管施設後 25 年通水した後の流量が 200 l/sec であるために必要な管径を求めよ．

略解　管径が未知であるから 25 年後の C_H の値は直接求められないので，第一近似として $C_H = 100$ とおく．図 - 4・1 より $C_H = 100$ の場合 $I = 3.33\times10^{-3}$ のもとに $Q = 200\,l/sec$ を流すに必要な管径 D_0 は $D_0 = 490$ mm，次に図 - 4・5 より $D_0 = 490$ mm 管の 25 年後の C_H を読むと $C_H ≒ 93$. 故に $C_H = 93$ で $Q = 200$

l/sec を流すに必要な管径は

$$\frac{D}{D_0} = \left(\frac{100}{C_H}\right)^{\frac{1}{2.63}} = \left(\frac{100}{93}\right)^{\frac{1}{2.63}} = 1.028$$

より　$D = 1.028 \times 0.49 = 0.504$ m

式の精度を考慮するとこの近似で十分であろう.

4・1・3　渦による局部的損失

管径の変化，管の曲りなどによって流れが壁面から剝離して渦を発生すると，運動エネルギーの一部を散逸するから，このような局部的なエネルギー損失を一般に $h_l = \zeta v^2/2g$ で表わし ζ（ツェーター, Zeta ）を損失係数という.

（a）　管断面積の急変

（1）　急拡大の損失　　断面積が A_1 から A_2 に急拡大するときの損失水頭は

$$h_{lw} = \zeta_w \frac{V_1^2}{2g}$$

$$\zeta_w = \alpha\left[1-\left(\frac{A_1}{A_2}\right)\right]^2 \quad (4\cdot12)$$

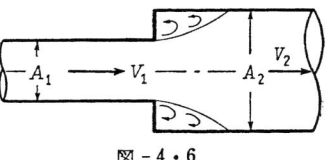

で表わされる（第3章例題3・30, p.98），ここに α は運動エネルギーの補正係数で $\alpha = 1.0 \sim 1.1$ である.

図 - 4・6

（2）　出口損失　　管から広い水槽にでる場合には $A_1/A_2 \fallingdotseq 0$ であるから

$$h_{l0} = \zeta_0 \frac{V^2}{2g}, \qquad \zeta_0 = \alpha \fallingdotseq 1$$

（3）　急縮小の損失　　断面積が A_1 から A_2 に急縮小するときには，流水断面積はいったん CA_2 まで縮小し，それから A_2 まで拡大する．損失水頭はこの拡大が主な原因となるから

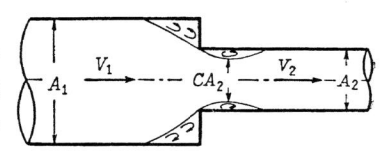

図 - 4・7

$$h_{lc} = \xi_c \frac{V_2^2}{2g}, \qquad \zeta_c = \left(\frac{1}{C}-1\right)^2 \qquad (4\cdot13)$$

ワイスバッハ（Weisbach）の実験結果は表 - 4・4 のようになっている.

表 - 4・4　断面急縮小の損失係数

A_2/A_1	0.1	0.2	0.3	0.4	0.5	0.6	0.7	0.8	0.9	1.0
C	0.61	0.62	0.63	0.65	0.67	0.70	0.73	0.77	0.84	1.00
ζ_c	0.41	0.38	0.34	0.29	0.24	0.18	0.14	0.089	0.036	0

この場合，角に丸味をつけると縮流は起りにくく，丸味の半径が小さいと $C = 0.9$ の程度，半径が大きいと $C = 0.99$ にも達する.

（4） 入口損失 （3）において $A_1 = \infty$ の場合にあたるが管内流速を V として $h_{le} = \zeta_e \dfrac{V^2}{2g}$ で表わすと ζ_e は入口の形によって異なる. 図 - 4・8 にその値を示した.

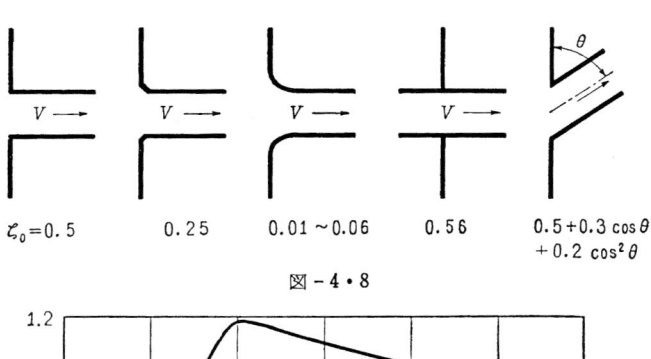

$$\zeta_0 = 0.5 \qquad 0.25 \qquad 0.01 \sim 0.06 \qquad 0.56 \qquad \begin{array}{c} 0.5 + 0.3 \cos\theta \\ + 0.2 \cos^2\theta \end{array}$$

図 - 4・8

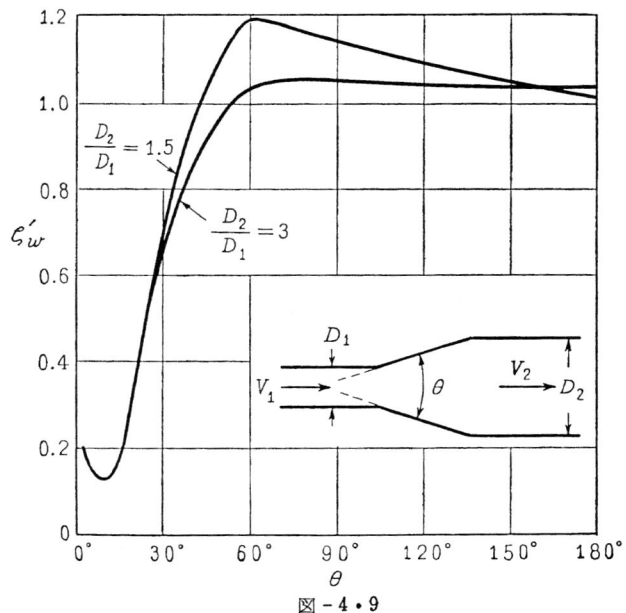

図 - 4・9

（b） 管断面積の漸変

（5） 漸拡の損失 $h_{lw}' = \zeta_w' \dfrac{(V_1 - V_2)^2}{2g}$ で表わすと，Gibson が ζ_w' と拡がり

の角 θ との関係を求めたものは図 -
4・9 のようである.

（6）　漸縮の損失　　図 - 4・10 の
ような漸縮管については，　Weisbach
によると

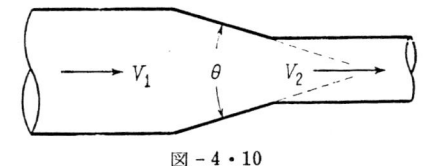

図 - 4・10

$$h_{\iota e}' = \zeta_e' \frac{(V_2 - V_1)^2}{2g} \qquad \zeta_e' = 0.025 \Big/ \Big(8 \sin \frac{\theta}{2}\Big)$$

なお，漸拡・漸縮の両式には漸変部における摩擦損失も含まれている.

（c）　**曲りによる損失**　　多くの実験公式があるが，クリーガー（Creager）の式が
実用上の目的には最も適切である.　ただし，この式は曲りによる損失の増加分で摩擦
による損失を含まない.

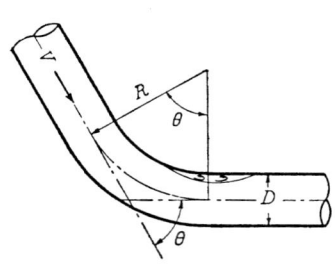

図 - 4・11

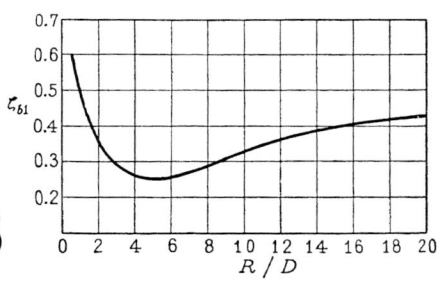

図 - 4・12

曲りの中心角が 90° の場合，R/D と
損失係数 ζ_{b1} の関係

$$h_{\iota b} = \zeta_{b1}\,\zeta_{b2}\,\frac{V^2}{2g}$$

ζ_{b1}：曲りの中心角が 90° の場合，曲
りの曲率半径 R と管径との比 R/D に
よってきまる損失係数（図 - 4・12）.

ζ_{b2}：任意の曲り角度の場合の損失
と 90° 曲り角度の場合の損失の比（図
 - 4・13）.

（d）　**その他**　　分岐，合流の損失，
弁類による損失があるが，これらにつ
いては水理公式集や水力学の本を参照
されたい.

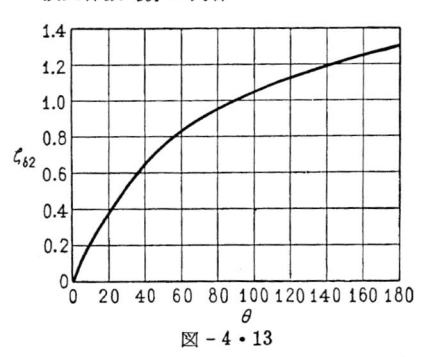

図 - 4・13

曲り角度（θ）と 90° 曲りの損失係数に
対する比（ζ_{b2}）との関係

例　　題　(22)

【4・7】　径 20 cm の管が図のよう
に長さ 4 m，径 15 cm の管で結ばれて
いる．A 点の流速が 3.2 m/sec，圧力
が 0.22 kgf/cm² のとき，断面積の急変
点 B，C および D 点の圧力はいくら
か．ただし，管路は水平で，15 cm 管の
摩擦損失係数は 0.028 とする．

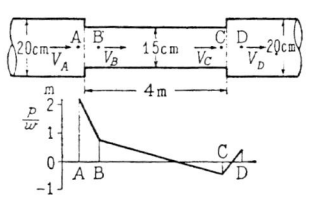

図 – 4・14

解　A, B, C, D 点の各量に添字 A, B, C, D をつけると，面積比は

$$\frac{A_B}{A_A} = \frac{A_C}{A_D} = \left(\frac{0.15}{0.2}\right)^2 = 0.562$$

また 15 cm 管の流速は $V_B = V_C = V_A \times \dfrac{1}{0.562} = 5.69$ m/sec である．

B 点の圧力：　A, B 点にベルヌイの定理を適用すると，その間には断面
の急縮があるから次式を得る．

$$\frac{p_A}{w} + \frac{V_A^2}{2g} = \frac{p_B}{w} + \frac{V_B^2}{2g} + \zeta_c \frac{V_B^2}{2g}$$

上の式において $A_B/A_A = 0.562$ であるから，表 - 4・4 より断面急縮の ζ_c
を内挿して求めると $\zeta_c = 0.205$．

$$\therefore \frac{p_B}{w} = \frac{p_A}{w} + \frac{V_A^2}{2g}\left[1 - \left(\frac{V_B}{V_A}\right)^2 (1+\zeta_c)\right] = \frac{2200}{1000}$$

$$+ \frac{3.2^2}{2\times9.8}\left[1 - \frac{(1+0.205)}{0.562^2}\right] = 2.2 - 1.473 = \underline{0.727\,\text{m}}$$

C 点の圧力：　B, C 間には摩擦損失だけを考えればよい．

$$\therefore \frac{p_C}{w} = \frac{p_B}{w} - f\frac{l}{D}\frac{V_C^2}{2g} = 0.727 - 0.028 \times \frac{4}{0.15} \times \frac{5.69^2}{19.6}$$

$$= 0.727 - 1.233 = \underline{-0.506\,\text{m}}$$

D 点の圧力：　C, D 間には断面急拡大があるから，(4・12) 式で $\alpha = 1$
とおいて

$$\frac{p_C}{w}+\frac{V_C{}^2}{2g}=\frac{p_D}{w}+\frac{V_D{}^2}{2g}+h_{lw}=\frac{p_D}{w}+\frac{V_D{}^2}{2g}+\frac{V_C{}^2}{2g}\left(1-\frac{A_C}{A_D}\right)^2$$

$$\therefore\quad \frac{p_D}{w}=\frac{p_C}{w}+\frac{V_C{}^2}{2g}\left[1-\left(1-\frac{A_C}{A_D}\right)^2-\left(\frac{V_D}{V_C}\right)^2\right]=-0.506$$

$$+\frac{5.69^2}{2\times9.8}[1-(1-0.562)^2-(0.562)^2]$$

$$=-0.506+0.811=\underline{0.305\,\mathrm{m}}$$

すなわち，$p_B=0.0727\,\mathrm{kgf/cm^2}$, $p_C=-0.0506\,\mathrm{kgf/cm^2}$, $p_D=0.0305\,\mathrm{kgf/cm^2}$

（註）　断面変化部や曲りの部分の圧力水頭は厳密には連続的に変る．しかしその範囲は小さいので実用上の目的には不連続的に変化するものとみなしてよい．管路の計算においては変化点の前後について圧力を求める．

〔類　題〕　例題 4・7 と同一の 管路において，断面の縮小部と拡大部にそれぞれ長さ 10 cm の つぎてを付けたとき，B,C および D 点の圧力を求めよ．

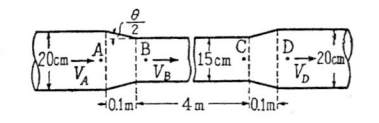

図 – 4・15

（ヒント）　狭まり角，拡がり角はともに

$$\tan\frac{\theta}{2}=\frac{10-7.5}{10}=0.25\quad\therefore\quad\theta=28°$$

漸縮の係数 $\zeta_c{}'=0.025\Big/8\sin\frac{\theta}{2}=\frac{0.025}{1.94}=0.0129$

漸拡の係数 $\zeta_w{}'$ は図 – 4・9 より $\theta=28°$ に対応する $\zeta_w{}'$ を読んで，$\zeta_w{}'\fallingdotseq0.51$

$$\frac{p_B}{w}=1.067\,\mathrm{m},\qquad\frac{p_C}{w}=-0.167\,\mathrm{m},$$

$$\frac{p_D}{w}=0.773\,\mathrm{m}$$

【4・8】　図 – 4・16 の内径 10 cm の管に 22l/sec の 流量が流れる．出口 A および曲り点 B における圧力を求めよ．ただ

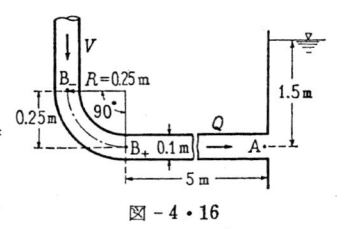

図 – 4・16

し，管の摩擦損失係数を 0.032，曲りの曲率半径を 25 cm，曲りの角度 $\theta=90°$ とする．

解　$V=\dfrac{Q}{A}=\dfrac{0.022}{\dfrac{\pi}{4}\times0.1^2}=2.80\,\mathrm{m/sec}$, $\qquad\dfrac{V^2}{2g}=0.399$

管の出口 A 点と下流水槽との間にベルヌイの定理を用いると

$$\frac{p_A}{w}+\frac{V^2}{2g} = 1.5+\frac{V^2}{2g}\,(=\text{出口損失})$$

$$\therefore\quad \frac{p_A}{w} = 1.5\,\text{m}$$

曲った後を B+ とすると

$$\frac{p_{B+}}{w} = \frac{p_A}{w}+f\frac{l}{D}\frac{V^2}{2g} = 1.5+0.032\times\frac{5}{0.1}\times0.399 = 2.138\,\text{m}$$

曲る前を B- とすると B-, B+ 点の高さの差は 0.25 m (= R), B-, B+ 間の長さは $2\pi R/4 = 0.393\,\text{m}$ であるから，B-, B+ 間にベルヌイの定理を用いて

$$\frac{p_{B-}}{w}+z_{B-} = \frac{p_{B+}}{w}+z_{B+}+\zeta_b\frac{V^2}{2g}+f\frac{\pi R/2}{D}\frac{V^2}{2g}$$

$$\therefore\quad \frac{p_{B-}}{w} = \frac{p_{B+}}{w}-(z_{B-}-z_{B+})+\zeta_b\frac{V^2}{2g}+f\frac{\pi R}{2D}\frac{V^2}{2g}$$

$R/D = 0.25/0.1 = 2.5$ のときの ζ_b は図-4・12 より $\zeta_b = 0.31$

$$\therefore\quad \frac{p_{B-}}{w} = 2.138-0.25+0.31\times0.399+0.032\times\frac{3.142\times0.25}{2\times0.1}$$

$$\times0.399 = 2.138-0.25+0.124+0.050 = 2.06\,\text{m}$$

ただし，普通の水理計算では B-, B+ 点の高さの差およびその間の摩擦損失を無視して

$$\frac{p_{B-}}{w} = \frac{p_{B+}}{w}+\zeta_b\frac{V^2}{2g} = 2.138+0.31\times0.399 = 2.262\,\text{m}$$

とする.

問　題　(19)

(1)　直径 800 mm の1本の管で送っていた水量を，2本の管で送るものとすると必要な管径はいくらか. ただし，管の品質は同じものとする.

答　シェジイ式では $D = 60.6\,\text{cm}$，マンニング式
では $D = 61.7\,\text{cm}$，H-W 式では $D = 61.5\,\text{cm}$.

(2)　同一断面積を持つ円形・正方形・正三角形の3種の粗度の等しい管に同じ動水コウ配で水を流すときの流量を比較せよ.

答　シェジイ式　　1：0.941：0.882

マンニング式　　1：0.923：0.845
H－W式　　　　1：0.927：0.853

（3）　7×14 cm の矩形断面の管によって，80°C の温水を毎秒 13.5 l の割合で送るために必要な動水コウ配を求めよ．ただし，相当粗度 $k = 0.12$ cm，動粘性係数は温度 80°C で $\nu = 0.354 \times 10^{-6}$ m²/s とする．

答　$I = 0.0431$

4・2　定断面管路の計算

4・2・1　流量・動水コウ配線の計算

図－4・17 は曲りおよび弁（バルブ）をもつ定断面管路で，上下両水面の落差が H である二つの水槽を連結したものである．

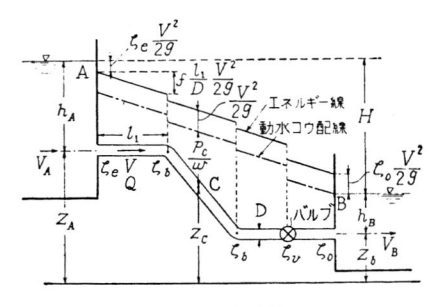

図－4・17

（a）　流　量　　両水槽 A，B の間にベルヌイの定理を用いると

$$z_A + h_A + \frac{V_A^2}{2g} = z_B + h_B + \frac{V_B^2}{2g} + （管内の諸損失の和）$$

V_A，V_B は管内速度 V にくらべて小さいから，$V_A^2/2g$，$V_B^2/2g$ を無視し，弁による損失係数を ζ_v，管の全長を l とすると $(z_A + h_A) - (z_B + h_B) = H$ であるから

$$H = \left(\zeta_e + \Sigma \zeta_b + \Sigma \zeta_v + \zeta_0 + f \frac{l}{D} \right) \frac{V^2}{2g} \qquad (4 \cdot 14)$$

$$\underset{入口}{\quad} \underset{曲り}{\quad} \underset{弁}{\quad} \underset{出口}{\quad} \underset{摩擦}{\quad}$$

また　　$Q = \dfrac{\pi}{4} D^2 V$ 　　　　　　　　　　　　　　　　$(4 \cdot 15)$

上の両式を基本式として，管水路のいろいろな計算ができる．すなわち，

$\zeta_0 = \alpha \fallingdotseq 1$, とおいて

流速 $\quad V = \sqrt{\dfrac{2gH}{1+\zeta_e+\Sigma\,\zeta_b+\Sigma\,\zeta_v+f\,l/D}}$ $\qquad$ (4・16)

流量 $\quad Q = \dfrac{\pi}{4}D^2 V = 3.477\,D^2\sqrt{\dfrac{H}{1+\zeta_e+\Sigma\,\zeta_b+\Sigma\,\zeta_v+f\,l/D}}$

$\qquad\qquad\qquad\qquad\qquad\qquad\qquad$ (m・sec 単位) $\quad$ (4・17)

落差 $\quad H = \dfrac{8}{\pi^2 g}\left(1+\zeta_e+\Sigma\,\zeta_b+\Sigma\,\zeta_v+f\dfrac{l}{D}\right)\dfrac{Q^2}{D^4}$

$\qquad\quad = 0.0827\left(1+\zeta_e+\Sigma\,\zeta_b+\Sigma\,\zeta_v+f\dfrac{l}{D}\right)\dfrac{Q^2}{D^4}$ (m・sec 単位)

$\qquad\qquad\qquad\qquad\qquad\qquad\qquad\qquad\qquad\qquad$ (4・18)

管径 $\quad D^5 = \dfrac{8}{\pi^2 g}\{(1+\zeta_e+\Sigma\,\zeta_b+\Sigma\,\zeta_v)\,D+fl\}\dfrac{Q^2}{H}$

$\qquad\quad D = 0.6074\left[\{(1+\zeta_e+\Sigma\,\zeta_b+\Sigma\,\zeta_v)\,D+fl\}\dfrac{Q^2}{H}\right]^{\frac{1}{5}}$ (m・sec 単位)

$\qquad\qquad\qquad\qquad\qquad\qquad\qquad\qquad\qquad\qquad$ (4・19)

なお，上式から明らかなように l/D が大きくなると，局部的損失は摩擦損失 fl/D にくらべて無視でき，この場合は前節 4・1・1 の計算法と同じになる.

　自由放水管　　下流端の水槽がなくて管の先端から空中に放水する場合には，H を上流側水槽の水面と管出口との高さの差にとると，(4・14) 式において出口損失 $\zeta_0 \fallingdotseq 1$ がない代りに新しく出口の速度水頭 $V^2/2g$ が加わる. したがって自由放水端の場合も (4・16)〜(4・19) 式はそのまま成立つ.

　(b) エネルギー線，動水コウ配線　　管の任意の一点 (C 点) の圧力 p を求めるには，A と C の間でベルヌイの定理を用いると

$$h_A+z_A = \dfrac{p_c}{w}+z_c+\dfrac{V_c{}^2}{2g}+(\text{A と C の間の損失の総和}) \qquad (4・20)$$

たとえば C 点が図 - 4・17 に示した点とすると，C 点までの管の長さを l_c として

$$h_A+z_A = \dfrac{p_c}{w}+z_c+\dfrac{V^2}{2g}+\left(\zeta_e+\zeta_b+f\dfrac{l_c}{D}\right)\dfrac{V^2}{2g}$$

V はすでに求められているので，p_c/w，$(p_c/w+z_c)$ および $(p_c/w+z_c+V^2/2g)=E$ を計算することができる. $p/w+z$ を連ねた線を動水コウ配線

(Hydraulic grade line)，E の値を連ねた線をエネルギー線（Energy line）といい，図 - 4・17 の管路については図に示したようになる.

例　　題　(23)

【4・9】（両側に水槽）　水面差 10 m の上下両水槽を直径 300 mm，長さ 1 km の管で連絡するときの流量を求めよ. ただし，管の粗度係数 $n =$ 0.013，$\zeta_e = 0.4$，曲りは 4 カ所で $\zeta_b = 0.2$ とする.

解　　f と n との関係は表 - 4・1 より

$$f = \frac{12.7\,g\,n^2}{D^{\frac{1}{3}}} = \frac{12.7 \times 9.8 \times 0.013^2}{(0.3)^{\frac{1}{3}}} = 0.0315$$

管内流速 V は（4・16）式より

$$V = \sqrt{\frac{2\,g\,H}{1 + \zeta_e + \Sigma\,\zeta_b + f\,l/D}}$$

$$= \sqrt{\frac{2 \times 9.8 \times 10}{1 + 0.4 + 4 \times 0.2 + 0.0315 \times \dfrac{1000}{0.3}}} = 1.352\,\text{m/sec}$$

$$Q = \frac{\pi}{4}D^2 V = \frac{\pi}{4} \times 0.3^2 \times 1.352 = 0.0956\,\text{m}^3/\text{sec}$$

（註）　入口，出口および曲りの局部的損失を無視して計算すると $V = 1.366$ m/sec，$Q = 0.0965$ m³/sec. この例題では $l/D = 3 \times 10^3$ であるから，局部的損失を無視した誤差は 0.94% にすぎない.

【4・10】（管径）　例題 4・5 と同一の数値，すなわち落差 3 m の両水槽を長さ 1500 m のコンクリート管によって，流量 1.1 m³/sec の水を送るには管径をいくらにとればよいか. ただし，管の粗度係数 $n = 0.014$，入口損失係数 $\zeta_e = 0.4$，曲りは 10 カ所で $\zeta_b = 0.2$ とする.

解　　（4・19）式　$D = 0.6074\left[\{(1 + \zeta_e + \Sigma\,\zeta_b)\,D + f\,l\}\dfrac{Q^2}{H}\right]^{\frac{1}{5}}$

を使うが右辺の D および f の値は分っていないので逐次計算による. まず局部的損失を無視した

$$D = 0.6074\left(f\,l\,\frac{Q^2}{H}\right)^{\frac{1}{5}} = 0.6074\left[\frac{12.7\,g\,n^2}{D^{\frac{1}{3}}}\,l\,\frac{Q^2}{H}\right]^{\frac{1}{5}}$$

において $Q = 1.1$ m³/sec，$H/l = 3/1500$，$n = 0.014$ を入れると，すでに例題 4・5 で計算した $D = 1.038$ m をうる.

この D を第一近似値として f を計算すると

$$f = \frac{12.7\,g\,n^2}{D^{\frac{1}{3}}} = \frac{12.7 \times 9.8 \times (0.014)^2}{(1.038)^{\frac{1}{3}}} = 0.0244$$

この f と題意の ζ の値を （4・19） 式に入れると

$$D = 0.6074\left[\,\{(1+0.4+10\times0.2)\times1.038+0.0244\times1500\}\,\frac{1.1^2}{3}\right]^{\frac{1}{5}}$$

$$= 1.06\,\mathrm{m}$$

第一近似解 1.038 m にくらべて若干大きく出たので，厳密にはさらに同様にして近似を進めなければならないが，実用上はこれで十分である．

〔類　題〕　　例題 4・10 の必要管径を Hazen-Williams の抵抗法則を用いて求めよ．ただし，$C_H = 130$ とする．

　略解　　局部的損失を無視した H - W 式 $Q = 0.279\,C_H\,D^{2.63}\,I^{0.54}$ より D の第一近似値は　$D = 0.95\,\mathrm{m}$.　$V = \dfrac{Q}{\dfrac{\pi}{4}D^2} = 1.552\,\mathrm{m/sec}$

これらの値を用いて，表 - 4・1 より

$$f = \frac{10.08\,g}{D^{0.167}(0.849\,C_H)^{1.85}V^{0.15}} = \frac{10.08\times9.8}{0.95^{0.167}\times110.3^{1.85}\times1.552^{0.15}}$$

$$= 0.0155$$

故に D の第二近似値は （4・19） 式より

$$D = 0.6040\left[\,\{(1+0.4+10\times0.2)\times0.95+0.0155\times1500\}\times\frac{1.21}{3}\right]^{\frac{1}{5}} = 0.975\,\mathrm{m}$$

【4・11】 （自由放水端）
図 - 4・18 のような径 30 cm の鋳鉄管を流れる流量および C, D 点の屈曲前後の圧力を求めよ．ただし，$\zeta_e = 0.25$, $\zeta_b = 0.2$, $n = 0.013$ とする．

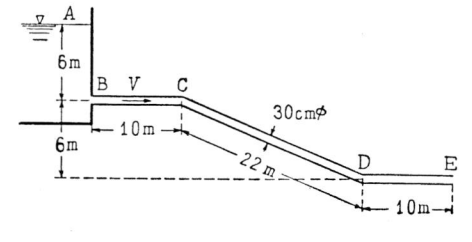

図 - 4・18

　解　$V = \sqrt{2\,g\,H\Big/\!\left(1+\zeta_e+\Sigma\,\zeta_b+f\dfrac{l}{D}\right)}$ において

$$f = \frac{12.7\,g\,n^2}{D^{\frac{1}{3}}} = \frac{12.7\times9.8\times(0.013)^2}{(0.3)^{\frac{1}{3}}} = 0.0314$$

$$f \frac{l}{D} = 0.0314 \times \frac{42}{0.3} = 4.30$$

$$\therefore \quad V = \sqrt{\frac{19.6 \times 12}{1 + 0.25 + 0.4 + 4.30}} = 6.29 \text{ m/sec}$$

$$Q = \frac{\pi}{4} D^2 V = \underline{0.444 \text{ m}^3\text{/sec}} \quad \text{また} \quad \frac{V^2}{2g} = 2.01 \text{ m}$$

C 点の圧力は曲り前の圧力を p_{c-}，曲り後の圧力を p_{c+} とするとベルヌイの定理より

$$z_A = z_c + \frac{p_{c-}}{w} + \frac{V^2}{2g} + \left(\zeta_e + f \frac{l_{BC}}{D}\right) \frac{V^2}{2g}$$

$$\therefore \quad \frac{p_{c-}}{w} = z_A - z_c - \frac{V^2}{2g}\left(1 + \zeta_e + f \frac{l_{BC}}{D}\right)$$

$$= 6 - 2.01\left(1 + 0.25 + 0.0314 \frac{10}{0.3}\right) = 1.38 \text{ m}$$

また $\quad \dfrac{p_{c+}}{w} = \dfrac{p_{c-}}{w} - \zeta_b \dfrac{V^2}{2g} = 1.38 - 0.2 \times 2.01 = 0.978 \text{ m}$

D 点の圧力： $\quad \dfrac{p_{D-}}{w} = z_A - z_D - \dfrac{V^2}{2g}\left(1 + \zeta_e + \zeta_b + f \dfrac{l_{BD}}{D}\right)$

$$= 12 - 2.01\left(1 + 0.25 + 0.2 + 0.0314 \frac{32}{0.3}\right) = 2.35 \text{ m}$$

また $\quad \dfrac{p_{D+}}{w} = \dfrac{p_{D-}}{w} - \zeta_b \dfrac{V^2}{2g} = 2.35 - 0.2 \times 2.01 = 1.948 \text{ m}$

すなわち $\quad p_{c-} = 1.38 \text{ tf/m}^2, \qquad p_{c+} = 0.978 \text{ tf/m}^2$

$$p_{D-} = 2.35 \text{ tf/m}^2, \qquad p_{D+} = 1.948 \text{ tf/m}^2$$

〔**類　題**〕　　例題 4・11 の管路において 300 mm の円管と面積が等しく，辺の比が **1 : 2** なる矩形断面の管を用いたとすると流量はいくらか．

　解　　矩形管の各辺の長さを a, $2a$ とすると，$2a^2 = \dfrac{\pi}{4}(0.3)^2$ より $a = 0.188$ m, 径深 R は $R = \dfrac{2a^2}{2a + 4a} = \dfrac{a}{3} = 0.0627 \text{ m}$ 　　矩形断面であるから，平均流速の式 (4・16) の D の代りに $D = 4R$ で書きかえればよい．

すなわち $\quad f = \dfrac{8gn^2}{R^{1/3}} = \dfrac{8 \times 9.8 \times (0.013)^2}{\sqrt[3]{0.0627}} = 0.0332$

$$f \frac{l}{D} = f \frac{l}{4R} = 5.56$$

故に $V = \sqrt{\dfrac{2gH}{1+\zeta_e+\Sigma\,\zeta_b+f\,l/4R}} = 5.70$ m/sec

$Q = VA = 0.403$ m³/sec

4・2・2 サイフォン

図-4・19 のように管路の一部が動水コウ配線の上にでて，その点のゲー

ジ圧力が負の数値になっているも
のをサイフォン (Siphon) とい
う．明らかに圧力が最も低くなる
のは最高点（図のC点）の曲り直後
におこる．圧力は絶対圧 0（水柱－
10.33 m）以下に下がることはもち
ろんできないが，実際には水中に
とけている空気が圧力の低下とと

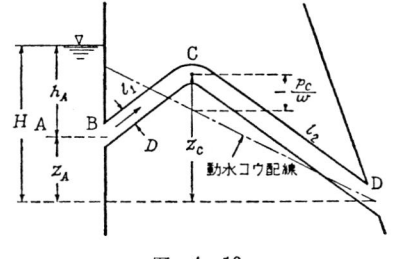

図 - 4・19

もに放出されることと，遠心力の影響が圧力低下を促進するために，C 点に
おける圧力水頭が -10.33 m に達する前に流れが遮断される．この限界は
通常$-(8\sim9)$ m である．

　サイフォンの計算は普通の管路の計算と同様であるが，C 点の圧力を計算
してサイフォン作用が可能であることを確めなければならない．

　例　　題（24）

【4・12】　　図 - 4・19 のように堤体内に設けたサイフォン余水吐の流量
を求めよ．ただし，管径 $D = 1.2$ m，$h_A = 3$ m，$z_A = 4$ m，$z_c = 6$ m，l_1
$= 2.5$ m，$l_2 = 10$ m とし，$\zeta_e = 0.2$，$\zeta_b = 0.4$，$n = 0.014$ とする．

　解　　出口 D 点を基準として A と D，および A と C（曲り後）につい
てベルヌイの定理を用いると

$$h_A + z_A = \frac{V^2}{2g}\left(1+\zeta_e+\zeta_b+f\frac{l_1+l_2}{D}\right) = z_c + \frac{p_{c+}}{w}$$

$$+ \frac{V^2}{2g}\left(1+\zeta_e+\zeta_b+f\frac{l_1}{D}\right)$$

これより　$V = \sqrt{2gH\Big/\left(1+\zeta_e+\zeta_b+f\dfrac{l_1+l_2}{D}\right)}$，　$H = h_A + z_A$　（1）

最低圧力は

$$\frac{p_{c+}}{w} = h_A + z_A - z_c - \frac{V^2}{2g}\left(1+\zeta_e+\zeta_b+f\frac{l_1}{D}\right)$$

$$= H' - \frac{1+\zeta_e+\zeta_b+f\dfrac{l_1}{D}}{1+\zeta_e+\zeta_b+f\dfrac{l_1+l_2}{D}}H, \qquad H' = H - z_c \qquad (2)$$

（1）式に与えられた数値を代入する．$n = 0.014$, $D = 1.2\,\mathrm{m}$ の f は $f = 12.7\,g\,n^2/D^{\frac{1}{3}} = 0.0230$ であるから

$$V = \sqrt{\frac{2\times9.8\times(3+4)}{1+0.2+0.4+0.023\times\dfrac{10+2.5}{1.2}}} = \sqrt{\frac{19.6\times7}{1.84}}$$

$$= 8.64\,\mathrm{m/sec}$$

$$Q = VA = 9.76\,\mathrm{m^3/sec}$$

最低圧力の計算：（2）式より

$$\frac{p_{c+}}{w} = (7-6) - \frac{1+0.2+0.4+0.023\times\dfrac{2.5}{1.2}}{1.84}\times7$$

$$= -5.26 > -(8\sim9)\,\mathrm{m}$$

故にサイフォン作用は可能で流量は $9.76\,\mathrm{m^3/sec}$

【4・13】　図 - 4・20 のように両貯水池を結ぶサイフォンにおいて，z_A, h_A, z_c が与えられているとき，H の高さの限度を求めよ．

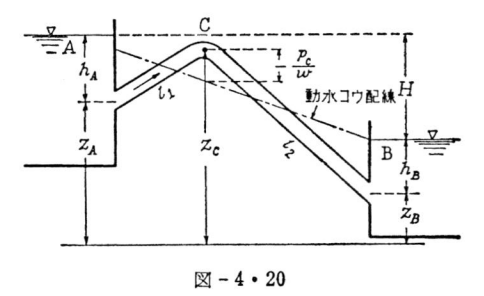

図 - 4・20

　解　　出口損失 $\zeta_0 \fallingdotseq 1$ とおき，A と B および A と C の間にベルヌイの定理を適用すると

$$h_A + z_A = h_B + z_B + \frac{V^2}{2g}\left(1+\zeta_e+\zeta_b+f\frac{l_1+l_2}{D}\right)$$

$$= z_c + \frac{p_c}{w} + \frac{V^2}{2g}\left(1+\zeta_e+\zeta_b+f\frac{l_1}{D}\right)$$

これより $V = \sqrt{\dfrac{2gH}{1+\zeta_e+\zeta_b+f\dfrac{l_1+l_2}{D}}}$, $\qquad H = (h_A+z_A)-(h_B+z_B)$

また上式より

$$h_A+z_A-z_c-\frac{p_c}{w} = \frac{1+\zeta_e+\zeta_b+f\dfrac{l_1}{D}}{1+\zeta_e+\zeta_b+f\dfrac{l_1+l_2}{D}} H$$

となるからこれを変形して

$$H = \frac{1+\zeta_e+\zeta_b+f\dfrac{l_1+l_2}{D}}{1+\zeta_e+\zeta_b+f\dfrac{l_1}{D}}\left(H'-\frac{p_c}{w}\right), \qquad H' = h_A+z_A-z_c$$

p_c/w の最低値を $-8\,\mathrm{m}$ ととると，求める H の最大値は

$$H_{\max} = \frac{1+\zeta_e+\zeta_b+f\dfrac{l_1+l_2}{D}}{1+\zeta_e+\zeta_b+f\dfrac{l_1}{D}}(H'+8)\,(単位\ \mathrm{m}) \qquad (1)$$

となる．この $H_{\max}$ 以下に下流側貯水池の水面を下げると，サイフォン作用は止んで流れがとまる．なお（1）式は AB 水槽の落差が与えられたとき，H'（最高点Cの高さ）をきめる式としても使われる．

　〔類題〕　図–4・20 のようにサイフォンで山をこえて A 水槽から B 水槽に水を送る．A 水槽の水位は 114 m，最高点 C の高さ $z_c = 116\,\mathrm{m}$，$l_1 = 1200\,\mathrm{m}$，$l_2 = 2600\,\mathrm{m}$ で管径 $D = 0.8\,\mathrm{m}$，$f = 0.020$，$\zeta_e = 0.1$，$\zeta_b = 0.2$（10 カ所）とする．サイフォン作用が可能なためにはB水槽の最低水位はいくらか．また，このときの流量を求めよ．なお，最高点Cは5番目の曲りにあたる．

　略解　$H' = (h_A+z_A)-z_c = 114-116 = -2\,\mathrm{m}$　　　故に前例題（1）式より

$$H_{\max} = \frac{1+0.1+0.2\times10+0.02\times\dfrac{3800}{0.8}}{1+0.1+0.2\times5+0.02\times\dfrac{1200}{0.8}}(-2+8) = 18.3\,\mathrm{m}$$

故に B 水槽の最低水位は $114-18.3 = \underline{95.7\,\mathrm{m}}$

$$Q = AV = \frac{\pi}{4}D^2\sqrt{\frac{2gH_{\max}}{1+\zeta_e+\Sigma\,\zeta_b+f\dfrac{l_1+l_2}{D}}}$$

$$= \frac{\pi}{4} \times (0.8)^2 \sqrt{\frac{2 \times 9.8 \times 18.3}{1 + 0.1 + 0.2 \times 10 + 0.02 \times \frac{1200 + 2600}{0.8}}} = 0.961 \ \mathrm{m^3/sec}$$

4・2・3　キャビテーション

ベルヌイの定理は速度の大きい領域では圧力が低下することを示すもので，遂には，絶対圧の零（ゲージ圧で −1.033 kg/cm²）に近づいてゆく．この場合前記のサイフォンでは流れが遮断されるが，管路の途中のくびれ部などでは流れの中に水のない真空部を生ずることになる．

　しかし実際には絶対圧 0 よりも若干高い圧力において液体は局部的に蒸発し，蒸気の泡を生じて低圧部には気体で満された空洞が発生する．この現象を空洞現象（Cavitation）という．

　Cavitation が始まると，小さい気泡が低圧部にできて，次々に流れにより下流に押し流され高圧部にいたると周囲の水圧により急激に圧潰せられる．この状況は図 - 4・21 に図解的に示すとおりであって，空洞の圧潰点付近の壁面には，あたかも鋭利な小型ハンマーで長時間叩いたような特徴ある傷跡を生ずる．この現象をピッチング（Pitting）と呼ぶ．

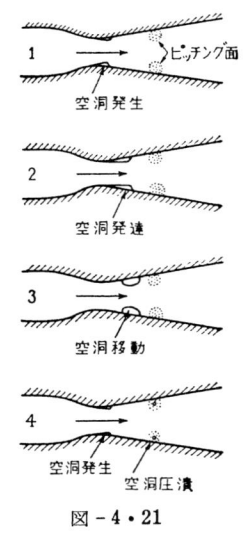

図 - 4・21

　管水路などにキャビテーションを生ずると，壁面は致命的な破壊作用を受け，かつ，はげしい振動を発生するので絶対に避けなければならない．ダム放水管，水門の戸溝，サイフォンおよび水車のランナー羽根等はキャビテーションを発生し易いから注意を要する．

　なお，ダム設計基準によるとキャビテーションに対する安全圧力は，ゲージ圧 −0.3 kg/cm² と定められている．これは一見安全過ぎる値のようであるが，ダムは程度の高い重要構造物であること，水理計算または模型実験により推定する実物の圧力値には若干の不確実性を伴なうこと，さらに実物では施工上の不手際による局部的圧力降下のおそれがあること，などの諸点を考慮に入れた結果であろう．

例　題 (25)

【4・14】　図 - 4・22 に示すように
直径 20 cm 管の一部が直径 4 cm にく
びれている. 流量 0.04 m³/sec, 断面 A
の圧力は 4 kgf/cm² とするとき, 狭窄部

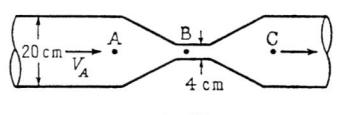

図 - 4・22

B にキャビテーションを生ずるか. ただし, A, B 間の損失水頭を無視する.

解　断面 A の諸量に添字 A を, 断面 B の諸量に添字 B をつけると
ベルヌイの定理より

$$\frac{V_A{}^2}{2g} + \frac{p_A}{w} = \frac{V_B{}^2}{2g} + \frac{p_B}{w} \tag{1}$$

ところが　$\dfrac{V_A{}^2}{2g} = \dfrac{Q^2}{2g\,A_A{}^2} = \dfrac{(0.04)^2}{19.6 \times (\pi \times 0.1^2)^2} = 0.08\,\mathrm{m}$

$$\frac{p_A}{w} = 40\,\mathrm{m}$$

$$\frac{V_B{}^2}{2g} = \frac{Q^2}{2g\,A_B{}^2} = \frac{(0.04)^2}{19.6 \times (\pi \times 0.02^2)^2} = 51.70\,\mathrm{m}$$

$$\therefore\quad \frac{p_B}{w} = \frac{V_A{}^2}{2g} + \frac{p_A}{w} - \frac{V_B{}^2}{2g} = 0.08 + 40 - 51.70$$

$$= -11.62\,\mathrm{m} < -10\,\mathrm{m}$$

故に B 部には空洞現象を生じ, 圧力 4 kgf/cm² ではこの流量を流し得ない.

　（註）　B 部にキャビテーションを発生すれば, BC 間において激しい騒音と振動
を発生して, 流れのエネルギーの大部分を一挙に消散する. したがって, ベルヌイの

式はキャビテーション発生の有無をたし
かめるときには使えるが, いったんキャ
ビテーションを生ずればその部分をはさ
んで用いることはできない.

【4・15】　図のような径 2.0
m, 長さ $l = 15$ m のダム放水管が
$\theta = 30°$ だけ下向きに傾斜してい
る. 放水管入口中心より測った貯水
池水深が 5 m, 10 m および 20 m の
とき, この放水管にキャビテーショ

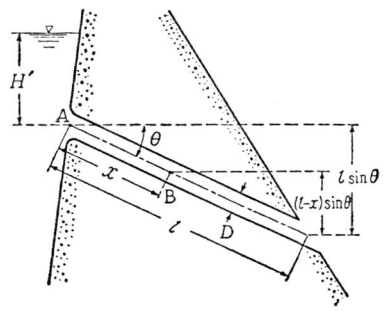

図 - 4・23

ンを起こすおそれはないか．ただし，$\zeta_e = 0.1$，$n = 0.012$ とする．

　解　　貯水池水面と放水管の出口の間にベルヌイの定理を適用すると，図の記号を用いて

$$H' + l\sin\theta = \frac{V^2}{2g}\left(1 + \zeta_e + f\frac{l}{D}\right)$$

$$\therefore\quad \frac{V^2}{2g} = \frac{H' + l\sin\theta}{1 + \zeta_e + f\dfrac{l}{D}} \tag{1}$$

また貯水池水面と放水管内の B 点（AB $= x$）にベルヌイの定理を適用して

$$H' + l\sin\theta = \frac{p}{w} + (l - x)\sin\theta + \frac{V^2}{2g}\left(1 + \zeta_e + f\frac{x}{D}\right) \tag{2}$$

これより　　$\dfrac{\partial}{\partial x}\left(\dfrac{p}{w}\right) = \sin\theta - \dfrac{f}{D}\dfrac{V^2}{2g} = $ 一定

すなわち，管内圧力は入口より出口に向って直線的に変化する．

　放水管の入口 A では，（2）式において $x = 0$ とおいて

$$\left(\frac{p}{w}\right)_A = H' - \frac{V^2}{2g}(1 + \zeta_e) = H' - \frac{(H' + l\sin\theta)(1 + \zeta_e)}{1 + \zeta_e + f\dfrac{l}{D}} \tag{3}$$

　管の出口の圧力は 0，入口では（3）式で与えられ，その間は前述のように直線的に変化するから $|p/w|$ の最大値は放水管入口で起こることは明らかである．題意の数値により

$$f = \frac{12.7g\,n^2}{D^{\frac{1}{3}}} = \frac{12.7 \times 9.8 \times 0.012^2}{2^{\frac{1}{3}}} = 0.0142$$

故に（1），（3）式より

$$\frac{V^2}{2g} = \frac{H' + 15 \times 0.5}{1 + 0.1 + 0.0142 \times \dfrac{15}{2}} = \frac{H' + 7.5}{1.207}$$

$$\left(\frac{p}{w}\right)_A = H' - 1.1\frac{V^2}{2g}$$

$H' = 5\,\mathrm{m}$ のとき　　$V^2/2g = 10.36\,\mathrm{m}$，$p_A/w = -6.4\,\mathrm{m}$

$H' = 10\,\mathrm{m}$　　　　　$V^2/2g = 14.50\,\mathrm{m}$，$p_A/w = -5.95\,\mathrm{m}$

$H' = 20\,\mathrm{m}$　　　　　$V^2/2g = 22.78\,\mathrm{m}$，$p_A/w = -5.06\,\mathrm{m}$

いずれの場合も，絶対圧 0（$-10.33\,\mathrm{m}$）はもちろん，蒸気圧（温度 20°C で絶

対圧 $0.024\,\mathrm{kgf/cm^2}$)よりも高いから，この計算ではキャビテーションは発生しない．しかしキャビテーションに対する安全圧力 $-3.0\,\mathrm{m}$ を相当下まわっているので，工学的には面白くない設計である．

　（註 1.）　　　下向きの放水管では，出口をしぼる（断面積を小さくする）ことにより管内圧力を高めて，キャビテーションの発生を防ぐのが普通である．ただし，流量はそれだけ減少することになる．

　（註 2.）　　　厳密にいえば圧力 p はその断面の平均圧力であるから，管の直径を D とすると管の上壁面の圧力は $(p/w-D/2)$ となる．故に正しくは $(p/w-D/2)$ についてキャビテーション発生の有無を調べなければならない．

4・2・4　管路による排水時間の問題

　水槽の水を等断面の管路で排出する場合，図 - 4・24 のように管の出口を原点として鉛直上方に z 軸をとり，時刻 t に水面は z の位置にあったとする．dt 時間の排水量は水槽内の減少量に等しいから，連続の式は $-A\,dz = Q\,dt.$

また落差は z であるから，a を管の断面

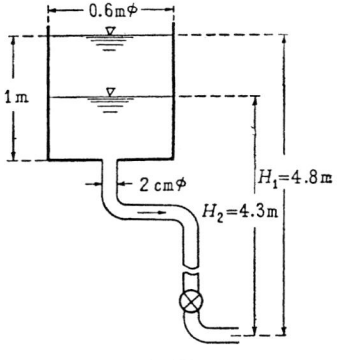

図 - 4・24

積として $Q = Va = a\sqrt{2gz\Big/\Big(1+\zeta_e+\Sigma\,\zeta_b+f\dfrac{l}{D}\Big)}.$ 故に水面が H_1 から

H_2 に降下するに要する時間 T は　$T = -\displaystyle\int_{H_1}^{H_2}\frac{A}{Q}dz.$

$A = $ 一定のときには

$$T = \frac{2A}{a\sqrt{2g}}\sqrt{1+\zeta_e+\Sigma\zeta_b+f\frac{l}{D}}$$

$$\times(H_1^{\frac{1}{2}} - H_2^{\frac{1}{2}}) \qquad (4\cdot21)$$

例　　題　(26)

【4・16】　　直径 60 cm，水深 1 m の
タンクの底から長さ 12 m，径 2 cm の
鉄管で水を排出する．管の出口は満水面
下 4.8 m のところにあるとすると，

a)　水深が 50 cm 下がるのに要する時間，

図 - 4・25

b)　全水量を排出するのに要する時間を求めよ. ただし, $\zeta_e = 0.4$, $\zeta_b = 0.3$ (4カ所), ζ_v (バルブ損失) $= 0.8$, $n = 0.009$ とする.

解　$n = 0.009$, $D = 0.02$ m とすると　$f = \dfrac{12.7 \, g \, n^2}{D^{\frac{1}{3}}} = 0.0370$.

(4・21) 式において題意の数値を入れると

$$\sqrt{1+\zeta_e+\Sigma\,\zeta_b+\zeta_v+f\frac{l}{D}} = \sqrt{1+0.4+4\times0.3+0.037\times\frac{12}{0.02}} = 5.06$$

$$\frac{2\,A}{a\sqrt{2g}}\sqrt{1+\zeta_e+\Sigma\,\zeta_b+\zeta_v+f\frac{l}{D}} = \frac{2\times\pi\times0.3^2}{\pi\times0.01^2\sqrt{19.6}}\times5.06 = 2.06\times10^3$$

a)　$H_1 = 4.8$ m, $H_2 = 4.8-0.5 = 4.3$ m であるから (4・21) 式より
$$T = 2.06\times10^3(\sqrt{4.8}-\sqrt{4.3}) = 241\,\text{sec} = 4\,分1\,秒$$

b)　$H_1 = 4.8$ m, $H_2 = 4.8-1 = 3.8$ m
$$T = 2.06\times10^3(\sqrt{4.8}-\sqrt{3.8}) = 494\,\text{sec} = 8\,分\,14\,秒$$

【4・17】　図 - 4・26 のように水面積 A_1, A_2 の二つの水槽を, 管長 l, 直径 D の円管で連絡して, はじめ両水槽の水面差が H_1 であったものが H_2 に減少するまでの時間を求めよ.

解　基準面 OO を原点とし鉛直上方に z 軸をとり, 時刻 t における 1, 2 水槽の水面の座標を z_1, z_2 とする.

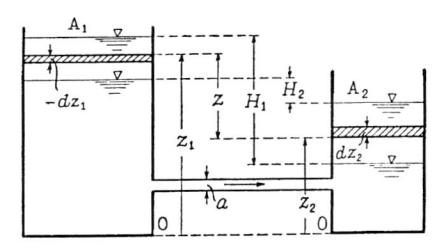

図 - 4・26

連続の式は
$$Q \, dt = -A_1 \, dz_1 = A_2 \, dz_2$$
であり, 流量 Q は落差が (z_1-z_2) であるから, 入口・出口および摩擦損失を考えると

$$Q = a\sqrt{\frac{2g\,(z_1-z_2)}{1+\zeta_e+f\frac{l}{D}}}$$

上の両式から $z_1-z_2 = z$ (両水槽の水位差) とおくと
$$dz = dz_1-dz_2 = -\left(\frac{1}{A_1}+\frac{1}{A_2}\right)Q \, dt$$

$$\therefore \quad dt = -\frac{\sqrt{1+\zeta_e+f\dfrac{l}{D}}}{\left(\dfrac{1}{A_1}+\dfrac{1}{A_2}\right)a\sqrt{2g}\sqrt{z}}\,dz$$

水位差が H_1 から H_2 に減るまでの時間を T とすると，上式を積分して

$$T = -\frac{A_1 A_2 \sqrt{1+\zeta_e+f\dfrac{l}{D}}}{(A_1+A_2)\,a\sqrt{2g}}\int_{H_1}^{H_2}\frac{dz}{\sqrt{z}} = \frac{2\,A_1 A_2\sqrt{1+\zeta_e+f\dfrac{l}{D}}}{(A_1+A_2)\,a\sqrt{2g}}$$
$$\times(\sqrt{H_1}-\sqrt{H_2}) \tag{1}$$

〔類　題〕　　広い貯水池Ⅰから $A_2 = 50\,\text{m}^2$ の水槽Ⅱに長さ $1000\,\text{m}$ の鋳鉄管で連絡し，はじめの水位差が $2.5\,\text{m}$ であったものを1時間内で同水位にするためには，管の大きさはいくらであればよいか．ただし，局部的損失は無視し $n = 0.013$ とする．

略解　　前例題の（1）式において $A_1 = \infty$，$(1+\zeta_e)$ を fl/D に対して無視し，さらに $f = 12.7\,g\,n^2/D^{\frac{1}{3}}$ を用いると（1）式は

$$\frac{\sqrt{2g}\,T}{2\,A_2(\sqrt{H_1}-\sqrt{H_2})} = \frac{1}{\dfrac{\pi}{4}D^2}\sqrt{12.7\frac{g\,n^2}{D^{\frac{1}{3}}}\cdot\frac{l}{D}}$$

題意の数値を入れると

$$\frac{\sqrt{19.6}\times 3600}{2\times 50(\sqrt{2.5}-\sqrt{0})} = \frac{1}{\pi/4}\sqrt{12.7\times 9.8\times(0.013)^2\times 1000}\times\frac{1}{D^{\frac{8}{3}}}$$

$$100.9 = 5.84\,D^{-\frac{8}{3}} \quad \text{より} \quad D = 0.344\,\text{m}$$

故に直径 $35\,\text{cm}$ 以上の管が必要である．

問　　題　（20）

（1）　直径 $20\,\text{cm}$，長さ $30\,\text{m}$ の新鋳鉄管によって水槽から空中に水を放流している．管の入口は水槽水面より $5\,\text{m}$ 下にあり，放流量は $0.2\,\text{m}^3/\text{sec}$ であるとすれば管の出口は水面よりどれだけ下にあるか．ただし，$\zeta_e = 0.2$，$\zeta_b = 0$，$\zeta_v = 0.6$（バルブ損失），$n = 0.012$ とする．

答　$13.2\,\text{m}$

（2）　水面差 $6\,\text{m}$ の二つの貯水池を長さ $180\,\text{m}$ の等断面円管でつなぐとき，$2.5\,\text{m}^3/\text{sec}$ の流量を流すために必要な管の直径を求めよ．ただし，$\zeta_e = 0.22$，$\zeta_b = 0.25$（1カ所），$C_H = 130$ とする．

答　$0.79\,\text{m}$

（3）　伏せ越し（Inverted Siphon）により落差 0.7 m で流量 3.5 m³/sec を送水しようとする．必要な円管の直径を求めよ．ただし，管長は図-4・27 のとおりとし，$\zeta_e = 0.45$，$\zeta_b = 0.3$（2カ所），$\zeta_0 \fallingdotseq 1.0$，$f = 0.025$ とする．

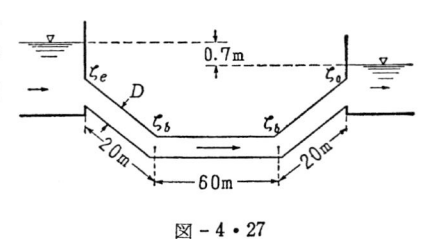

図-4・27

答　1.52 m

（4）　直径 2 m，水深 3 m の円形タンクの底にとりつけた直径 15 cm，長さ 8 m のパイプにより排水している．満水面と放水口との高さの差が 4.6 m であるとするとき，全水量を排出するのに要する時間を求めよ．ただし，$\zeta_e = 0.5$，$\zeta_b = 0.3$，$n = 0.010$ とする．　　　　　　　　答　2分3秒

4・3　異径管，配水本管，水車・ポンプを含む管路およびポンプの計算

4・3・1　異径管路の計算

図-4・28のような場合にも，両水槽の間にベルヌイの定理を用いると，ζ_w，ζ_c をそれぞれ拡大・縮小による損失水頭係数として

$$H = \left(\zeta_e + f_1\frac{l_1}{D_1} + \zeta_w\right)\frac{V_1{}^2}{2g} + f_2\frac{l_2}{D_2}\frac{V_2{}^2}{2g} + \left(\zeta_e + f_2\frac{l_3}{D_3} + \zeta_0\right)\frac{V_3{}^2}{2g}$$

(4・22)

なお，$Q = \dfrac{\pi}{4}D_1{}^2 V_1 = \dfrac{\pi}{4}D_2{}^2 V_2 = \dfrac{\pi}{4}D_3{}^2 V_3$ であるから

$$V_1 = \sqrt{\frac{2gH}{\left(\zeta_e + f_1\dfrac{l_1}{D_1} + \zeta_w\right) + f_2\dfrac{l_2}{D_2}\left(\dfrac{D_1}{D_2}\right)^4 + \left(\zeta_e + f_3\dfrac{l_3}{D_3} + \zeta_0\right)\left(\dfrac{D_1}{D_3}\right)^4}}$$

(4・23)

また前節（4・20）式と同様に水槽と管の任意の点の間にベルヌイの定理を用いて，p/w，$(p/w+z)$，$(p/w+z+V^2/2g) = E$ を求め，各点の圧力水頭・動水コウ配線・エネルギー線を求めることができる．

（**注意**）　　断面変化のとき損失水頭を $\zeta V^2/2g$ で表わすが，この V には小さい管径の流速を用いる.

例　　題　(27)

【**4・18**】　　図のように水平な管路で水面差 5 m の二つの水槽をつなぐ. $n = 0.013$, $\zeta_e = 0.5$ として，　a)　流量を求む，　b)　動水コウ配線・エネルギー線を描け.

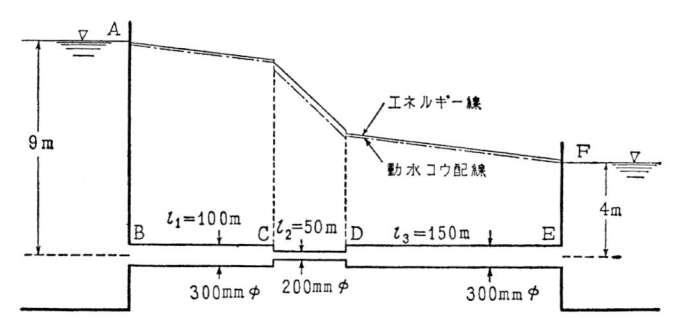

図 - 4・29

解　a)　図の BC 管に添字 1, CD 管に添字 2, DE 管に添字 3 をつける. (4・23) 式はこの場合

$$V_1 = \sqrt{\dfrac{2gH}{\left(\zeta_e + f_1\dfrac{l_1}{D_1}\right) + \left(\zeta_c + f_2\dfrac{l_2}{D_2} + \zeta_w\right)\left(\dfrac{D_1}{D_2}\right)^4 + \left(f_3\dfrac{l_3}{D_3} + \zeta_0\right)}} \quad (1)$$

上式において Manning 式により $f_1 = f_3 = 0.0314$, $f_2 = 0.036$

$$f_1\dfrac{l_1}{D_1} = 0.0314 \times \dfrac{100}{0.3} = 10.47, \quad f_2\dfrac{l_2}{D_2} = 9.0, \quad f_3\dfrac{l_3}{D_3} = 15.7$$

$(D_2/D_1)^2 = 0.445$ であるから，断面急縮小の係数 ζ_c は $(D_2/D_1)^2 = 0.445$ に対応する ζ_c を表 - 4・4 より内挿法で読んで $\zeta_c = 0.27$.

断面急拡大の係数は (4・12) 式より $\zeta_w = \{1-(D_2/D_3)^2\}^2 = 0.31$, また $(D_1/D_2)^4 = 5.06$.

これらの数値を (1) 式に入れて

$$V_1 = \sqrt{\dfrac{19.6 \times 5}{(0.5+10.47)+(0.27+9.0+0.31)\times 5.06+(15.7+1.0)}}$$

$$= 1.135 \text{ m/sec}$$

$$Q = \frac{\pi}{4}D_1{}^2 V_1 = \underline{0.0802}\,\text{m}^3/\text{sec}$$

b) 図の A, B, C, D, E, F 各点のエネルギー $E = (p/w+z+V^2/2g)$, $(p/w+z)$ を次表のように計算する. なお

$$\frac{V_1{}^2}{2g} = 0.0657, \qquad \frac{V_2{}^2}{2g} = 0.332, \qquad \frac{V_3{}^2}{2g} = 0.0657$$

		A	B	C_	C_+	D_	D_+	E	F
①	損 失 の 形	0	$\zeta_e \dfrac{V_1{}^2}{2g}$	$f_1 \dfrac{l_1}{D_1} \dfrac{V_1{}^2}{2g}$	$\zeta_c \dfrac{V_2{}^2}{2g}$	$f_2 \dfrac{l_2}{D_2} \dfrac{V_2{}^2}{2g}$	$\zeta_w \dfrac{V_2{}^2}{2g}$	$f_3 \dfrac{l_3}{D_3} \dfrac{V_3{}^2}{2g}$	$\dfrac{V_3{}^2}{2g}$
②	数　　　値	0	0.033	0.688	0.09	2.99	0.103	1.032	0.066
③	エ ネ ル ギ ー (m)	9	8.97	8.28	8.19	5.20	5.10	4.07	4.00
④	$\dfrac{V^2}{2g}$ (m)	0	0.066	0.066	0.332	0.332	0.066	0.066	0
⑤	$\dfrac{p}{w}+z$ (m)	9	8.90	8.21	7.86	4.87	5.03	4.00	4.00

③, ④ の数値を図にプロットし, B, E 間の諸点を各々直線で結ぶ. なお, C, D には不連続がある. 念のため上の表を説明すると

①, ②　　2 点間の損失の形とその数値を記入. たとえば上流側貯水池と管の入口 B の間の損失は $\zeta_e V_1{}^2/2g = 0.5 \times 0.0657 = 0.033$, BC_ 間の損失は $f_1 (l_1/D_1) V_1{}^2/2g = 0.688$.

③　　上流側貯水池のエネルギー E は管を基準にして 9 m. ベルヌイの定理より $E_B = E_A - \zeta_e V_1{}^2/2g = 9.00 - 0.033 \fallingdotseq 8.97\,\text{m}$, $E_{-c} = E_B - f_1 (l_1/D_1) V_1{}^2/2g = 8.97 - 0.688 \fallingdotseq 8.28$. 以下同様に前の点の E の値から損失をひいてゆく.

④　　管路における速度水頭を記入.

⑤　　$p/w+z = p/w (\because$ 管軸を基準にするから $z = 0) = E - V^2/2g$ であるから ③—④

〔類　題〕　　例題 4・18 の管路で $0.1\,\text{m}^3/\text{sec}$ の流量を送るときには, 上下両水槽の水位差はいくらか.

略解　　(4・22) 式は

$$H = \left(\zeta_e + f_1\frac{l_1}{D_1}\right)\frac{V_1^2}{2g} + \left(\zeta_c + f_2\frac{l_2}{D_2} + \zeta_w\right)\frac{V_2^2}{2g} + \left(f_3\frac{l_3}{D_3} + \zeta_0\right)\frac{V_1^2}{2g}$$

$$V_1 = \frac{Q}{\frac{\pi}{4}D_1^2} = 1.415 \text{ m/sec}, \qquad V_2 = 3.18 \text{ m/sec}$$

$$V_1^2/2g = 0.1022 \text{ m}, \qquad V_2^2/2g = 0.516 \text{ m}$$

さらに例題 4・18 で求めた ζ, f の値を上式に入れて，$H = 7.77$ m

【4・19】 図 - 4・30に示す新鋳鉄管を流れる流量を求めよ．また管の入口から管軸に沿って 30 m の位置にある B 断面の圧力を求めよ．ただし，$n = 0.013$, $\zeta_e = 0.5$, $\zeta_b = 0.3$（曲りは AC 間に 1 カ所）とする．

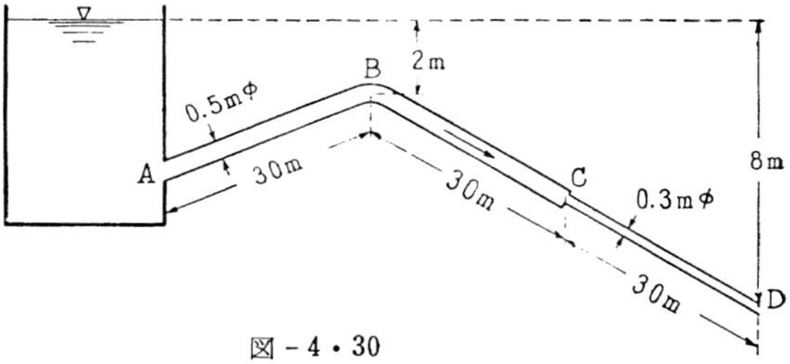

図 - 4・30

解 図の AC 管に添字 1，CD 管に添字 2 をつける．貯水池水面と管の出口にベルヌイの式を立てると

$$H = \left(\zeta_e + \zeta_b + f_1\frac{l_1}{D_1}\right)\frac{V_1^2}{2g} + \left(1 + \zeta_c + f_2\frac{l_2}{D_2}\right)\frac{V_2^2}{2g}$$

$$Q = \frac{\pi}{4}D_1^2 V_1 = \frac{\pi}{4}D_2^2 V_2$$

故に $$V_1 = \sqrt{\frac{2gH}{\left(\zeta_e + \zeta_b + f_1\frac{l_1}{D_1}\right) + \left(1 + \zeta_c + f_2\frac{l_2}{D_2}\right)\left(\frac{D_1}{D_2}\right)^4}} \qquad (1)$$

$f_1 = \dfrac{12.7 \, g \, n^2}{D_1^{\frac{1}{3}}} = 0.0256$, $f_2 = 0.0314$, $(D_2/D_1)^2 = 0.36$ であるから

表 - 4・4 より断面急縮の係数 $\zeta_c = 0.31$, $(D_1/D_2)^4 = 7.72$

これらの数値を（1）式に入れて

$$V_1 = \sqrt{\frac{19.6 \times 8}{\left(0.5 + 0.3 + 0.0265 \times \frac{60}{0.5}\right) + \left(1 + 0.31 + 0.0314 \times \frac{30}{0.3}\right) \times 7.72}}$$

$$= 2.022 \text{ m/sec}$$

$$Q = \frac{\pi}{4}D_1^2 V_1 = \underline{0.397 \text{ m}^3/\text{sec}}$$

B 点の圧力を p_B とし，B 点は曲りの中間点であるとすると

$$2 = \frac{p_B}{w} + \left(1 + \zeta_e + \frac{1}{2}\zeta_b + f_1\frac{30}{D_1}\right)\frac{V_1{}^2}{2g}$$

より　$\dfrac{p_B}{w} = 2 - \left(1 + 0.5 + 0.15 + 0.0265 \times \dfrac{30}{0.3}\right)\dfrac{(2.022)^2}{19.6} = 1.10\ \text{m}$

故に　$p_B = 0.110\ \text{kgf/cm}^2$

4・3・2　配 水 本 管

　配水池から出る配水本管はその途中より多くの枝管を出して各戸に給水する他に，管末においても消火に必要な水圧（最小限 15 m）をもたなければならない．配水本管の水理計算を厳密に行なうのは面倒であるから，通常次のような仮定を設ける．

　（1）　給水管は等距離にとりつけてある．

　（2）　各給水管の流量は一様である．

例　　題　(28)

【4・20】　図 - 4・31 に示した配水本管において，直径 D は一定とし，AB 区間（長さ l_1）は枝管を取りつけない区間，BC 区間（長さ l_2）には枝管が等

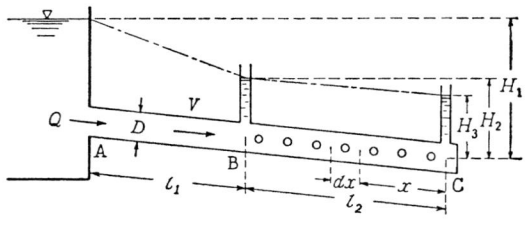

図 - 4・31

距離にとりつけてあるとする．管末 C（流速＝0）から測った配水池水面の高さを H_1，管末における消火栓の水圧を H_3 とするとき，その間の水頭損失（$H_1 - H_3$）と流量との関係を求めよ．なお，水頭損失としては管の摩擦損失だけを考えるものとする．

　解　l_1 区間の流量を Q，流速を V とすると l_1 区間内の損失水頭は

$$H_1 - H_2 = f\frac{l_1}{D}\frac{V^2}{2g} \tag{1}$$

BC 区間では単位長さ当り一定量の給水のため流量は直線的に減少し，C 断面において0となる．したがって C より B に向って x をとると，x 断面の流速は $V\,x/l_2$ で与えられるから，図の dx 区間内の損失水頭は

$$f_2 \frac{dx}{D} \frac{V_x^2}{2g} = f_2 \frac{dx}{2gD}\left(V \frac{x}{l_2}\right)^2$$

故に l_2 区間内の全損失水頭 (H_2-H_3) は，摩擦損失係数 f_2 を一定とすると

$$H_2 - H_3 = \int_0^{l_2} f_2 \frac{dx}{2gD}\left(V \frac{x}{l_2}\right)^2 = \frac{f_2 V^2}{2gD l_2^2}\int_0^{l_2} x^2\,dx = \frac{f_2}{3}\frac{l_2}{D}\frac{V^2}{2g}$$

$$(2)$$

したがって（1），（2）式より

$$H_1 - H_3 = f_1 \frac{l_1}{D}\frac{V^2}{2g} + \frac{f_2}{3}\frac{l_2}{D}\frac{V^2}{2g} = \left(f_1 l_1 + \frac{1}{3}f_2 l_2\right)\frac{V^2}{2gD} \qquad (3)$$

なお，$V = Q/A = 4Q/\pi D^2$，$H = H_1 - H_3$ を（3）式に代入すれば

$$H = \left(f_1 l_1 + \frac{1}{3}f_2 l_2\right)\frac{1}{2gD}\left(\frac{4Q}{\pi D^2}\right)^2$$

これより $\quad D^5 = \left(f_1 l_1 + \frac{1}{3}f_2 l_2\right)\frac{8Q^2}{g\pi^2 H}$

$$\therefore\quad D = 0.6075\left(f_1 l_1 + \frac{1}{3}f_2 l_2\right)^{\frac{1}{5}}\left(\frac{Q^2}{H}\right)^{\frac{1}{5}}\quad \text{(m・sec 単位)}\qquad (4)$$

（4）式により配水管の直径 D を求めることができる．

【4・21】 配水池から全延長 3500 m の配水本管を敷設し市内に給水する．配水池より 2000 m の地点から管末まで 1500 m の区間にわたって給水管を分岐し，人口1万人に対し1人1日平均 200 l を給水しようとする．時間最大給水量は1日平均給水量の2倍と仮定するとき，配水本管の必要管径を求めよ．ただし，配水池水面と管末との高さの差を 30 m とし，管末において必要な消火栓の水圧を 20 m とする．

解 配水本管は時間最大給水量に対して設計する．題意により給水流量 Q は（$200l \times 10000$ 人）を1日の秒数で割った値の2倍であるから

$$Q = 2 \times \frac{200 \times 10000}{24 \times 60 \times 60} = 46.30\ l/\text{sec} = 0.0463\ \text{m}^3/\text{sec}$$

全損失水頭 $H = H_1 - H_3 = 30 - 20 = 10\ \text{m}$，$l_1 = 200\ \text{m}$，$l_2 = 1500\ \text{m}$
これらの数値を例題 4・20 の（4）式に入れると

$$D = 0.6075\left(2000 f_1 + \frac{1}{3} \times 1500 f_2\right)^{\frac{1}{5}}\left(\frac{0.0463^2}{10}\right)^{\frac{1}{5}}$$

$$\therefore\quad D = 0.3887\,(4f_1 + f_2)^{\frac{1}{5}}\qquad (1)$$

さて流速公式として Hazen-Williams 公式を用いることとし，$C_H = 110$ とする．C_H より f_1，f_2 を計算するに当り，管径が未定であるから試算法によらなければならない．いま，およその管径の見当をつけるため，$f_1 = f_2 = 0.02$ と仮定すると（1）式より

$$D = 0.3887 \, (4 \times 0.02 + 0.02)^{\frac{1}{5}} = 0.245 \, \text{m}$$

表 - 4・1 より

$$f_1 = \frac{10.08 \, g}{D^{0.167} \, (0.849 \, C_H)^{1.85} \, V_1^{0.15}}, \qquad f_2 = \frac{10.08 \, g}{D^{0.167} \, (0.849 \, C_H)^{1.85} \, V_2^{0.15}}$$

において　$V_1 = \dfrac{4 \, Q}{\pi \, D^2} = \dfrac{4 \times 0.0463}{3.14 \times (0.245)^2} = 0.982 \, \text{m/sec}$

また V_2 としては l_2 区間の平均の流速すなわち，$V_2 = V_1/2 = 0.491 \, \text{m/sec}$ を用いる．

$$\therefore \quad f_1 = \frac{10.08 \times 9.8}{(0.245)^{0.167} \times (0.849 \times 110)^{1.85} \times (0.982)^{0.15}} = 0.0284$$

$$f_2 = \frac{10.08 \times 9.8}{(0.245)^{0.167} \times (0.849 \times 110)^{1.85} \times (0.491)^{0.15}} = 0.0315$$

これらの f_1，f_2 の値を（1）式に入れて

$$D = 0.3887 \, (4 \times 0.0284 + 0.0315)^{\frac{1}{5}} = 0.264 \, \text{m}$$

$0.264 \, \text{m}$ は第一次計算の $0.245 \, \text{m}$ と大して変らないから，これ以上繰返し計算を行なう必要はない．したがって直径 $28 \, \text{cm}$ 程度の管を用いればよい．

4・3・3　水車・ポンプを含む管路の計算

水車・ポンプなどを含む管において，ポンプによって加えられるエネルギーを H_P，水車などに水から供給されるエネルギーを H_T，摩擦および渦により失なうエネルギーを H_l とすると，A，B 2 点におけるエネルギー保存の原理は次のように表わされる（p. 124）．

$$\left(\frac{V_A^2}{2 \, g} + \frac{p_A}{w} + z_A \right) + H_P - H_T - H_l = \left(\frac{V_B^2}{2 \, g} + \frac{p_B}{w} + z_B \right) \qquad (4 \cdot 24)$$

上式はベルヌイの定理の最も一般的な表現である．

　（a）　水　車　　落差 H_0 の両水槽をつなぐ管の中に水車を設置するとき，1 秒間に流れる水の重量 wQ によってなされる仕事率 L を水力（理論水力）といい

$$L = wQH_\mathrm{T} = wQ(H_0 - H_l)$$

で与えられる．ここで，$w = w_* \, \mathrm{kgf/m^3} (= w_* \cdot 9.8 \, \mathrm{N/m^3})$, $Q = Q_* \, \mathrm{m^3/s}$, $H = H_* \, \mathrm{m}$ とおき，w, Q, H の数値に $*$ をつけると，仕事率は，工学単位，SI 単位を用いて

$$L = w_* Q_* H_{\mathrm{T}*} \, \mathrm{kgf \cdot m/s} = w_* Q_* H_{\mathrm{T}*} \times 9.8 \, \mathrm{N \cdot m/s}$$

となる．ここで，仕事率の単位として

$$(1/9.8) \times \mathrm{kgf \cdot m/s} = 1 \, \mathrm{N \cdot m/s} = 1 \, \mathrm{W} \, (ワット)$$

を用いると，$w_* = 1000$（水）とおいて，水力は次の式となる．

$$L = 9.8 \, Q_* \cdot (H_{0*} - H_{l*}) \mathrm{kW} \tag{4.25}$$

（b）ポンプ　ポンプで流量 Q の水を下の水槽から上の水槽にあげるとき，揚程を H_0 とすると，ポンプによってなされる仕事率は

$$L = wQH_P = 9.8 Q_* (H_{0*} + H_{l*}) \mathrm{kW} \tag{4.26}$$

例　題（29）

【4·22】　図 – 4·32 のような発電水路系の使用水量が 8 m³/sec のとき，a）理論水力および発電所合成効率（水車効率×発電機効率）80% とし

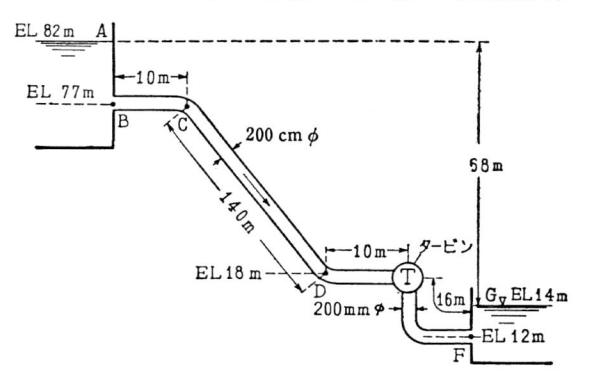

図 – 4·32

て発電力を求めよ．b）図の B, C, D および F における圧力水頭を求めよ．ただし，管への流入損失係数は 0.3，曲りの損失係数 0.15（3 ヵ所）とし $n = 0.013$ とする．

解　a）理論水力は（4·25）式で与えられるが，まず式中の損失水頭を計算する．

管内流速は $V = 2.54 \, \mathrm{m/sec}$,　$V^2/2g = 0.329 \, \mathrm{m}$

$$n = 0.013 \text{ として } f = \frac{12.7\,g\,n^2}{D^{\frac{1}{3}}} = 0.0167$$

$$\therefore \ H_l = \left(1+\zeta_e+3\zeta_b+f\frac{l}{D}\right)\frac{V^2}{2g} = \left(1+0.3+3\times0.15+0.0167\times\frac{176}{2}\right)$$

$$\times 0.329 = 1.06\,\text{m}$$

落差 $H_0 = 82-14 = 68\,\text{m}$, 有効落差 $= H_0-H_l = 68-1.06 = 66.94\,\text{m}$ であるから，理論水力は

$$L = 9.8Q_*(H_{0*}-H_{l*}) = 9.8\times8\times66.94 = 5250\,\text{kW} = 7130\,\text{HP}$$

（註） 1秒につき75 kgf·mの割合いでなされる仕事率 75 kgf·m/s を1馬力で表す． $L = (1000/75)\,Q_*H_{T*}\,\text{HP}$

	A	B	C_	C_+	D_
損失水頭（式）	0	$\zeta_e\dfrac{V^2}{2g}$	$f\dfrac{l_c}{D}\dfrac{V^2}{2g}$	$\zeta_b\dfrac{V^2}{2g}$	$f\dfrac{l_{CD}}{D}\dfrac{V^2}{2g}$
損失水頭（数字）	0	0.099	0.027	0.049	0.385
$E = $ エネルギー（m）	82	81.90	81.87	81.82	81.43
$\dfrac{p}{w}+z\left(=E-\dfrac{V^2}{2g}\right)$（m）	82	81.57	81.54	81.49	81.10
z（m）	82	77	77	77	18
$\dfrac{p}{w}$（m）		4.57	4.54	4.49	63.10

	D_+	T_	T_+	F	G
損失水頭（式）	$\zeta_b\dfrac{V^2}{2g}$	$f\dfrac{l_{DT}}{D}\dfrac{V^2}{2g}$	H_0-H_l	$\left(\zeta_b+f\dfrac{l_{TF}}{D}\right)\dfrac{V^2}{2g}$	$\dfrac{V^2}{2g}$
損失水頭（数字）	0.049	0.027	66.94	0.092	0.329
$E = $ エネルギー（m）	81.38	81.35	14.41	14.32	13.99
$\dfrac{p}{w}+z\left(=E-\dfrac{V^2}{2g}\right)$（m）	81.05	81.02	14.08	13.99	13.99
z（m）	18	18	18	12	14
$\dfrac{p}{w}$（m）	63.05	63.02	-3.92	1.99	

また，発電所出力は $P = L\eta = 5250 \times 0.8 = 4200 \text{ kW}$

　b）例題 4・18 と同様に，エネルギー損失を順次に計算してエネルギー高（標高 0 を基準）を求め，続いて $E - V^2/2g = p/w + z$ を計算する．終りに各位置の z は指定されているので p/w が求まる．ところで例題 4・18 と異なる点は水車を含むことであるが，水車の前後を T_-，T_+ として区別すると，各々におけるエネルギー E_{T-}，E_{T+} はベルヌイの定理を上側の貯水池と水車の前 T_- の間に適用して

$$E_{T-} = z_A - (AT_- \text{ 間の損失水頭})$$

同様に下側の貯水槽と水車の後 T_+ の間に適用して

$$E_{T+} = z_G + (T_+G \text{ 間の損失水頭})$$

これから当然の結果

$$E_{T-} - E_{T+} = z_A - z_G - H_l = H_0 - H_l$$

が得られる．したがって圧力の計算には水車の前後で $H_T = H_0 - H_l$ の損失があるとみなして，前頁の表のように計算してゆけばよい．

　【4・23】　貯水池から直径 40 cm の管路によって，50 m（貯水池水面から）の高さにある山をこえてポンプで送水しようとする．管路の最高点において 1.2 kgf/cm² の圧力

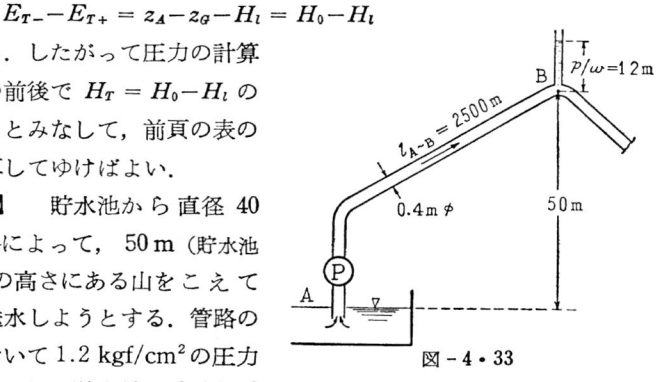

図 - 4・33

をもつようにし，送水量が 0.14 m³/sec，山頂までの管の長さが 2500 m，摩擦損失係数を $f = 0.028$ とするとき，必要なポンプの軸出力はいくらか．ただし，ポンプの効率を 0.75 とする．

　解　貯水池 A と最高点 B にベルヌイの定理（4・24）を用いると，貯水池水面を基準として　$H_P - f\dfrac{l}{D}\dfrac{V^2}{2g} = \dfrac{V^2}{2g} + z_B + \dfrac{p_B}{w}$.
ただし，損失として摩擦損失だけを考える．

$$V = \frac{0.14}{\dfrac{\pi}{4} \times 0.4^2} = 1.113 \text{ m/sec} \qquad \frac{V^2}{2g} = 0.0632 \text{ m}$$

であるから題意の数値を上式に代入すると

$$H_P = \frac{V^2}{2g}\left(1+f\frac{l}{D}\right)+z_B+\frac{p_B}{w} = 0.0632\left(1+0.028\times\frac{2500}{0.4}\right)$$

$$+50+12 = 73.1\,\text{m}$$

故に必要な水力は

$$L = 9.8Q_*H_{P*} = 9.8\times0.14\times73.1 = 100.3\,\text{kW}$$

効率は理論水力と実際のポンプに必要な動力との比であるから，軸出力 P は

$$P = \frac{L}{\eta} = \frac{100.3}{0.75} = 133.7\,\text{kW}$$

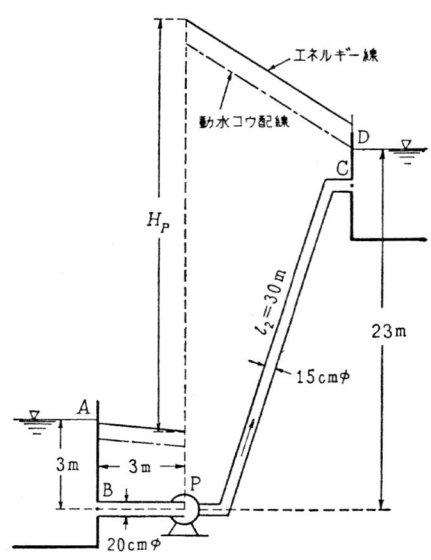

【4・24】　図 - 4・34 のように直径 20 cm，長さ 3 m の吸入管によりA水槽の水をポンプに導き，さらにA水槽水面よりの高さ 20 m のところにある D 水面まで，内径 15 cm，長さ 30 m の鋳鉄管を使って揚水する．毎秒 100 l の水を送るために必要な水力を求めよ．ただし，$n = 0.013$，$\zeta_e = 0.3$ とし曲りの損失は無視する．

　解　揚程 $H_P = H_0+H_l$ において，H_l をまず計算する．20 cm 管に添字 1，15 cm 管に添字 2 をつけると

図 - 4・34

$$V_1 = \frac{0.1}{\dfrac{\pi}{4}\times0.2^2} = 3.18\,\text{m/sec}, \qquad V_2 = V_1\left(\frac{0.20}{0.15}\right)^2 = 5.66\,\text{m/sec}$$

$$\frac{V_1^2}{2g} = 0.516\,\text{m}, \qquad \frac{V_2^2}{2g} = 1.632\,\text{m}$$

また $n = 0.013$ に対する f は $f_1 = 0.036$，$f_2 = 0.0395$

$$\therefore\quad H_l = \left(\zeta_e+f_1\frac{l_1}{D_1}\right)\frac{V_1^2}{2g}+\left(f_2\frac{l_2}{D_2}+1\right)\frac{V_2^2}{2g}$$

$$= \left(0.3 + 0.036\frac{3}{0.2}\right) \times 0.516 + \left(0.0395 \times \frac{30}{0.15} + 1\right) \times 1.632$$

$$= 0.434 + 14.525 = 14.96\,\text{m}$$

したがって $H_P = H_0 + H_l = 20 + 14.96 = 34.96\,\text{m}$

必要な水力は $L = 9.8 Q_* H_{P*} = 9.8 \times 0.1 \times 34.96 = 34.3\,\text{kW}$

〔**類 題**〕 例題 4・24 の管路についてエネルギー線・動水コウ配線を描け．

	A	B	P_-	P_+	C	D
損失水頭（式）	0	$\zeta_e \dfrac{V_1^2}{2g}$	$f_1 \dfrac{l_1}{D_1}\dfrac{V_1^2}{2g}$	$-H_P$	$f_2 \dfrac{l_2}{D_2}\dfrac{V_2^2}{2g}$	$\dfrac{V_2^2}{2g}$
損失水頭（数値）	0	0.155	0.279	−34.96	12.90	1.63
$E =$ エネルギー （m）	3	2.845	2.566	37.53	24.63	23.00
動水コウ配線 $\left(= E - \dfrac{V^2}{2g}\right)$ （m）	3	2.329	2.050	35.90	23.00	23.00

エネルギー線・動水コウ配線の略図を図-4・34 に示した．

4・3・4 ポ ン プ

ポンプには種々の形式があるが，主に用いられるものは渦巻型と軸流型とである．渦巻型ポンプは原動機によって回転させる翼車（羽根車）の遠心力により水にエネルギーを与えるもので，吸込管内の水は羽根車の回転により中心部から吸いこまれ，運動エネルギーと圧力エネルギーを与えられて外周から流出し，スパイラルケーシングに集められる．しかし，翼から流れる水の速度が大きいときには，運動エネルギーを圧力にかえるために翼の周囲に案内羽根を設ける．案内羽根のないものをボリュートポンプ（狭義の渦巻ポンプ），あるものをタービンポンプといい，前者は低揚程の場合，後者は高揚程の場合に用いる．

水量の多いときには，両吸込の翼車を用いて翼車の両側から水を吸いこむ．また，揚程が高いときには，1組の翼車と案内羽根を通った水を，さらに次の翼車に通じて圧力をあげ，所要の揚程が得られるまでつづける型式のものがある．これを多段式タービンポンプという．

軸流型のポンプは，軸にプロペラがとりつけられ，これを回すことによって軸方向に水を送る．この型は低揚程で大水量の場合に適している．

（a） ポンプの出力 回転速度 ω の渦巻ポンプで出口の半径を r_2，翼車に相対的な速度を v_2 とすると，出口の絶対速度 c_2 は v_2 と円周方向の速

度 $u_2 = r_2\,\omega$ を図 - 4・35 のように合成した
ものである．入口（半径 r_1）についても，図
のように v_1，c_1 をとり，c と u との角度を
入口，出口についてそれぞれ α_1，α_2 とする
Q を揚水量とすると水に働くトルクは

$$M = \rho\,Q\,(r_2\,c_2\cos\alpha_2 - r_1\,c_1\cos\alpha_1)$$

ポンプは $\alpha_1 \fallingdotseq 90°$ で設計されるとすると，
ポンプの出力 L_0 は

$$L_0 = \omega M = \rho\,Q\,\omega\,(r_2\,c_2\cos\alpha_2)$$
$$= \rho\,Q\,u_2\,c_2\cos\alpha_2 \qquad (4・27)$$

（b）　特性曲線図　　図 - 4・35 の速度三角　　　図 - 4・35

形より $c_2\cos\alpha_2 = u_2 - v_2\cos\beta_2$ 故に（4・27）式より，理論揚程 H_r は

$$H_r = \frac{u_2\,c_2\cos\alpha_2}{g} = \left(\frac{u_2{}^2}{g} - \frac{u_2\,v_2\cos\beta_2}{g}\right)\infty$$

$$(u_2{}^2 - \text{const.}\,u_2\,Q\cos\beta_2)$$

となって，揚水量の一次式で与えられる．実際のポンプでは $\beta_2 = 25\sim50°$
となっているから，H_r は Q の増大と共に直線的に減少する．しかし実際の
ポンプでは翼数が有限である他に，摩擦損失および流れの衝突による損失が
起こるから，実際揚程は上式よりも小さく，かつ Q の二次式でほぼ表わすこ
とができる．この揚水量と揚程・効率の関係を図に表わしたものが特性曲線
図で，実際運転の場合に大切な資料である（図 - 4・38）

　（c）　ポンプの相似率　　幾何学的に相似なポンプが力学的にも相似に働ら
くものとすると，速度三角形は相似であるから，$c_2/u_2 = $ 一定．

　c_2 は直接流量に関係するから翼車の直径を d として $c_2 \infty Q/d^2$．また回
転数を n（$\infty\omega$）とすると $u \infty dn$．したがって上式より

$$Q/n\,d^3 = \text{一定} \qquad (4・28)$$

一方，$H \infty u_2\,c_2 \infty u_2{}^2 \infty (n\,d)^2$ であるから，（4・28）式を書きかえると

$$\frac{H}{Q^2/d^4} = \text{一定} \qquad (4・29)$$

以上のことから，回転数と大きさをかえた影響は次式で推定することができ
る．

$$\frac{Q_2}{Q_1} = \frac{n_2}{n_1}\left(\frac{d_2}{d_1}\right)^3, \quad \frac{H_2}{H_1} = \frac{n_2^2\,d_2^2}{n_1^2\,d_1^2}, \quad \frac{L_2}{L_1} = \frac{n_2^3}{n_1^3}\left(\frac{d_2}{d_1}\right)^5 \quad (4\cdot30)$$

（d）　比較回転速度（Specific speed）　　（4・28），（4・29）式より翼車の直径 d を消去すると

$$n_s = \frac{n\sqrt{Q}}{H^{\frac{3}{4}}} \qquad\qquad (4\cdot31)$$

をうる．n_s を比較回転速度（比速度）とよび，ポンプの大きさを示す量が含まれていないので，幾何学的に相似なポンプは共通の n_s をもっている．Q を $\mathrm{m^3/sec}$，H を m，n および n_s を r.p.m.（毎分回転数）で表わすと*，タービンポンプでは $n_s = 15\sim60$，ボリュートポンプでは $n_s = 25\sim80$，軸流ポンプでは $n_s = 130\sim280$ の範囲にある．

　終りにポンプの設計，運転に必要な事項を列挙しておく．**

（i）　ポンプの吐出口径 D（m）　　吐出口流速をVとすると，$Q = \dfrac{\pi}{4}D^2V$ であるが，揚水量 Q と V との関係は図 - 4・36 で与えられる．

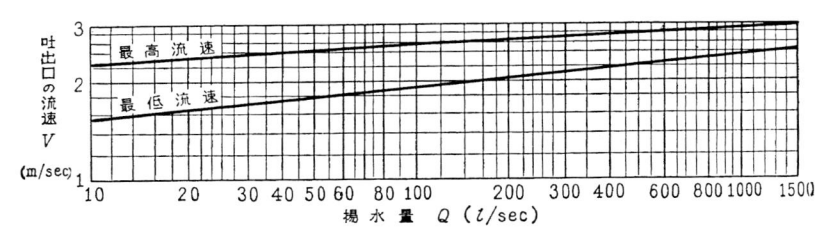

図 - 4・36

註 1.　周波数 60 サイクルならば最高流速，50 サイクルならば最高と最低の中間の速度をとる．

註 2.　吸込水頭が 5 m 以上のときは最低流速をとる．

（ii）　軸動力および原動機出力　　軸動力　$L = \dfrac{1000\,Q\,H_P}{75\,\eta}$ HP　　（m・sec 単位）　ただし，$H_P = $ 実揚程＋損失水頭，η は効率．なお標準効率と吐出口径 D との関係は図 - 4・37 に示す．

　原動機出力　$L_M = L\,(1+\alpha)$

---

*)　Q を l/sec または $\mathrm{m^3/min}$，H を m，n および n_s を r.p.m. で表わしたときの比較回転速度もしばしば用いられるので注意されたい．

**)　土木学会編，水理公式集 p. 177〜179

余裕 α の値はタービンポンプで 15〜20%，ボリュートポンプで 10〜15%，軸流ポンプで 20〜25% にとる.

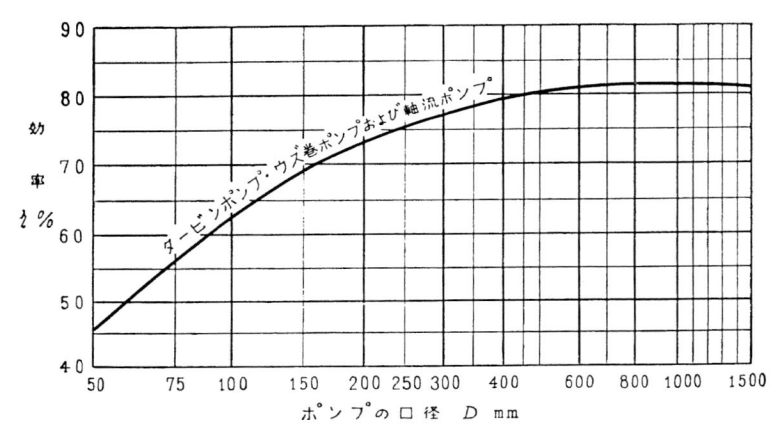

図 – 4・37

（iii）**吸込水高の限度** h_s　　吸込水高（ポンプと下水槽水面との高さの差）が大きくなると，キャビテーションが発生して規定の揚水ができなくなる. したがって，ポンプの吸込水高は次式の h_s よりも小さいことが必要である.

$$h_s = (8.8 \sim 8.9) - \sigma H_P \ \text{(m単位)} \tag{4・32}$$

σ はキャビテーション常数とよばれ，比較回転速度 n_s の関数で次の実験式がある[*].

$$\left.\begin{array}{l}\text{片吸込みポンプ}\quad \sigma = 1.22 \times 10^{-3} \, n_s{}^{4/3} \\[4pt] \text{両吸込みポンプ}\quad \sigma = 0.78 \times 10^{-3} \, n_s{}^{4/3}\end{array}\right\} \tag{4・33}$$

例　　題（30）

【4・25】　　全長 120 m の鋳鉄管を用い，下水槽から高さ 20 m のところにある上水槽の水面まで，毎秒 100 *l* の水を揚水する計画である.

（1）軸馬力・原動機出力を求めよ. ただし，局部的損失係数の和は 2.3 とする.

（2）ポンプの回転数を $n = 1750$ r.p.m. として比較回転速度を求めよ.

（3）この回転数で規定の揚水が可能なための吸込水高の限度を求めよ.

---

[*]　石原藤次郎編，応用水理学　中 I，p.271

解　（1）　題意に管径が与えられていないので，吐出管，吸込管の径はいずれも吐出口径に等しいものとする．図-4・36 より $Q = 100\,l/\text{sec}$ に対する吐出口流速は $1.88{\sim}2.56\,\text{m/sec}$ であるから，ここではほぼ中間の値をとり $V = 2.30\,\text{m/sec}$ とすると管径 D は

$$D = \sqrt{\frac{4}{\pi}\frac{Q}{V}} = \sqrt{\frac{4}{\pi}\frac{0.1}{2.30}} = 0.235\,\text{m}$$

ところが標準の管でこの値に近いものは $210\,\text{mm}$ と $260\,\text{mm}$ 管であるから，ここでは $260\,\text{mm}$ 管を用いることにする．そのときの管内流速は $V = 1.88\,\text{m/sec}$.

鋳鉄管の粗度係数を $n = 0.013$ とすると，損失水頭は

$$H_l = \left(\Sigma\,\zeta + \frac{12.7\,g\,n^2}{D^{1/3}}\frac{l}{D}\right)\frac{V^2}{2g} = \left(2.3 + \frac{124.5\times(0.013)^2}{(0.26)^{1/3}}\right.$$
$$\left.\times\frac{120}{0.26}\right)\frac{(1.88)^2}{19.6} = 3.13\,\text{m}$$

したがって，揚程　$H_P = 20 + 3.13 = 23.13\,\text{m}$

次に効率は図-4・37 で吐出口径 $260\,\text{mm}$ に応ずる η を読んで $\eta = 0.765$.

$$\therefore \quad 軸馬力 \quad L = \frac{1000\,Q\,H_P}{75\,\eta} = \frac{1000\times0.1\times23.13}{75\times0.765} = \underline{40.3\,\text{HP}}$$

原動機出力は渦巻ポンプとして余裕 $\alpha = 15\%$ とみて

$$L_M = L(1+\alpha) = 40.3\times1.15 = \underline{46.3\,\text{HP}}$$

（2）　比較回転速度は（4・31）式より

$$n_s = \frac{n\sqrt{Q}}{H_P{}^{3/4}} = \frac{1750\sqrt{0.1}}{(23.13)^{3/4}} = \underline{52.4}$$

故に渦巻ポンプが適当である．

（3）　（4・33）式より片吸込ポンプとして，キャビテーション常数 σ は

$$\sigma = 1.22\times10^{-3}\,n_s{}^{4/3} = 1.22\times10^{-3}\times(52.4)^{4/3} = 0.239$$

故に　吸込水高の限度　$h_s = 8.8 - \sigma\,H_P = 8.8 - 0.239\times23.13$
$$= 8.8 - 5.53 = \underline{3.27\,\text{m}}$$

したがって，ポンプの位置が下水槽の水面より $3\,\text{m}$ 程度以上高所にあれば，キャビテーションのため規定の揚水が期待できないだけでなく，羽根車を損傷する．

【4・26】　吐出口の口径　260 mm　の渦巻ポンプで，$n = 960$ r.p.m.の
ときの特性曲線が図 - 4・38 の実線のように与えられている．このポンプを

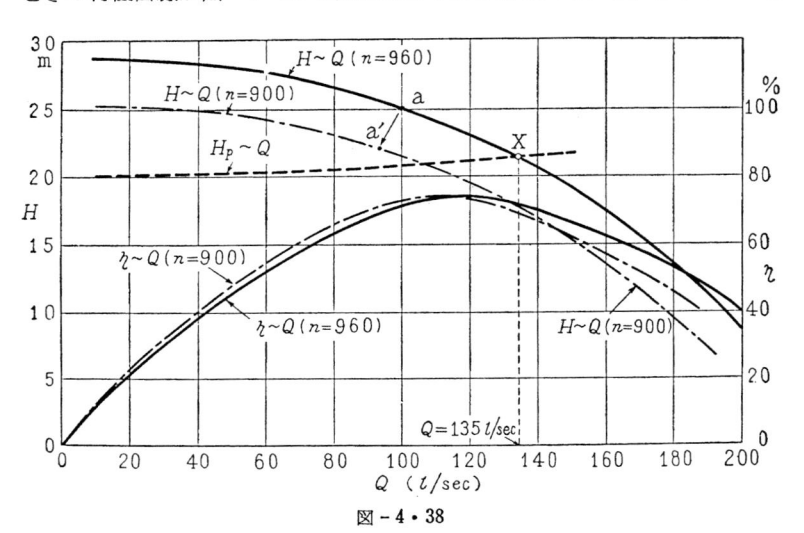

図 - 4・38

用い，　a）　下水槽より水面差で　20 m　高い上水槽に水を送るときの流量・
軸馬力を求めよ．また　b）　吸込水高を　3 m　とすると，キャビテーション
に対して安全であるか否かを検討せよ．ただし，管径は　260 mm，管の全長
30 m，局部的な損失係数の和を　1.8,摩擦損失係数 $f = 0.02$，ポンプの回転
数は規定回転数で　$n = 960$ r.p.m.　とする．

解　a）　揚程 H_P は

$$H_P = 20 + H_l = 20 + \left(1.8 + 0.02 \times \frac{30}{0.26}\right) \times \frac{V^2}{2g}$$

$$= 20 + \frac{4.1}{19.6} \frac{Q^2}{\left(\frac{\pi}{4}D^2\right)^2}$$

$$\therefore \quad H_P = 20 + 0.742 \times 10^2\, Q^2$$

上式を計算して Q と H_P との関係を図 - 4・38 にプロットすると点線のよ
うになる．

　一方ポンプの性能より揚程と流量の関係は図中の　H～Q　曲線（$n = 960$

r.p.m.）で与えられているので，揚水量は $H_P \sim Q$ の点線とポンプの特性曲線 $H \sim Q$ との交点Xに対応する揚水量として与えられる．図より

$$Q = 0.135 \text{ m}^3/\text{sec}, \qquad H_P = 21.5 \text{ m}, \qquad \eta = 0.71$$

$$\text{軸出力} = \frac{1000 \, Q \, H_P}{75 \, \eta} = 54.5 \text{ HP}$$

b）比較回転速度 $n_s = 960 \dfrac{\sqrt{0.135}}{(21.5)^{3/4}} = 35.3$, $\sigma = 1.22 \times 10^{-3} \, n_s^{4/3} = 0.141$

∴ 吸込水高の限度 $h_s = 8.8 - \sigma \, H_P = 8.8 - 0.141 \times 21.5 = 5.77 \text{ m}$

この $h_s = 5.77 \text{ m}$ は題意の吸込水高 3.0 m に対して十分大きく，キャビテーションを発生する恐れはない．

【4・27】 前例題の渦巻ポンプを，回転数が規定回転数 $n = 960$ r.p.m. よりも低い $n = 900$ r.p.m. の原動機を用いて，運転するときの揚水量—揚程曲線を求めよ．また，この回転数で前例題の上水槽に水を送るときの流量・軸馬力を求めよ．

解 $n_1 = 960$ r.p.m. のときの諸量に添字 1, $n_2 = 900$ r.p.m. のものに添字2をつけて区別する．ポンプは同じものであるから（4・30）式より

$$Q_2 = Q_1\left(\frac{n_2}{n_1}\right) = 0.938 \, Q_1, \qquad H_2 = H_1\left(\frac{n_2}{n_1}\right)^2 = 0.880 \, H_1$$

Q_1 と H_1 との関係は図 - 4・38 に実線で与えられているので，1組の（Q_1, H_1）に対して上式から Q_2, H_2 を計算し，両者を図中にプロットすればよい．計算の結果は図 - 4・38 に鎖線で示してある（表 - 4・5）．たとえば図の a 点（$Q_1 = 0.1 \text{ m}^3/\text{sec}, H_1 = 25 \text{ m}$）は a′ 点（$Q_2 = 0.0938 \text{ m}^3/\text{sec}, H_2 = 22.0 \text{ m}$）に移る．なお，効率は n に関係しないと考えているので，$Q_1 \sim \eta$ 曲線は Q_1 を Q_2 にずらせばよい．結果は鎖線で示してある．

表 - 4・5

Q_1	Q_2	H_1	H_2	η (%)
0.02	0.0188	28.6	25.2	21
0.04	0.0375	28.4	25.0	38
0.06	0.0563	27.6	24.3	52
0.08	0.075	26.5	23.3	63
0.10	0.0938	25.0	22.0	71
0.12	0.1125	23.1	20.3	74
0.14	0.131	20.6	18.1	69
0.16	0.150	17.5	15.4	62
0.18	0.169	13.4	11.8	53
0.20	0.188	8.8	7.74	40

次に，揚水量は前例題で計算した $H_P \sim Q_1$ 曲線（点線）と，新しくプロットした $n = 900\,\mathrm{r.p.m.}$ のときの $H_2 \sim Q_2$ 曲線との交点を読んで

$$Q_2 = 0.106\,\mathrm{m^3/sec}, \qquad H_P = 20.9\,\mathrm{m}, \qquad \eta = 0.735$$

をうる．軸出力は

$$L = \frac{1000 \times 0.106 \times 20.9}{75 \times 0.735} = 40.2\ \mathrm{HP}$$

問　題　(21)

（1）図 - 4・39 のように内径 7.5 cm，長さ 25 m の管に接続する内径 15 cm 長さ 15 m の管により上水槽 A から下水槽 B に送水している．A, B 水槽の水面差は 10 m とするとき，流量を求めよ．ただし，$\zeta_e = 0.4$，7.5 cm 管の $\zeta_{b1} = 0.3$（2 カ所），15cm 管の $\zeta_{b2} = 0.5$（1 カ所），$\zeta_v = 0.5$，$n = 0.012$ とする．

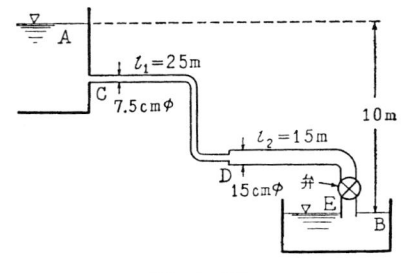

図 - 4・39

答　15.4 l/sec

（2）図 - 4・40 に示す 50 馬力のポンプが 120 l/sec の水を送水しているとする．下水槽の水面が EL 5 m とするとき，上水槽の水面はいくらか．BC 管の直径 40 cm，長さ12 m，$f_1 = 0.025$，DE 管の直径 30 cm，長さ 300 m，$f_2 = 0.03$ とし，$\zeta_e = 0.5$，$\zeta_v = 4.0$,ポンプの効率を 0.75 とする．

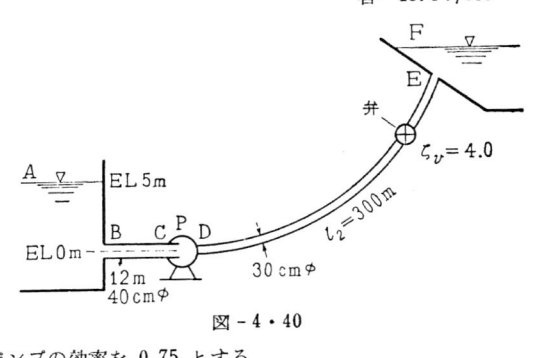

図 - 4・40

答　EL 23.23 m

4・4　複合管の計算

4・4・1　合流管および分岐管

図のように水槽Ⅰ，Ⅱから合流管により水槽Ⅲに水を送る．図の記号を用

い，合流点 B（ただし，合流後）におけるエネルギー線が Ⅲ 水槽の水面より E_B の高さにあるとすると，(AB)，(BC)，(BE) にベルヌイの式を用いて

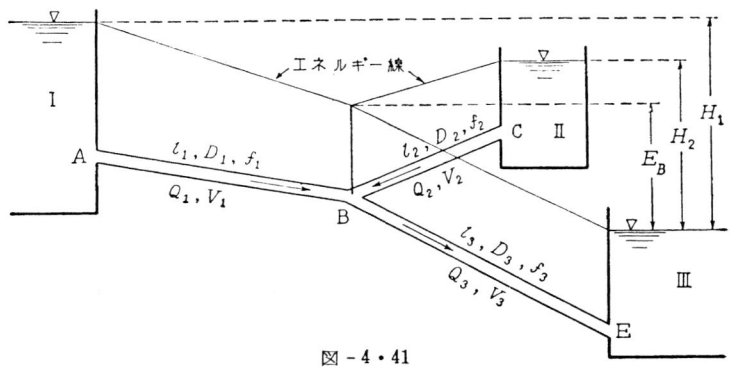

図 - 4・41

$$(AB): H_1 - E_B = \left(\zeta_{e_1} + \zeta_{b_1} + \zeta_{s_1}' + f_1 \frac{l_1}{D_1}\right)\frac{V_1{}^2}{2g} \qquad V_1 = \frac{4Q_1}{\pi D_1{}^2}$$

$$(BC): H_2 - E_B = \left(\zeta_{e_2} + \zeta_{b_2} + \zeta_{s_2}' + f_2 \frac{l_2}{D_2}\right)\frac{V_2{}^2}{2g} \qquad V_2 = \frac{4Q_2}{\pi D_2{}^2}$$

$$(BE): E_B = \left(\zeta_{b_3} + \zeta_0 + f_3 \frac{l_3}{D_3}\right)\frac{V_3{}^2}{2g} \qquad V_3 = \frac{4Q_3}{\pi D_3{}^2}$$

$$Q_1 + Q_2 = Q_3$$

(4・34)

が成り立つ．上式で ζ_e は入口損失，ζ_0 は出口損失，ζ_{s_1}'，ζ_{s_2}' は合流による損失係数で合流角度，管径比によって変わり，さらに厳密には流量配分比 Q_1/Q_3 の関数となっているので，普通の計算では考慮しないことが多い．

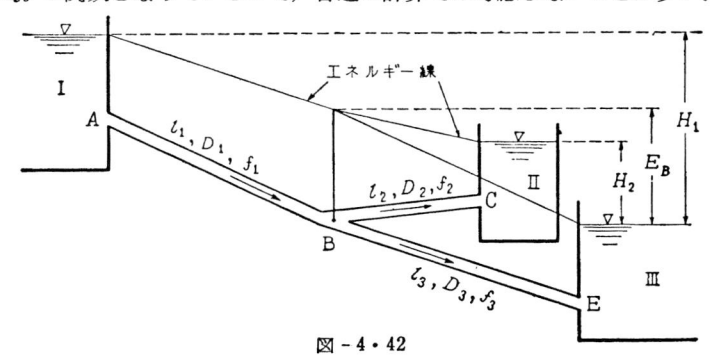

図 - 4・42

　図 - 4・42 のように I 水槽から分岐管により水槽 II，III に水を送るときには，分岐点 B（ただし，分岐前）におけるエネルギー線の高さを E_B とすると，ζ_{s_2}, ζ_{s_3} を分岐の損失係数として，前と同様に

$$(AB): H_1 - E_B = \left(\zeta_{e_1} + \zeta_{b_1} + f_1\frac{l_1}{D_1}\right)\frac{V_1^2}{2g} \qquad V_1 = \frac{4Q_1}{\pi D_1^2}$$

$$(BC): E_B - H_2 = \left(\zeta_{s_2} + \zeta_{b_2} + \zeta_0 + f_2\frac{l_2}{D_2}\right)\frac{V_2^2}{2g} \quad V_2 = \frac{4Q_2}{\pi D_2^2}$$

$$(BE): E_B = \left(\zeta_{s_3} + \zeta_{b_3} + \zeta_0 + f_3\frac{l_3}{D_3}\right)\frac{V_3^2}{2g} \qquad V_3 = \frac{4Q_3}{\pi D_3^2}$$

$$Q_1 = Q_2 + Q_3 \tag{4・35}$$

とくに l/D が大きく局所的な損失を無視しうる場合には，(4・34)，(4・35)式は次のようになる．

$$H_1 = \frac{8}{g\pi^2}\left(f_1\frac{l_1}{D_1^5}Q_1^2 + f_3\frac{l_3}{D_3^5}Q_3^2\right)$$

$$H_2 = \frac{8}{g\pi^2}\left(\pm f_2\frac{l_2}{D_2^5}Q_2^2 + f_3\frac{l_3}{D_3^5}Q_3^2\right) \tag{4・36}$$

$$Q_1 \pm Q_2 = Q_3$$

ただし，＋：合流，－：分流

例　題（31）

【4・28】　図 - 4・41 または図 - 4・42 の管路において，AB 管の流量が 0.12 m³/sec, I，II 水槽の水面差が 4 m のとき，a）BC 管の流れの方向および流量，b）BE 管の流量と I，III 水槽の水面差を求めよ．ただし，管の寸法は表のとおりで摩擦損失だけ を 考慮し $n = 0.013$ とする．

管　路	管長 l (m)	管径 D (m)
AB	150	0.30
BC	200	0.20
BE	400	0.30

　解　a）　AB，BC，BE 管にそれぞれ添字 1，2，3 をつける．

$$f_1 = f_3 = \frac{12.7 g n^2}{D^{1/3}} = 0.0314, \qquad f_2 = 0.036$$

また　$V_1 = \dfrac{4Q_1}{\pi D_1^2} = \dfrac{4 \times 0.12}{\pi \times 0.3^2} = 1.696 \text{ m/sec}, \qquad \dfrac{V_1^2}{2g} = 0.1469 \text{ m}$

(4・34) あるいは (4・35) の第一式より

$$H_1 - E_B = f_1 \frac{l_1}{D_1} \frac{V_1^2}{2g} = 0.0314 \times \frac{150}{0.3} \times 0.1469 = 2.30 \text{ m} \qquad (1)$$

$H_1 - H_2 = 4 \text{ m}$ であるから明らかに，$E_B > H_2$. 故に流れは図 - 4・42 のように B 点より水槽Ⅱの方向に向い，BC 管は分岐管である．故に (4・35) の第二式より

$$E_B - H_2 = f_2 \frac{l_2}{D_2} \frac{V_2^2}{2g} \qquad (2)$$

(1)，(2) 式より $H_1 - H_2 = 2.30 + f_2 \dfrac{l_2}{D_2} \dfrac{V_2^2}{2g} = 4.0$

$$\therefore \quad V_2 = 0.961 \text{ m/sec}, \qquad Q_2 = \frac{\pi}{4} D_2^2 V_2 = 0.0302 \text{ m}^3/\text{sec}$$

b) $Q_1 = Q_2 + Q_3$ より $Q_3 = 0.12 - 0.0302 = 0.0898 \text{ m}^3/\text{sec}$

$$\therefore \quad V_3 = \frac{4Q_3}{\pi D_3^2} = 1.269 \text{ m/sec}, \qquad \frac{V_3^2}{2g} = 0.0822 \text{ m}$$

故に (4・35) 式の第二式より

$$E_B = f_3 \frac{l_3}{D_3} \frac{V_3^2}{2g} = 0.0314 \times \frac{400}{0.3} \times 0.0822 = 3.43 \text{ m}$$

(1) 式より $H_1 = E_B + 2.30 = 5.73 \text{ m}$

【4・29】 水面の高さがそれぞれ 100 m，87 m，75 m なる三つの貯水池を，図 - 4・41 または図 - 4・42 のような管路で連絡した．各管路の寸法および f が右表のように与えられているとき，各管の流量を求めよ．

管 路	管 長 l (m)	管 径 D (m)	f
A B	500	0.35	0.0298
B C	300	0.35	0.0298
B E	1000	0.50	0.0265

解 (4・36) 式に題意の数値を入れる．落差は $H_1 = 100 - 75 = 25 \text{ m}$，$H_2 = 87 - 75 = 12 \text{ m}$，また $f_1 \dfrac{l_1}{D_1^5} = 0.0298 \times \dfrac{500}{(0.35)^5} = 2836$，$f_2 \dfrac{l_2}{D_2^5}$

$= 1702$，$f_3 \dfrac{l_3}{D_3^5} = 848$，$\dfrac{8}{g\pi^2} = 0.0827$ であるから (4・36) 式は

$$\left.\begin{array}{l} 25 = 234.6\,Q_1^2 + 70.1\,Q_3^2 \\ 12 = \pm 140.8\,Q_2^2 + 70.1\,Q_3^2 \end{array}\right\} \qquad (1)$$

ただし，＋：合流管，－：分岐管

（1）式において E_B がまだ分らないので，管路が合流であるか，分岐であるかは不明であるから2通りの計算を行なう必要がある．もっともこの問題では合流管であることが予想される．（1）式の両式から常数項を消失すると

$$\pm Q_2{}^2 - 0.800\,Q_1{}^2 + 0.259\,Q_3{}^2 = 0$$

一方，連続の式 $\pm Q_2 = Q_3 - Q_1$（＋：合流，－：分岐）を上式に代入すると

$$\pm (Q_3 - Q_1)^2 - 0.800\,Q_1{}^2 + 0.259\,Q_3{}^2 = 0 \qquad\qquad (2)$$

$$+：合流，\quad -：分岐$$

いま，合流管として計算してみると，（2）式の正号を用い

$$0.200\,Q_1{}^2 - 2\,Q_1\,Q_3 + 1.259\,Q_3{}^2 = 0$$

より　$\dfrac{Q_1}{Q_3} = \underline{0.675}$　および　9.325

合流管では $Q_1/Q_3 \leqq 1$ のはずであるから，上の2根のうち 9.325 は捨てる．

　一方，分岐管とすると（2）式の負号を用い

$$1.80\,Q_1{}^2 - 2\,Q_1\,Q_3 + 0.741\,Q_3{}^2 = 0$$

となるが，この根は虚根であって題意に適しない．したがってこの管路は合流管で $Q_1/Q_3 = 0.675$ であり

$$Q_1 + Q_2 = Q_3 \quad すなわち \quad \frac{Q_2}{Q_3} = 1 - \frac{Q_1}{Q_3} \quad より \quad Q_2/Q_3 = \underline{0.325}$$

である．次に $Q_1 = 0.675\,Q_3$ を（1）式の第一式に入れると

$$25 = 234.6 \times (0.675)^2\,Q_3{}^2 + 70.1\,Q_3{}^2 = 177\,Q_3{}^2$$

　故に　$Q_3 = 0.376\,\mathrm{m^3/sec}$

したがって　$Q_1 = 0.254\,\mathrm{m^3/sec}$，　　$Q_2 = 0.122\,\mathrm{m^3/sec}$

4・4・2　合流管・分岐管の図式計算法

　以上に掲げた例題のような簡単な分岐または合流管においては，（4・36）式を容易にとくことができる．しかし分岐あるいは合流の数が増すと代数方程式をとくことが著しく困難となるので，図式計算による方が便利な場合が多い．

　例　　　題　（32）

【4・30】　図-4・43（a）（図中水槽 II′ および管 BC′ は除く）の管路において，$H_1 = 15\,\mathrm{m}$，$H_2 = 11\,\mathrm{m}$ のとき，図式計算法によって各管の流量を

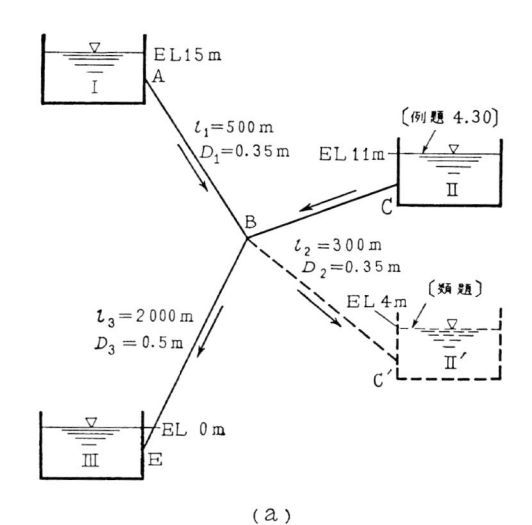

（a）

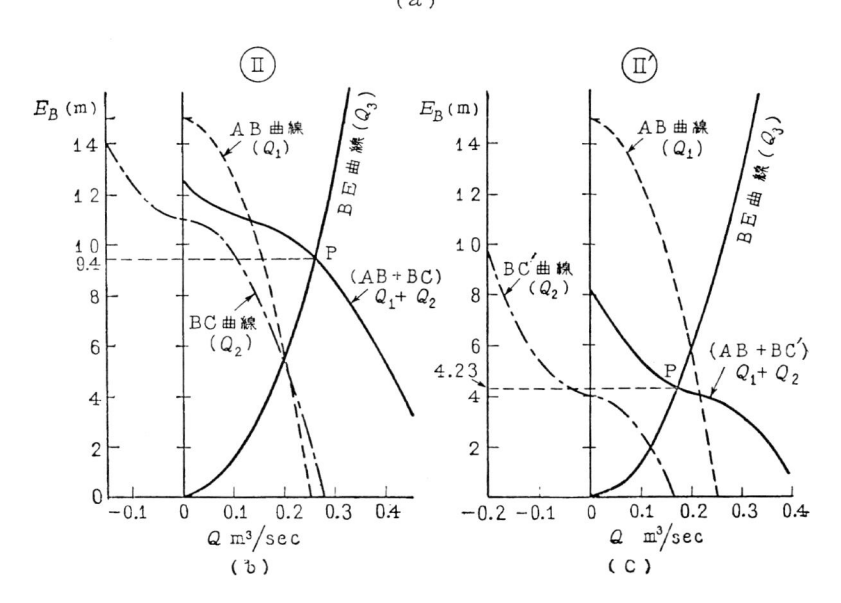

（b）　　　　　　　　　　　（c）

図 – 4・43

求めよ．ただし，摩擦損失だけを考え $n = 0.013$ とする．

　解　（4・34）式に題意の数値を入れると，f は例題 4・29 と同じく，$f_1 = f_2 = 0.0298,\ f_3 = 0.0265$ となるから

$$
\left.
\begin{aligned}
H_1 - E_B &= \frac{8}{g\,\pi^2}\,f_1\,\frac{l_1}{D_1{}^5}\,Q_1{}^2 \ \ \text{より}\ \ 15 - E_B = 234.6\,Q_1{}^2 \\[2mm]
H_2 - E_B &= \pm\frac{8}{g\,\pi^2}\,f_2\,\frac{l_2}{D_2{}^5}\,Q_2{}^2 \ \ \text{より}\ \ 11 - E_B = \pm\,140.8\,Q_2{}^2 \\[2mm]
E_B &= \frac{8}{g\,\pi^2}\,f_3\,\frac{l_3}{D_3{}^2}\,Q_3{}^2 = 140.2\,Q_3{}^2
\end{aligned}
\right\} \quad (1)
$$

上式の（±）の符号は，$Q_2 > 0$（合流）のとき＋，$Q_2 < 0$（分岐）のとき－

$$
Q_1 + Q_2 = Q_3 \tag{2}
$$

この問題では合流管であるか分岐管であるか分っていない．したがって，合流管の場合には $Q_2 > 0$ で（1）式の第二式の複号は ＋，分岐管の場合は $Q_2 < 0$ で第二式の複号は － をとる．なお，（2）式は Q_2 の正負にかかわらず成り立つ．図 - 4・43（b）のように，横軸に Q，縦軸に E_B をとり（1）の三つの式から E_B と $Q_1,\ Q_2,\ Q_3$ の関係をあらわす曲線（AB），（BC），（BE）をつくる．

　次に（AB）と（BC）曲線の横座標を加えた（AB＋BC）曲線を作ると，これは $Q_1 + Q_2$ と E_B との関係を示すものであるから，（2）式の $Q_1 + Q_2 = Q_3$ の条件を満す点は曲線（AB＋BC）と曲線（BE）の交点である．この交点（図のP点）が E_B を与える点で，この E_B に対応する $Q_1,\ Q_2,\ Q_3$ が求めるものである．すなわち図より

$$
E_B = 9.4\,\text{m}, \qquad Q_1 = 0.155\,\text{m}^3/\text{sec}, \qquad Q_2 = 0.106\,\text{m}^3/\text{sec},
$$
$$
Q_3 = 0.261\,\text{m}^3/\text{sec}
$$

となり，Ⅰ．Ⅱ水槽より水が合流して水槽Ⅲに流れる．

　〔**類題**〕　例題 4・30 において Ⅱ′ 水槽の水位が 4.0 m であることを除き（Ⅱ′ 水槽は図 - 4・43 の点線で示す，図中の水槽Ⅱおよび管 BC は除く），他は同一とするとき各管の流量を求めよ．

　解　AB, BE 管については例題 4・30 と全く同じであるが，BC 管はついては

$$
4 - E_B = \pm\,140.8\,Q_2{}^2
$$

ただし，合流すなわち $Q_2 > 0$ のとき ＋，分岐すなわち $Q_2 < 0$ のとき－であるから，Q_2 と E_B との関係は図 - 4・43（c）の（BC′）曲線となる．（AB＋BC′）曲線

と（BE）曲線との交点 P を求めると，$E_B = 4.23\,\mathrm{m}$, $Q_1 = 0.214\,\mathrm{m^3/sec}$, $Q_2 = -0.041\,\mathrm{m^3/sec}$, $Q_3 = 0.173\,\mathrm{m^3/sec}$ となり，Q_2 は負となるから分岐管である．

4・4・3 側管を持つ管水路

図 - 4・44 のように管水路の途中で 2 管以上に分岐し，これらの分岐管が

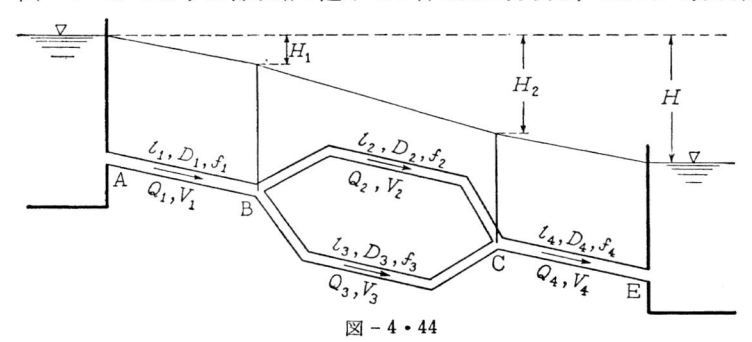

図 - 4・44

さらに 1 管に合流するときには，BC 部分では右管および左管の損失水頭は相等しい．管路は長いとして局部損失を無視すると

$$
\left.
\begin{aligned}
H_1 &= f_1 \frac{l_1}{D_1} \frac{V_1{}^2}{2g} \\[6pt]
H_2 - H_1 &= f_2 \frac{l_2}{D_2} \frac{V_2{}^2}{2g} = f_3 \frac{l_3}{D_3} \frac{V_3{}^2}{2g} \\[6pt]
H - H_2 &= f_4 \frac{l_4}{D_4} \frac{V_4{}^2}{2g}
\end{aligned}
\right\} \tag{4・37}
$$

$$
Q_1 = Q_2 + Q_3 = Q_4 \quad \text{より} \quad V_1 D_1{}^2 = V_4 D_4{}^2,
$$
$$
V_1 D_1{}^2 = V_2 D_2{}^2 + V_3 D_3{}^2
$$

上式において $\lambda_1{}^2 = f_1 \dfrac{l_1}{D_1}$, $\lambda_2{}^2 = f_2 \dfrac{l_2}{D_2}$, $\lambda_3{}^2 = f_3 \dfrac{l_3}{D_3}$, $\lambda_4{}^2 = f_4 \dfrac{l_4}{D_4}$ とおくと，（4・37）式の第二式から，$\lambda_2 V_2 = \lambda_3 V_3$ をうるから，これを連続の式の第二式に代入して

$$
\left.
\begin{aligned}
V_2 &= \frac{\lambda_3 D_1{}^2}{\lambda_3 D_2{}^2 + \lambda_2 D_3{}^2} V_1 \\[6pt]
V_3 &= \frac{\lambda_2 D_1{}^2}{\lambda_3 D_2{}^2 + \lambda_2 D_3{}^2} V_1
\end{aligned}
\right\} \tag{4・38}
$$

また $\quad V_4 = \left(\dfrac{D_1}{D_4}\right)^2 V_1$

（4・37）式を辺々加え合わせ，右辺に（4・38）式を代入すると

$$H = \frac{V_1^2}{2g}\left\{\lambda_1^2 + \left(\frac{\lambda_2\,\lambda_3\,D_1^2}{\lambda_3\,D_2^2 + \lambda_2\,D_3^2}\right)^2 + \lambda_4^2\left(\frac{D_1}{D_4}\right)^4\right\} \qquad (4・39)$$

例　　題　(33)

〔4・31〕　図-4・44において $H = 12\,\mathrm{m}$, $l_1 = 2400\,\mathrm{m}$, $l_2 = 600\,\mathrm{m}$, $l_3 = 500\,\mathrm{m}$, $l_4 = 1600\,\mathrm{m}$, $D_1 = 40\,\mathrm{cm}$, $D_2 = 30\,\mathrm{cm}$, $D_3 = 20\,\mathrm{cm}$, $D_4 = 40\,\mathrm{cm}$ とするとき，管水路の各部分の流速および流量を求めよ．ただし，$n = 0.012$ とする．

解　$n = 0.012$ に相当する摩擦損失係数は

$$f_1 = \frac{12.7\,g\,n_1^2}{D_1^{1/3}} = 0.0243,\ f_2 = 0.0268,\ f_3 = 0.0306,\ f_4 = 0.0243$$

故に　$\lambda_1^2 = f_1\dfrac{l_1}{D_1} = 0.0243 \times \dfrac{2400}{0.4} = 145.8$

$\lambda_2^2 = f_2\dfrac{l_2}{D_2} = 0.0268 \times \dfrac{600}{0.3} = 53.6$

$\lambda_3^2 = f_3\dfrac{l_3}{D_3} = 0.0306 \times \dfrac{500}{0.2} = 76.5$

$\lambda_4^2 = f_4\dfrac{l_4}{D_4} = 0.0243 \times \dfrac{1600}{0.4} = 97.2$

（4・39）式より

$$V_1 = \sqrt{\frac{2\,g\,H}{\lambda_1^2 + \left(\dfrac{\lambda_2\,\lambda_3\,D_1^2}{\lambda_3\,D_2^2 + \lambda_2\,D_3^2}\right)^2 + \lambda_4\left(\dfrac{D_1}{D_4}\right)^4}}$$

$$= \sqrt{\frac{19.6 \times 12}{145.8 + \left(\dfrac{\sqrt{53.6} \times 76.5 \times 0.4^2}{\sqrt{76.5} \times 0.3^2 + \sqrt{53.6} \times 0.2^2}\right)^2 + 97.2\left(\dfrac{0.4}{0.4}\right)^4}}$$

$$= 0.840\,\mathrm{m/sec}$$

（4・38）式より　$V_2 = \dfrac{\lambda_3\,D_1^2}{\lambda_3\,D_2^2 + \lambda_2\,D_3^2}V_1 = 1.088\,\mathrm{m/sec}$,

$V_3 = \dfrac{\lambda_2\,D_1^2}{\lambda_3\,D_2^2 + \lambda_2\,D_3^2}V_1 = 0.911\,\mathrm{m/sec}$, $V_4 = \left(\dfrac{D_1}{D_4}\right)^2 V_1 = 0.840\,\mathrm{m/sec}$

$\therefore\ Q_1 = \dfrac{\pi\,D_1^2}{4}V_1 = 0.1055\,\mathrm{m^3/sec}$, 同様に $Q_2 = 0.0769\,\mathrm{m^3/sec}$,

$Q_3 = 0.0286\,\mathrm{m^3/sec}$, $Q_4 = 0.1055\,\mathrm{m^3/sec}$

〔**類　題**〕　図のように主管から側管が
出ているとき，主管を通る流量は全体のいく
らにあたるか．ただし，局部的損失は無視す
る．

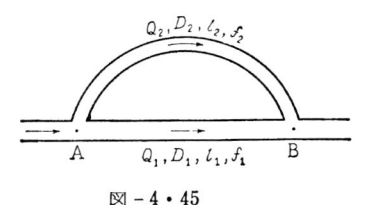

解　AB 間の損失水頭は

$$h = f_1 \frac{l_1}{D_1} \frac{V_1^2}{2g} = f_2 \frac{l_2}{D_2} \frac{V_2^2}{2g}$$

図 − 4・45

$$\therefore\ \frac{V_1}{V_2} = \sqrt{\frac{f_2 l_2}{f_1 l_1} \frac{D_1}{D_2}}$$

また　$Q_1 = \dfrac{\pi}{4} D_1{}^2 V_1$,　$Q_2 = \dfrac{\pi}{4} D_2{}^2 V_2$　より

$$\frac{Q_1}{Q_2} = \frac{V_1 D_1{}^2}{V_2 D_2{}^2} = \sqrt{\frac{f_2 l_2}{f_1 l_1}} \left(\frac{D_1}{D_2}\right)^{\frac{5}{2}}$$

故に求める割合は　$\dfrac{Q_2}{Q_1 + Q_2} = \dfrac{1}{\dfrac{Q_1}{Q_2} + 1} = \dfrac{1}{\sqrt{\dfrac{f_2 l_2}{f_1 l_1}} \left(\dfrac{D_1}{D_2}\right)^{\frac{5}{2}} + 1}$

問　　題　(22)

（1）　例題 4・29 の合流管路において次の ような 局部的損失を考慮して各管の
流量を求めよ．入口損失係数 $\zeta_{e1} = 0.5$,　$\zeta_{e2} = 0.3$,　曲りの損失係数は各管とも 0.3
（各々1カ所ずつ）．合流の損失は $\zeta_{s1}{}' = -0.05$（負号は吸出作用が働いていること
を意味する），$\zeta_{s2}{}' = 1.76$ とする．

答　$Q_1 = 0.252 \ \mathrm{m^3/sec}$,　$Q_2 = 0.118 \ \mathrm{m^3/sec}$,　$Q_3 = 0.370 \ \mathrm{m^3/sec}$

（2）　図 − 4・46 において AE 間の損失水頭を H とするとき，各管の流速を求
めよ．ただし，局部損失は無視する．

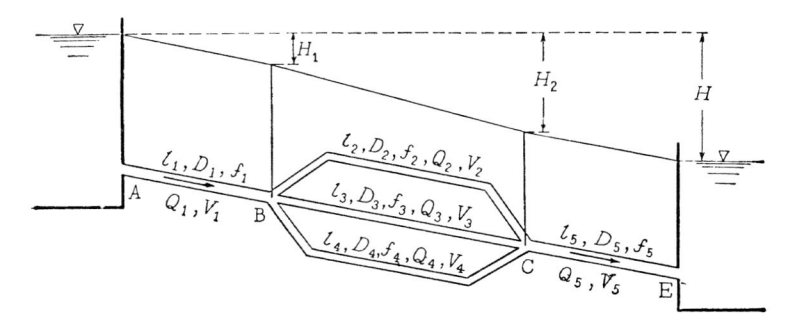

図 − 4・46

$$答 \quad V_1 = \sqrt{\frac{2\,g\,H}{\lambda_1{}^2 + \left(\dfrac{\lambda_2\,\lambda_3\,\lambda_4\,D_1{}^2}{\lambda_3\,\lambda_4\,D_2{}^2 + \lambda_2\,\lambda_4\,D_3{}^2 + \lambda_2\,\lambda_3\,D_4{}^2}\right)^2 + \lambda_5{}^2\left(\dfrac{D_1}{D_5}\right)^4}}$$

$$V_2 = \frac{\lambda_3\,\lambda_4\,D_1{}^2}{\lambda_3\,\lambda_4\,D_2{}^2 + \lambda_2\,\lambda_4\,D_3{}^2 + \lambda_2\,\lambda_3\,D_4{}^2}\,V_1$$

$$V_3 = \frac{\lambda_2\,\lambda_4\,D_1{}^2}{\lambda_3\,\lambda_4\,D_2{}^2 + \lambda_2\,\lambda_4\,D_3{}^2 + \lambda_2\,\lambda_3\,D_4{}^2}\,V_1$$

$$V_4 = \frac{\lambda_2\,\lambda_3\,D_1{}^2}{\lambda_3\,\lambda_4\,D_2{}^2 + \lambda_2\,\lambda_4\,D_3{}^2 + \lambda_2\,\lambda_3\,D_4{}^2}\,V_1 \qquad V_5 = \left(\frac{D_1}{D_5}\right)^2 V_1$$

4・5　管 網 の 計 算

　局部損失を無視しうる長管においては，管内流量 Q と摩擦損失水頭 h との間には，（4・2）式より一般に次の関係がある．

$$h = r\,Q^m \tag{4・40}$$

ここに r は流水抵抗，m は表 - 4・1 において f 値に V を含まない Chézy，Manning，Forchheimer 公式などにおいては $m = 2$，f 値に V を含む Hazen-Williams 公式においては $m = 1.85$ である．いま Q' を仮定流量，Q を実際流量，h' を Q' が流れるときの摩擦損失水頭，h を Q が流れるときの摩擦損失水頭とすれば

$$\left.\begin{array}{l} Q = Q' + \varDelta Q \\ h = h' + \varDelta h \end{array}\right\} \tag{4・41}$$

　（4・41）式を（4・40）式に代入して右辺を二項定理によって展開し，$\varDelta Q$ を微小量として $(\varDelta Q)^2$ 以上の項を省略すれば

$$h = h' + \varDelta h = r\,(Q' + \varDelta Q)^m = rQ'^m + mrQ'^{m-1}\varDelta Q \qquad h' = rQ'^m$$

であるから

$$\varDelta h = mrQ'^{m-1}\,\varDelta Q$$

　ここで Q および $\varDelta Q$ の符号を時計方向回りの場合を正とし，その反対方向の場合を負とする．また摩擦損失水頭の符号も流向プラスのときプラス，流向マイナスのときマイナスと定

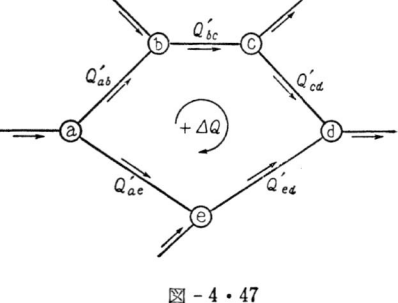

図 - 4・47

義すれば，一つの閉管路については実際流量が流れた場合の摩擦損失水頭の総和は当然 0 であるから

$$\Sigma h = \Sigma(h' + \Delta h) = \Sigma h' + \Sigma m r Q'^{m-1} \Delta Q = 0$$

$$\therefore \quad \Delta Q = \frac{-\Sigma h'}{m\Sigma r Q'^{m-1}} = \frac{-\Sigma h'}{m\Sigma(h'/Q')} \qquad (4 \cdot 42)$$

（4・42）式において分子の $\Sigma h'$ は管内流水方向に関係があり，分母の $m\Sigma r Q'^{m-1}$ は流水方向に無関係にすべて正として加え合わせればよい．(4・42) 式が流量修正の基本式であって，最初に管網の各分岐点，合流点における連続の条件を満足させるようにして，各管路の仮定流量 Q' を適当に選ぶ．その後（4・42）式によって各閉管路ごとに ΔQ を算出し，$Q' + \Delta Q$ として各管の修正流量を求める．この場合，隣接閉管路の流量修正の影響が入るから，同じことを各閉管路について何回か反復計算して漸次真値に近づけてゆく．これを Hardy Cross の計算法という．当初仮定の Q' が真値に近いほど収束が早いことはもちろんである．

例　　題　(34)

【4・32】　図 - 4・48 の管網において A から $0.3\,\mathrm{m^3/sec}$ の水が入り，B から $0.04\,\mathrm{m^3/sec}$，C から $0.16\,\mathrm{m^3/sec}$，D から $0.1\,\mathrm{m^3/sec}$ の水が出るとき，各管内の流量を求めよ．ただし，$n = 0.012$ とし，局部損失 を 無 視 す る．

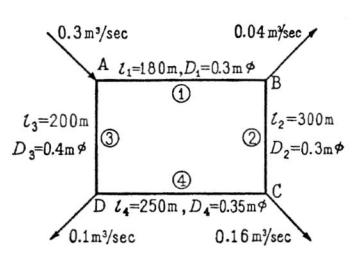

図 - 4・48

解　Manning 式を用いると（4・42）式の m は 2 であるから

$$\Delta Q = \frac{-\Sigma h'}{2\,\Sigma r Q'} = \frac{-\Sigma h'}{2\,\Sigma(h'/Q)} \qquad (1)$$

また　$h = rQ^2 = f\dfrac{l}{D}\dfrac{1}{2g}\left(\dfrac{4Q}{\pi D^2}\right)^2$　より

$$r = f\frac{8\,l}{g\pi^2 D^5} = 0.0827\,f\frac{l}{D^5} \qquad (2)$$

AB 管の諸量に添字 1，BC 管に添字 2，AD 管に添字 3，DC 管に添字 4

をつけ，まず各管の r を計算する．$f = 12.7 g\, n^2/D^{\frac{1}{3}}$ であるから

$$r_1 = 0.0827 f_1 \frac{l_1}{D_1{}^5} = 0.0827 \times 0.0268 \times \frac{180}{(0.3)^5} = 164.1$$

$$r_2 = 0.0827 \times 0.0268 \times \frac{300}{(0.3)^5} = 273.6$$

$$r_3 = 0.0827 \times 0.0243 \times \frac{200}{(0.4)^5} = 39.25$$

$$r_4 = 0.0827 \times 0.0254 \times \frac{250}{(0.35)^5} = 99.98$$

（1） 第一次修正計算　　まず各
管路の流量および流れの向きを 図 -
4・49 のように仮定する．下の表に
掲げる計算より

$$\varDelta Q = \frac{-\varSigma h'}{2\,\varSigma r Q'} = \frac{-2.202}{2 \times 56.65}$$
$$= -0.0194\ \text{m}^3/\text{sec}$$

この $\varDelta Q \fallingdotseq -0.019\ \text{m}^3/\text{sec}$ を下の
表の $\varDelta Q$ 欄に示すように，各管路

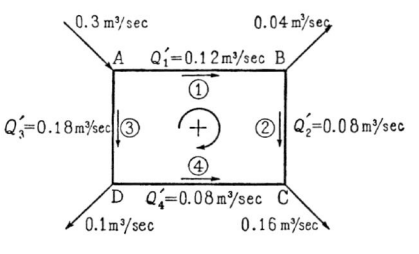

図 - 4・49

管路番号	仮定流量 m³/sec	r	Q'^2	$h' = rQ'^2$	$\lvert rQ' \rvert$	$\varDelta Q$ m³/sec	修正した流量 m³/sec
1	$+0.12$	164.1	0.0144	$+2.363$	19.69	-0.019	$+0.101$
2	$+0.08$	273.6	0.0064	$+1.751$	21.89	-0.019	$+0.061$
3	-0.18	39.25	0.0324	-1.272	7.07	-0.019	-0.199
4	-0.08	99.98	0.0064	-0.640	8.00	-0.019	-0.099
計				$+2.202$	56.65		

の仮定流量に加えれば修正流量が得られる．ところで（1）式はすでに述べ
たように，$(\varDelta Q)^2$ を省略した近似式であるから，上の表の最後の欄に得られ
た修正流量はまだ正しい値とは断定できないので，いま一度反復計算を必要
とする．

（2） 第二次修正計算

管路番号	仮定流量 m^3/sec	r	Q'^2	$h' = rQ'^2$	$\lvert rQ' \rvert$	ΔQ m^3/sec	修正した流量 m^3/sec
1	+0.101	164.1	0.01020	+1.674	16.57	−0.0015	+0.0995
2	+0.061	273.6	0.003721	1.018	16.69	−0.0015	+0.0595
3	−0.199	39.25	0.03960	−1.554	7.81	−0.0015	−0.2005
4	−0.099	99.98	0.009801	−0.980	9.90	−0.0015	−0.1005
計				+0.158	50.97		

$$\Delta Q = \frac{-\Sigma h'}{2\,\Sigma rQ'} = \frac{-0.158}{2\times 50.97} = -0.0015 \ \mathrm{m^3/sec}$$

（3）検　算

最後に右表のように検算を
行い，$\Sigma\,h' \fallingdotseq 0$ となること
を確かめる．故に求める流量
は，　$Q_1 = 0.0995\mathrm{m^3/sec}$,
$Q_2 = 0.0595 \ \mathrm{m^3/sec}$,　$Q_3 =$
$0.2005 \ \mathrm{m^3/sec}$, $Q_4 = 0.1005$
$\mathrm{m^3/sec}$.

管路番号	流量 m^3/sec	r	Q'^2	$h' = rQ'^2$
1	+0.0995	164.1	0.00990	+1.625
2	+0.0595	273.6	0.00354	+0.968
3	−0.2005	39.25	0.0402	−1.578
4	−0.1005	99.98	0.0101	−1.010
計				+0.005

$$\Sigma\,h' = 0.005 \fallingdotseq 0$$

【4・33】　図 – 4・50 に示す配水
管網の ab, ac, bd, cd, ce, df およ
び ef 各管の流量を計算せよ．ただし，
$C_H = 100$ として Hazen-Williams 流
速公式を用いよ．

解　（4・42）式において $m =$
1.85 であるから

$$\Delta Q = \frac{-\Sigma\,h'}{1.85\,\Sigma\,rQ'^{0.85}}$$
$$= \frac{-\Sigma\,h'}{1.85\,\Sigma\,(h'/Q')} \qquad (1)$$

Hazen-Williams 公式によれば

$$V = 0.849\,C_H\,R^{0.63}\,I^{0.54}$$

$$Q = 0.2785\,C_H\,D^{2.63}\left(\frac{h}{l}\right)^{0.54}$$

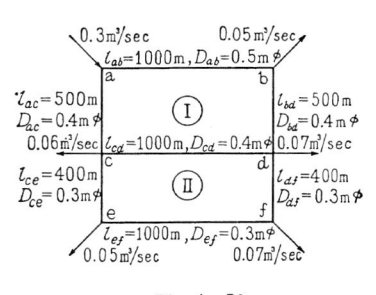

図 – 4・50

これより，$h = rQ^{1.85} = 10.666\, l\, C_H^{-1.85}\, D^{-4.87}\, Q^{1.85}$

$$\therefore \quad r = 10.666\, l\, C_H^{-1.85}\, D^{-4.87} \tag{2}$$

$$r_{ab} = 10.666\, l_{ab}\, C_H^{-1.85}\, D_{ab}^{-4.87} = \frac{10.666 \times 1000}{(100)^{1.85} \times (0.50)^{4.87}} = 62.23$$

$$r_{bd} = r_{ac} = \frac{10.666 \times 500}{(100)^{1.85} \times (0.40)^{4.87}} = 92.24$$

$$r_{cd} = \frac{10.666 \times 1000}{(100)^{1.85} \times (0.40)^{4.87}} = 184.48$$

$$r_{df} = r_{ce} = \frac{10.666 \times 400}{(100)^{1.85} \times (0.30)^{4.87}} = 299.56$$

$$r_{ef} = \frac{10.666 \times 1000}{(100)^{1.85} \times (0.3)^{4.87}} = 748.90$$

まず各管路の流量
および流れの向きを
図 - 4・51 のように
仮定して，表 - 4・6
のように流量修正計
算を進める．

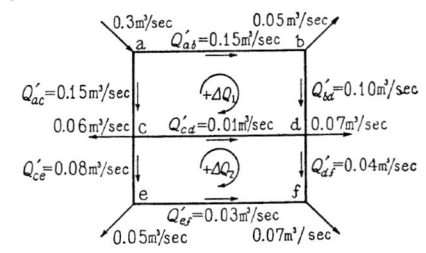

図 - 4・51

表 - 4・6

	管網記号	管路記号	Q' m³/sec	r	$h' = rQ'^{1.85}$	h'/Q'	$\dfrac{1.85}{\Sigma h'/Q'}$	求めた ΔQ m³/sec	修正すべき流量 m³/sec	Q m³/sec
第一次修正計算	I	ab	+0.15	62.23	+1.861	12.41			−0.0042	+0.1458
		bd	+0.10	92.24	+1.303	13.03			−0.0042	+0.0958
		ac	−0.15	92.24	−2.759	18.39			−0.0042	−0.1542
		cd	−0.01	184.48	−0.037	3.70			−0.0042 −0.0176	−0.0318
		計			+0.368	47.53	87.93	−0.0042		
	II	cd	+0.01	184.48	+0.037	3.70			+0.0176 +0.0042	+0.0318
		df	+0.04	299.56	+0.776	19.40			+0.0176	+0.0576
		ce	−0.08	299.56	−2.800	35.00			+0.0176	−0.0624
		ef	−0.03	748.90	−1.141	38.03			+0.0176	−0.0124
		計			−3.128	96.13	177.84	+0.0176		

表 – 4・6 （つづき）

第二次修正計算	I	ab	+0.1458	62.23	+1.766	12.11			+0.0025	+0.1483
		bd	+0.0958	92.24	+1.204	12.56			+0.0025	+0.0983
		ac	−0.1542	92.24	−2.903	18.83			+0.0025	−0.1517
		cd	−0.0318	184.48	−0.313	9.84			+0.0025 / −0.0010	−0.0303
		計			−0.246	53.34	98.68	+0.0025		
	II	cd	+0.0318	184.48	+0.313	9.84			+0.0010 / −0.0025	+0.0303
		df	+0.0576	299.56	+1.525	26.48			+0.0010	+0.0586
		ce	−0.0624	299.56	−1.768	28.33			+0.0010	−0.0614
		ef	−0.0124	748.90	−0.222	17.90			+0.0010	−0.0114
		計			−0.152	82.55	152.72	+0.0010		
第三次修正計算	I	ab	+0.1483	62.23	+1.822	12.33			+0.0002	+0.1485
		bd	+0.0983	92.24	+1.263	12.85			+0.0002	+0.0985
		ac	−0.1517	92.24	−2.817	18.57			+0.0002	−0.1517
		cd	−0.0303	184.48	−0.292	9.64			+0.0002 / −0.0003	−0.0304
		計			−0.024	53.39	98.77	+0.0002		
	II	cd	+0.0303	184.48	+0.292	9.64			+0.0003 / −0.0002	+0.0304
		df	+0.0586	299.56	+1.574	26.86			+0.0003	+0.0589
		ce	−0.0614	299.56	−1.716	27.95			+0.0003	−0.0611
		cf	−0.0114	748.90	−0.190	16.67			+0.0003	−0.0111
		計			−0.040	81.12	150.07	+0.0003		
最終検算	I	ab	+0.1485	62.23	+1.827					
		bd	+0.0985	92.24	+1.267					
		ac	−0.1515	92.24	−2.810					
		cd	−0.0314	184.48	−0.288					
		計			−0.004	≒ 0				
	II	cd	+0.0304	184.48	+0.288					
		df	+0.0589	299.56	+1.589					
		ce	−0.0611	299.56	−1.701					
		ef	−0.0111	748.90	−0.181					
		計			−0.005	≒ 0				

表 - 4・6 の解法について 2,3 説明する.

（1） 表の「求めた ΔQ」欄までは ΔQ を次式で計算することの他，例題 4・32 と原理的に同じである．たとえば第一次修正計算について

$$\text{管網 I}: \Delta Q = \frac{-\Sigma h'}{1.85 \Sigma (h'/Q')} = \frac{-0.368}{87.93} = -0.0042$$

$$\text{管網 II}: \Delta Q = \frac{-\Sigma h'}{1.85 \Sigma (h'/Q')} = \frac{3.128}{177.84} = +0.0176$$

（2） Q' に「求めた ΔQ」を加えるにあたって，I，II 両閉管路の共通管路 cd については，隣接閉管路の ΔQ をその符号を変えて加え合わせる．すなわち共通管路において，考えている閉管路の流量修正値を ΔQ_1，隣接閉管路の流量修正値を ΔQ_2 とすれば

$$Q = Q' + \Delta Q_1 - \Delta Q_2$$

（3） こうして $\Sigma h'$ の値がすべての閉管路について，$\Sigma h' \fallingdotseq 0$ と認められるまで逐次計算をくり返す．

（4） $1.85 \Sigma (h'/Q)$ の値は第二次修正計算以降では，閉管路ごとに実質的には変化しないことが認められる．この例から分るように，$\Delta Q/Q$ が全般的に小さくなってから後は，$1.85 \Sigma (h'/Q)$ を一定とみなして計算を進めた方がよい．

以上の計算により求める流量は

$$Q_{ab} = 0.1485 \text{ m}^3/\text{sec}, \qquad Q_{ba} = 0.0985 \text{ m}^3/\text{sec}$$
$$Q_{ac} = 0.1515 \text{ m}^3/\text{sec}, \qquad Q_{cd} = 0.0304 \text{ m}^3/\text{sec}$$
$$Q_{df} = 0.0589 \text{ m}^3/\text{sec}, \qquad Q_{ce} = 0.0611 \text{ m}^3/\text{sec}$$
$$Q_{ef} = 0.0111 \text{ m}^3/\text{sec}$$

問　　題　（23）

（1） 例題 4・32 の管網を流速公式として Hazen-Williams 式を用いて計算せよ．ただし，$C_H = 120$ とする．

答　$Q_1 = 0.100 \text{ m}^3/\text{sec}, \; Q_2 = 0.060 \text{ m}^3/\text{sec}$
$Q_3 = 0.200 \text{ m}^3/\text{sec}, \; Q_4 = 0.100 \text{ m}^3/\text{sec}$

第5章　オリフィスとセキ

5・1　オリフィス

　オリフィス（Orifice）は水槽・貯水池などの底面や側面に設けた小穴であって，これを通じて水を放流する．薄刃オリフィスから水が流出する場合には，オリフィスの直径の半分程度の距離において流れの断面積が最も収縮する．この断面をベナコントラクタ（Vena Contracta）と呼び，この断面ではすべての流線がほぼ平行となっている．

　オリフィスのうち，開口の径が貯水深にくらべて小さく，断面内における流速垂直分布を考慮しなくてよいものを小型オリフィスと呼び，流速垂直分布を考慮しなければならない程度に大きい穴を大型オリフィスという．

5・1・1　小型オリフィス

　接近流速を考慮する必要のない小型オリフィスの基本公式は，ベルヌイの定理より次式で与えられる（例題 5・3）．

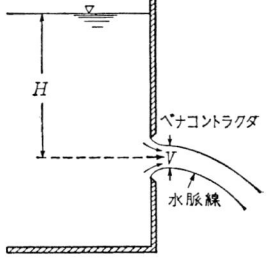

図 - 5・1

流速公式　$V = C_v \sqrt{2gH}$　　　　(5・1)

流量公式　$Q = C_a\, aV = C\, a\sqrt{2gH}$

(5・2)

ただし，a：オリフィスの断面積

　　　C_v：流速係数であって普通0.95～0.99の範囲にある．

　　　C_a：断面収縮係数であって，ベナコントラクタの断面積を a_0 とすると，$C_a = a_0/a$ で与えられ，薄刃オリフィスでは普通 $C_a = 0.61 \sim 0.72$，ベルマウスおよびノズルでは縮流がなく $C_a \fallingdotseq 1$.

　　　C：流量係数であって，円形薄刃オリフィスについては次の実験式が知られている．

$$C = 0.592 + \frac{4.5}{\sqrt{R_e}}, \qquad R_e = \frac{d\sqrt{2gH}}{\nu} \qquad (5 \cdot 3)$$

　ここに d はオリフィスの口径，ν は動粘性係数である．多くの場合 C は0.61 程度である．

なお接近流速 v_a または接近流速水頭 $h_a = v_a{}^2/2g$ を考慮する場合は（例題 5・3）

$$Q = Ca\sqrt{2gH + v_a{}^2} = Ca\sqrt{2g(H + h_a)} \qquad (5\cdot4)$$

水路断面積を A とすると上式は次式

$$Q = \frac{Ca}{\sqrt{1 - \left(\dfrac{Ca}{A}\right)^2}}\sqrt{2gH} \qquad (5\cdot5)$$

のように変形される．Ca/A が 1 にくらべて小さいときには 接近流速の影響は無視され，(5・2) 式から流量を求めればよい．

例　題　(35)

【5・1】　図 - 5・1 の薄刃円形オリフィスにおいて，穴の中心から水面までの高さを 4 m，オリフィスの直径を 5 cm とする．$C_v = 0.98$, $C_a = 0.62$ とするとき，流速および流量を求めよ．

解　(5・1) 式より

$$V = C_v\sqrt{2gH} = 0.98\sqrt{2\times9.8\times4} = 8.68 \text{ m/sec}$$

流量係数　$C = C_a \cdot C_v = 0.98\times0.62 = 0.608$

(5・2) 式より　$Q = Ca\sqrt{2gH} = 0.608\times\dfrac{\pi\times0.05^2}{4}\times\sqrt{2\times9.8\times4}$

$$= 0.01057 \text{ m}^3/\text{sec} = 10.57 \, l/\text{sec}$$

〔類 題 1〕　水面から 2.5 m の深さに正方形断面のオリフィスをつけて，0.04 m³/sec の水を流出させるには正方形の辺長をいくらにすればよいか．ただし，流量係数 $C = 0.60$ とする．

解　(5・2) 式に題意の数値を代入すれば

$$a = \frac{Q}{C\sqrt{2gH}} = \frac{0.04}{0.60\sqrt{19.6\times2.5}}$$

$$= 0.00952 \text{ m}^2$$

∴　一辺長 $= \sqrt{a} = 9.8 \text{ cm}$

〔類 題 2〕　図 - 5・2 に示すように，水深 4 m の位置にある直径 10 cm の円穴を通じて水平に水を放流している．ベナコントラクタから水平距離 3 m における噴出流の中心の下りは 0.6 m であった．C_v を計算せよ．ただし空気の抵抗を無視する．

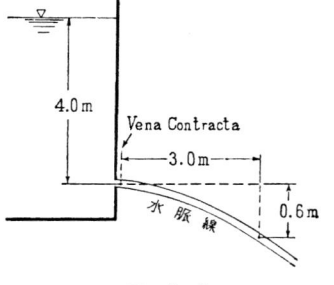

図 - 5・2

略解　ベナコントラクタの中心に原点をとり，速度 V で放出された水の粒子の t 時間後における水平距離を x，鉛直距離を y とすれば，力学の公式により $y = g t^2/2$, $x = V t$. これより t を消去すると

$$y = \frac{1}{2} g \frac{x^2}{V^2}, \qquad \therefore \quad V = \sqrt{\frac{g}{2y}} x = \sqrt{\frac{9.8}{1.2}} \times 3 = 8.57 \, \text{m/sec}$$

ところが　$V = C_v \sqrt{2 g H}$　$\therefore$　$C_v = \dfrac{V}{\sqrt{2 g H}} = \dfrac{8.57}{\sqrt{19.6 \times 4}} = 0.97$

【5・2】　図 - 5・1 の薄刃円形オリフィスにおいて，その直径を 5 cm，穴の中心から水面までの高さを 1 m および 4 m とするとき流量を求めよ．ただし，水温を 20°C とする．

解　流量係数が与えられていないので (5・3) 式を用いる．温度 20°C の水の動粘性係数は $\nu = 1.01 \times 10^{-6} \, \text{m}^2/\text{s}$.

a)　$H = 1 \, \text{m}$ のとき

$$R_e = \frac{0.05 \sqrt{2 \times 9.8 \times 1}}{1.01 \times 10^{-6}} = 2.11 \times 10^5$$

(5・3) 式より　$C = 0.592 + \dfrac{4.5}{\sqrt{2.11 \times 10^5}} = 0.602$

$$Q = C a \sqrt{2 g H} = 0.602 \times \frac{\pi}{4} \times 0.05^2 \times \sqrt{2 \times 9.8 \times 1}$$
$$= 5.23 \times 10^{-3} \, \text{m}^3/\text{sec} = 5.23 \, l/\text{sec}$$

b)　$H = 4 \, \text{m}$ のとき

$$R_e = \frac{0.05 \sqrt{2 \times 9.8 \times 4}}{1.01 \times 10^{-6}} = 4.22 \times 10^5$$

$$C = 0.592 + \frac{4.5}{\sqrt{4.22 \times 10^5}} = 0.597$$

$$Q = C a \sqrt{2 g H} = 10.38 \, l/\text{sec}$$

【5・3】　図 - 5・3 のように水面に p_a なる圧力が働き，オリフィスの出口に p_b なる圧力が作用するとき，オリフィスの流出速度および流量公式を誘導せよ．

解　ベルヌイの定理を A 点とオリフィスの出口のベナコントラクタ（そこでは流線は平行で，水脈の圧力は外圧 p_b に等しい）に適用し，その間のエネルギー損失を $f V^2/2 g$ とす

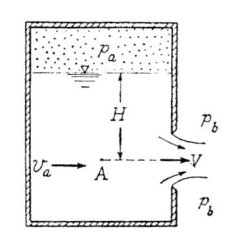

図 - 5・3

ると，ベルヌイの定理より

$$\frac{v_a{}^2}{2g}+H+\frac{p_a}{w}=\frac{V^2}{2g}+\frac{p_b}{w}+f\frac{V^2}{2g}$$

$h_a=v_a{}^2/2g$ とおくと上式は

$$\frac{V^2}{2g}(1+f)=H+h_a+\left(\frac{p_a}{w}-\frac{p_b}{w}\right)$$

故に　　　$V=C_v\sqrt{2g\left\{H+h_a+\left(\frac{p_a}{w}-\frac{p_b}{w}\right)\right\}}$

ただし　$C_v=\dfrac{1}{\sqrt{1+f}}$

$$\left.\begin{array}{l}\end{array}\right\}\qquad(1)$$

$$Q=C_a\,aV=Ca\sqrt{2g\left\{H+h_a+\left(\frac{p_a}{w}-\frac{p_b}{w}\right)\right\}},\ (C=C_a\cdot C_v)\qquad(2)$$

（1）式において $p_a=p_b$, $h_a=0$, $C_v=1$ とおくと $V=\sqrt{2gH}$.
上式をトリチェリ（Torricelli）の定理という.

　〔**類題**〕　図-5・3において p_a は 1.8 気圧（絶対圧力），p_b は大気圧とする. 円形オリフィスの直径を 4 cm，$C_v=0.97$，$C_a=0.62$ とするとき，流量 14 $l/$sec を流出するには水深 H はいくらか.

　解　　例題 5・3 の（2）式において接近流速を無視すると

$$H=\frac{Q^2}{2g\,C^2a^2}-\left(\frac{p_a}{w}-\frac{p_b}{w}\right)$$

1 気圧は水銀柱（比重 13.6）760 mm の圧力であるから

$$p_a/w=1.8\times0.76\times13.6=1.8\times10.33\ \mathrm{m}$$
$$p_b/w=\qquad0.76\times13.6=10.33\ \mathrm{m}$$

$$\therefore\ H=\frac{(0.014)^2}{2\times9.8(0.97\times0.62)^2\left(\dfrac{\pi\times0.04^2}{4}\right)^2}$$

$$-(1.8-1)\times10.33=9.25\ \mathrm{m}$$

　【**5・4**】　図-5・4のように幅 $B=0.55\,\mathrm{m}$，深さ $H_0=1.0\,\mathrm{m}$ の水路に，水面からの深さ $H_2=0.7\,\mathrm{m}$，$H_1=0.9\,\mathrm{m}$，幅 $b=0.5\,\mathrm{m}$ の矩形オリフィスが開口している. 流量係数 $C=0.60$ とするとき放流量を求めよ.

　解　　（5・4）式において水路の断面積を A とす

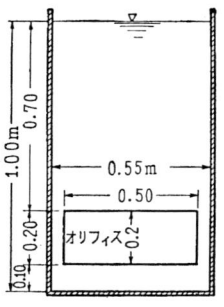

0.70

0.55m

0.50

オリフィス

1.00 m

0.20 0.10

0.2

図-5・4

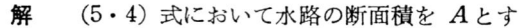

ると　$h_a = \dfrac{v_a{}^2}{2g} = \dfrac{Q^2}{2gA^2}$　であるから　$Q = Ca\sqrt{2gH + \dfrac{Q^2}{A^2}}$

これより　$Q^2\left(\dfrac{1}{C^2a^2} - \dfrac{1}{A^2}\right) = 2gH$

$$\therefore\quad Q = \dfrac{Ca}{\sqrt{1 - \left(\dfrac{Ca}{A}\right)^2}}\sqrt{2gH} \tag{1}$$

（1）式に題意の数値を代入すれば，$a = b(H_1 - H_2) = 0.5 \times (0.9 - 0.7) =$
$0.1\,\mathrm{m^2}$，$A = BH_0 = 0.55\,\mathrm{m^2}$，$H = 0.8\,\mathrm{m}$　であるから

$$Q = \dfrac{0.60 \times 0.1}{\sqrt{1 - \left(\dfrac{0.6 \times 0.1}{0.55}\right)^2}}\sqrt{19.6 \times 0.8} = \underline{0.239\,\mathrm{m^3/sec}}$$

接近流速を無視すると　$Q = 0.60 \times 0.1\sqrt{19.6 \times 0.8} = \underline{0.238\,\mathrm{m^3/sec}}$　となっ
てその誤差率は　$\dfrac{0.238 - 0.239}{0.239} = \dfrac{-1}{239}$　にすぎない．この例題のようにa/A
$< 1/5$　程度になると実用上接近流速を無視することができる．

5・1・2　オリフィスメーターとベンチュリーメーター

　管内の断面積をしぼると，連続の条件により速度が増し，したがってベルヌイの定理から圧力が減少する．図-5・5（a），（b），（c）のようなオリフィスメーター，ノズルメーターおよびベンチュリーメーターはこの圧力降下を測って流量を求める装置である．

　管および断面縮少部の面積を，それぞれA，a，断面1，2の圧力をそれぞれp_1，p_2とすると，流量Qと圧力降下との関係は接近流速水頭を考慮したオリフィスと同一であって，次式で表わされる．

$$Q = \dfrac{Ca}{\sqrt{1 - \left(\dfrac{Ca}{A}\right)^2}}\sqrt{\dfrac{2g}{w}(p_1 - p_2)} \tag{5・6}$$

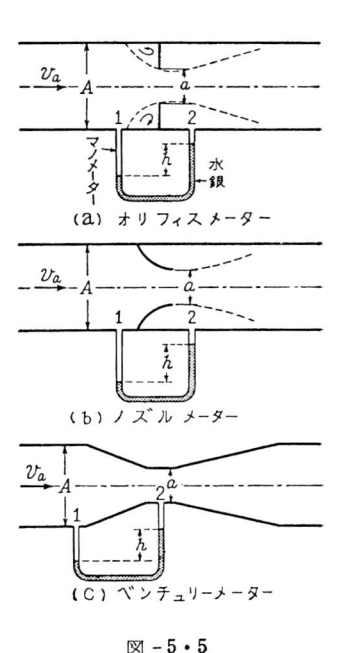

（a）オリフィスメーター

（b）ノズルメーター

（c）ベンチュリーメーター

図-5・5

上式において $\alpha = C \Big/ \sqrt{1-\Big(C\dfrac{a}{A}\Big)^2}$ の値はレイノルズ数 $v_a D/\nu$（Dは管の直径）が 10^5 をこえると，a/A だけの関数で次のような実験式が提案されている．

管内オリフィス：

$$\alpha = \frac{C}{\sqrt{1-\Big(C\dfrac{a}{A}\Big)^2}} = 0.597-0.011\Big(\frac{a}{A}\Big)+0.432\Big(\frac{a}{A}\Big)^2 \qquad (5\cdot7)$$

管内ノズルおよびベンチュリーメーター：

$$\alpha = \frac{C}{\sqrt{1-\Big(C\dfrac{a}{A}\Big)^2}} = \frac{1}{\sqrt[3]{1-\Big(\dfrac{a}{A}\Big)^2}} - \Big(0.0135+0.01\frac{a}{A}\Big) \qquad (5\cdot8)$$

例　　題　(36)

【5・5】　図-5・5 (a) のオリフィスメーターにおいて，パイプの直径 $D = 15\,\mathrm{cm}$，オリフィスの直径 $d = 10\,\mathrm{cm}$ とする．毎秒 $30\,l$ の割合で水を流すと，マノメーターの水銀柱の差はいくらか．

解　管内流速 $v_a = \dfrac{0.03}{\dfrac{\pi}{4}\times(0.15)^2} = 1.70\,\mathrm{m/sec.}$　レイノルズ数は

$\dfrac{v_a D}{\nu} = \dfrac{170\times15}{0.01} = 2.55\times10^5$ であるから，$(5\cdot7)$ 式の成り立つ範囲にある．$(5\cdot7)$ 式で $a/A = (10/15)^2 = 0.444$

$$\therefore\ \alpha = \frac{C}{\sqrt{1-\Big(C\dfrac{a}{A}\Big)^2}} = 0.597-0.01\times0.444+0.432\times(0.444)^2$$

$$= 0.677$$

故に $(5\cdot6)$ 式より

$$\frac{p_1-p_2}{w} = \frac{1}{2g}\Big(\frac{Q}{a}\Big)^2\frac{1}{\alpha^2} = \frac{1}{19.6}\Bigg(\frac{0.03}{\dfrac{\pi}{4}\times0.1^2}\Bigg)^2\frac{1}{(0.677)^2}$$

$$= 1.624\,\mathrm{m}$$

一方，マノメーターでは水銀の比重を $s = 13.6$，水銀柱の高さの差を h とすると　$\dfrac{p_1-p_2}{w} = h(s-1)$

$$\therefore \quad h = \frac{(p_1 - p_2)/w}{s-1} = \frac{1.624}{12.6} = 0.129 \text{ m}$$

〔類　題〕　　径 15 cm の管内に口径 10 cm のノズル流量計をとりつけたとき，マノメーターの水銀柱の差が 20 cm であった．流量を求めよ．

解　　$a/A = 0.444$ であるから，ノズル流量計の α は（5・8）式より

$$\alpha = \frac{1}{\sqrt[3]{1 - 0.444^2}} - (0.0135 + 0.01 \times 0.444) = 1.056$$

故に

$$Q = \alpha\, a \sqrt{\frac{2g}{w}(p_1 - p_2)} = \alpha\, a \sqrt{2gh(s-1)}$$

$$= 1.056 \times \frac{\pi \times 0.1^2}{4} \sqrt{2 \times 9.8 \times 0.2(13.6 - 1)} = \underline{5.83 \times 10^{-2} \text{ m}^3/\text{sec}}$$

このときの管の平均速度は　$v_a = \dfrac{Q}{\pi D^2/4} = \dfrac{5.83 \times 10^{-2}}{0.7854 \times 0.15^2} = 3.30 \text{ m/sec}$

レイノルズ数は　$\dfrac{v_a D}{\nu} = \dfrac{3.30 \times 0.15}{1 \times 10^{-6}} = 4.95 \times 10^5$

であるから，十分（5・8）式の適用範囲にある．故に $Q = 58.3\, l/\text{sec}$

5・1・3　大型オリフィス

大型オリフィスにおいては断面内の流速垂直分布を考慮しなければならない．したがって深さ z における微小面積からの流出量を積分して

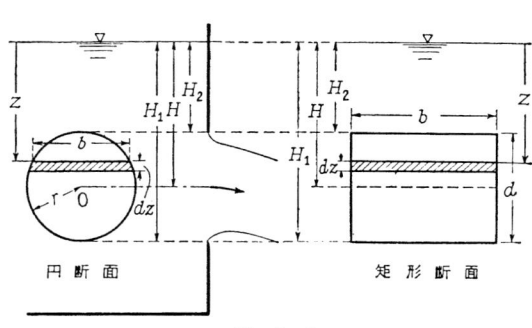

図 - 5・6

$$Q = C\sqrt{2g} \int_{H_2}^{H_1} b\sqrt{z}\, dz \tag{5・9}$$

円断面オリフィス

$$Q \fallingdotseq C\pi r^2 \sqrt{2gH}\left\{1 - \frac{1}{32}\left(\frac{r}{H}\right)^2\right\} \tag{5・10}$$

矩形断面オリフィス

$$Q = \frac{2}{3} C\sqrt{2g}\, b\,(H_1^{\frac{3}{2}} - H_2^{\frac{3}{2}}) \fallingdotseq C\, bd\sqrt{2g\,H}\left\{1 - \frac{1}{96}\left(\frac{d}{H}\right)^2\right\}$$

$$(5\cdot11)$$

接近流速水頭 h_a を考慮する必要がある場合には，(5・9)〜(5・11) 式において，H, H_1 および H_2 の代りに $(H+h_a)$, (H_1+h_a), (H_2+h_a) でおきかえればよい.

例　題　(37)

【**5・6**】　大型オリフィスの一般公式を導け.

解　大穴のオリフィスでは，オリフィス断面内において深さに応じて流出速度が変るので，各深さにおける微小面積 $b\cdot dz$ からの流量を積算して全流量を算出する．深さ z の層の流出速度は $v = \sqrt{2g\,z}$ であるから，微小水平帯 $b\cdot dz$ から流出する流量 dQ は　$dQ = Cb\cdot dz\sqrt{2g\,z}$

C を一定として上縁から下縁まで積分すれば　$Q = C\sqrt{2g}\displaystyle\int_{H_2}^{H_1} b\sqrt{z}\,dz$

なお，接近流速水頭 h_a を考慮する場合には $v = \sqrt{2g\,(z+h_a)}$ となるから，$(z+h_a)$ を z' とおけば

$$Q = C\sqrt{2g}\int_{H_2}^{H_1} b\sqrt{z+h_a}\,dz = C\sqrt{2g}\int_{H_2+h_a}^{H_1+h_a} b\sqrt{z'}\,dz'$$

【**5・7**】　水槽の垂直壁にあけてある幅 1.0 m, 高さ 0.5 m の矩形穴を通じて放流する．穴の中心は水面から 0.8 m にあり，$C = 0.65$ とすると流量はいくらか.

解　(5・9) 式より

$$Q = C\sqrt{2g}\, b\int_{H_2}^{H_1}\sqrt{z}\,dz = \frac{2}{3}C\sqrt{2g}\, b\,(H_1^{\frac{3}{2}} - H_2^{\frac{3}{2}})$$

$$= \frac{2}{3}\times0.65\sqrt{19.6}\times1\times\{(0.8+0.25)^{\frac{3}{2}} - (0.8-0.25)^{\frac{3}{2}}\}$$

$$= 1.283 \text{ m}^3/\text{sec}$$

本問題を小オリフィスとして計算すれば

$$Q = C\, b(H_1-H_2)\sqrt{2g\,H} = 0.65\times1\times0.5\sqrt{19.6\times0.8}$$

$$= 1.287 \text{ m}^3/\text{sec}$$

となって，大オリフィスとして計算した値との差は僅少である.

〔**類　題**〕　(5・11) 式の近似式が成立することを証明せよ.

解　図-5・6 において，例題 5・7 より

$$Q = \frac{2}{3} C \sqrt{2g}\, b \left\{ \left(H + \frac{d}{2}\right)^{\frac{3}{2}} - \left(H - \frac{d}{2}\right)^{\frac{3}{2}} \right\}$$

$$= \frac{2}{3} C \sqrt{2g}\, b\, H^{\frac{3}{2}} \left\{ \left(1 + \frac{d}{2H}\right)^{\frac{3}{2}} - \left(1 - \frac{d}{2H}\right)^{\frac{3}{2}} \right\}$$

{ } 内の $\left(1 + \dfrac{d}{2H}\right)^{\frac{3}{2}}$, $\left(1 - \dfrac{d}{2H}\right)^{\frac{3}{2}}$ を展開して整理すると

$$Q = \frac{2}{3} C \sqrt{2g}\, b\, H^{\frac{3}{2}} \left\{ \frac{3}{2} \frac{d}{H} - \frac{1}{64}\left(\frac{d}{H}\right)^3 - \frac{3}{4096}\left(\frac{d}{H}\right)^5 - \cdots \right\}$$

$$= Cbd\sqrt{2gH} \left\{ 1 - \frac{1}{96}\left(\frac{d}{H}\right)^2 - \frac{1}{2048}\left(\frac{d}{H}\right)^4 - \cdots \right\}$$

$(d/H)^4$ 以下の高次項は通常 1 にくらべて極めて微小で，省略してよいから

$$Q = Cbd\sqrt{2gH} \left\{ 1 - \frac{1}{96}\left(\frac{d}{H}\right)^2 \right\}$$

さらに $(1/96)(d/H)^2$ を省略したのが小型オリフィスの公式である．たとえば d/H $= 2$ のような極端な場合についても小型オリフィス公式の誤差は 4.2% にすぎないから，たいがいの場合は小型オリフィスとみなしてよいことがいえる．

【5・8】　水槽の鉛直壁面に設けられた薄刃円形オリフィスの半径 20 cm, オリフィス中心までの水深 50 cm であるとき，大型オリフィスとして流量を求めよ．なお，小型オリフィスとして計算した流量と比較せよ．ただし，流量係数 $C = 0.60$ とする．

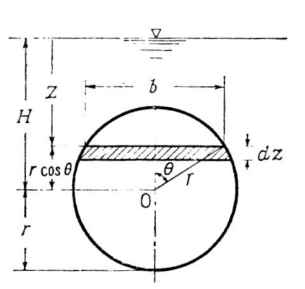

解　図-5・7 において

$b = 2r\sin\theta$, $z = H - r\cos\theta$,

$dz = r\sin\theta \cdot d\theta$ であるから全流量は　　　　図 - 5・7

$$Q = C\sqrt{2g}\int_{H-r}^{H+r} b\sqrt{z}\, dz = C\, 2\, r^2 \sqrt{2gH}\int_0^{\pi} \sin^2\theta \left(1 - \frac{r}{H}\cos\theta\right)^{\frac{1}{2}} d\theta \tag{1}$$

（1）式は直接積分が困難であるから，二項定理により級数に展開して各項毎に積分する．すなわち

$$\int_0^\pi \sin^2\theta \left(1 - \frac{r}{H}\cos\theta\right)^{\frac{1}{2}} d\theta = \int_0^\pi \sin^2\theta \left\{1 - \frac{1}{2}\frac{r}{H}\cos\theta - \frac{1}{8}\left(\frac{r}{H}\cos\theta\right)^2\right.$$

$$\left. - \frac{1}{16}\left(\frac{r}{H}\cos\theta\right)^3 - \frac{5}{128}\left(\frac{r}{H}\cos\theta\right)^4 - \cdots\cdots\right\} d\theta =$$

$$\frac{1}{2}\pi - \frac{\pi}{64}\left(\frac{r}{H}\right)^2 - \frac{5\pi}{2048}\left(\frac{r}{H}\right)^4 - \cdots\cdots$$

故に　$Q = C\pi r^2 \sqrt{2gH}\left\{1 - \frac{1}{32}\left(\frac{r}{H}\right)^2 - \frac{5}{1024}\left(\frac{r}{H}\right)^4 - \cdots\cdots\right\}$

$(r/H)^4$ 以下の項は一般に省略できるから

$$Q = C\pi r^2 \sqrt{2gH}\left\{1 - \frac{1}{32}\left(\frac{r}{H}\right)^2\right\} = 0.60 \times \pi \times (0.2)^2$$

$$\times \sqrt{19.6 \times 0.5}\left\{1 - \frac{1}{32}\left(\frac{0.2}{0.5}\right)^2\right\} = \underline{0.235 \text{ m}^3/\text{sec}}$$

次に，小オリフィスとして計算すると

$$Q = C\pi r^2 \sqrt{2gH} = 0.236 \text{ m}^3/\text{sec}$$

となって，両式の値はほとんど違わない．

5・1・4　潜りオリフィス

　オリフィスの下流側の水面が穴口の下線より高い場合を潜りオリフィス (Submerged orifice) とよび，そのうちオリフィスの上縁よりも下流水位の高いものを完全潜りオリフィス，下流側水面が上下両縁の中間にあるものを不完全潜りオリフィスという．

　完全潜りオリフィスの流量公式は，上流側水槽の一点と図 - 5・8 のベナコントラクタ

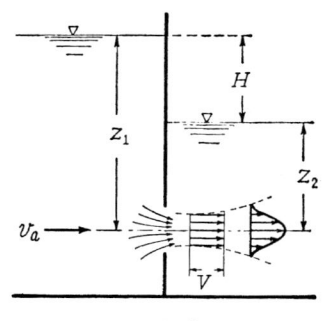

図 - 5・8

の点にベルヌイの定理を適用すると，上下両水槽の水位差を H として

$$Q = C_a\,aV = C_a \cdot C_v\,a\sqrt{2g(H+h_a)} \qquad (5・12)$$

流量係数　$C = C_a \cdot C_v$　の値は空気中に放流する場合より僅かに小さい．完全潜りオリフィスには小型・大型の水理学的区別はない．

例　　題　(38)

【5・9】　完全潜りオリフィスの流量公式を導け．

　解　　穴の左右についてベルヌイの式を立てると，エネルギ損失を $fV^2/$

$2g$ として $\dfrac{v_a{}^2}{2g}+\dfrac{p_1}{w}=\dfrac{V^2}{2g}+\dfrac{p_2}{w}+f\dfrac{V^2}{2g}$. ところが, $p_1/w=z$, p_2/w $=z_2$ であるから

$$V=C_v\sqrt{2g(z_1-z_2+v_a{}^2/2g)}=C_v\sqrt{2g(H+h_a)}, \qquad C_v=\dfrac{1}{\sqrt{1+f}}$$

故に $Q=C_a aV=Ca\sqrt{2g(H+h_a)}$

【5・10】 A 池と B 池を $20\times20\,\mathrm{cm}$ の完全潜りオリフィス2個で連絡している. A 池から常時 $0.25\,\mathrm{m^3/sec}$ の水を B 池に入れると, 両池の水面差はいくらか. ただし, オリフィスの流量係数を 0.60 とする.

解 一つのオリフィスは $0.25/2=0.125\,\mathrm{m^3/sec}$ を流せばよいから, このときの落差 H は (5・12) 式において $h_a=0$ として, $Q=0.125\,\mathrm{m^3/sec}$, $C=0.60$, $a=0.04\,\mathrm{m^2}$ であるから

$$0.125=0.60\times0.04\sqrt{2\times9.8H}$$

∴ $H=1.384\,\mathrm{m}$

【5・11】 (不完全潜りオリフィス) 図-5・9 のような不完全潜りオリフィスの流量公式を導け.

解 不完全潜りオリフィスを厳密に水理学的に取り扱うことは困難であるから, 図-5・9 において下流水面高 AB より上部は普通の大型オリフィスとして流量を求め, AB 面より下部は潜りオリフィスとして流量を求

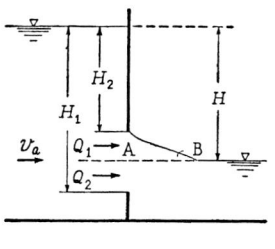

図 - 5・9

め, その和をもって近似的に不完全潜りオリフィスの全流量とする. すなわち

$$Q=Q_1+Q_2=C_1\sqrt{2g}\int_{H_2+h_a}^{H+h_a}b\sqrt{z}\,dz+C_2 a\sqrt{2g(H+h_a)} \qquad (1)$$

$C_1\fallingdotseq C_2$ とみることにすれば

$$Q=C\sqrt{2g}\left\{\int_{H_2+h_a}^{H+h_a}b\sqrt{z}\,dz+a\sqrt{H+h_a}\right\} \qquad (2)$$

【5・12】 図-5・9 において幅 $0.6\,\mathrm{m}$, 高さ $1.0\,\mathrm{m}$ の矩形オリフィスを通じて水が流出している. $H_1=2.0\,\mathrm{m}$, $H_2=1.0\,\mathrm{m}$, $H=1.6\,\mathrm{m}$, $C_1=0.61$, $C_2=0.55$ とするとき, 流量を求めよ.

解　前例題の（1）式において $h_a \fallingdotseq 0$ とすると

$$Q = C_1 \sqrt{2g}\, b \int_{H_2}^{H} \sqrt{z}\, dz + C_2\, a \sqrt{2gH}$$

$$= C_1 \frac{2}{3} \sqrt{2g}\, b\,(H^{\frac{3}{2}} - H_2^{\frac{3}{2}}) + C_2\, b\,(H_1 - H)\sqrt{2gH}$$

$$= 0.61 \times \frac{2}{3}\sqrt{19.6} \times 0.6\,(1.6^{\frac{3}{2}} - 1^{\frac{3}{2}}) + 0.55 \times 0.6$$

$$\times (2.0 - 1.6)\sqrt{19.6 \times 1.6} = \underline{1.845}\ \text{m}^3/\text{sec}$$

5・1・5　オリフィスによる排水・給水時間

本問題については，すでに前章 p. 159 において管水路による排水時間の
問題として論じた結果をそのまま利用できる.
すなわち，図-5・10 に示すように，水槽の底
面または側面に設けたオリフィスによって水を
排出する場合，水面の高さが H_1 から H_2 まで
下降するのに要する時間 T は，a をオリフィス
の断面積，A を穴の中心から z の高さにおけ
る水槽断面積とするとき

図 – 5・10

$$T = -\frac{1}{a\sqrt{2g}} \int_{H_1}^{H_2} \frac{A}{C} z^{-\frac{1}{2}}\, dz \tag{5・13}$$

水槽断面積 A および流量係数 C が共に一定の場合には

$$T = \frac{2A}{C\,a\sqrt{2g}}(\sqrt{H_1} - \sqrt{H_2}) \tag{5・14}$$

例　　題　(39)

【5・13】　　H_1 の水深を持つ断面積一定の水槽の底にあけたオリフィス
により，水槽の水を空にするのに要する時間は，同一容量の水を H_1 なる一
定水頭のもとに，同一オリフィスにより流出するのに必要な時間の2倍であ
ることを証明せよ.

解　オリフィスにより水槽の水を空にするのに必要な時間 T_1 は，(5・
14) 式において $H_2 = 0$ とおけばよいから

$$T_1 = \frac{2A}{Ca\sqrt{2g}}\sqrt{H_1} \tag{1}$$

次に，同一容量 AH_1 の水を H_1 の水頭のもとに流出するのに要する時間

を T_2 とすれば，流量 $Q = C a \sqrt{2 g H_1}$ であるから $C a \sqrt{2 g H_1} \times T_2 = A H_1$

$\therefore \quad T_2 = \dfrac{A H_1}{C a \sqrt{2 g H_1}} = \dfrac{T_1}{2}$．よって題意は証明された．

【5・14】　図 - 5・11 に示すように，A，B 両
水槽の間の隔壁にオリフィスが開口している．A室
の水面積は　30 m²，水深は　5 m，B 室の水面積は
20 m²，水深は　3 m　である．オリフィスは正方形断
面であって，その中心は水槽の底から　2 m　の高さ
にあるとする．A，B 両水槽の水位を 4 分間で等し
くするには，オリフィスの辺長はいくらにすればよ
いか．ただし，流量係数　$C = 0.60$　とする．

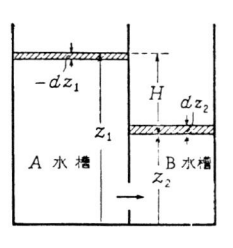

図 - 5・11

　解　　A 水槽の面積を A，B 水槽の面積を B，最初の水面差を H_1，最後
の水面差を H_2，水位差が　H_1　から　H_2　になるまでの時間を　T　とする．z
軸を鉛直上向きにとり，dt 時間に A 水槽の水面の下がりを　$-dz_1$，B 水槽
の水面の上がりを　dz_2 とすると

$$-A \, dz_1 = B \, dz_2 = Q \cdot dt$$

A，B 水槽の水面差を　H　とすると，$H = z_1 - z_2$，また $Q = C a \sqrt{2 g H}$

$$\therefore \quad dH = dz_1 - dz_2 = -\left(\frac{1}{A} + \frac{1}{B}\right) Q \, dt = -\frac{(A+B)}{AB} C a \sqrt{2 g H} \cdot dt$$

これより $\quad T = -\dfrac{1}{C a} \displaystyle\int_{H_1}^{H_2} \dfrac{AB}{A+B} \dfrac{dH}{\sqrt{2 g H}}$　　　　　　　（１）

（１）式において A および B が一定とすると

$$T = -\frac{1}{C a \sqrt{2 g}} \frac{AB}{A+B} \int_{H_1}^{H_2} \frac{dH}{\sqrt{H}} = \frac{2}{C a \sqrt{2 g}} \frac{AB}{A+B} (\sqrt{H_1} - \sqrt{H_2})$$

（２）

B が A にくらべて非帯に大きければ，$\dfrac{B}{A+B} = \dfrac{1}{1+A/B} \fallingdotseq 1$ とおける
から

$$T = \frac{2 A}{C a \sqrt{2 g}} (\sqrt{H_1} - \sqrt{H_2})$$

（３）

となって（5・14）式と同じ形となる．

（２）式に題意の数値を入れると

$$a = \frac{2}{C\sqrt{2g}T}\ \frac{AB}{A+B}(\sqrt{H_1}-\sqrt{H_2})$$

$$= \frac{2}{0.60\times\sqrt{19.6\times240}}\ \frac{30\times20}{(30+20)}(\sqrt{5-3}-\sqrt{0})$$

$$= 0.0532\,\text{m}^2$$

故に正方形オリフィスの辺長 $= \sqrt{a} = 0.231\,\text{m}$

【5・15】　図-5・12 に示す直径 1.5 m,
長さ 5 m の円筒形容器に水を満たして水平に
おき,その底部にとりつけた直径 12 cm のオ
リフィスにより,容器の中の水を空にするには
どれだけの時間を要するか.流量係数 $C = 0.65$
とする.

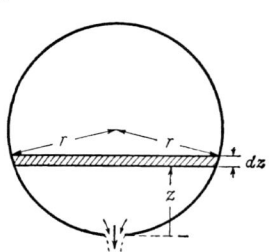

解　円筒の半径を r,長さを l とし,底か
ら測った水面の高さを z とすれば,水面の広さ
A は

図 -5・12

中心 0 より上では, $A = 2\,l\sqrt{r^2-(z-r)^2} = 2\,l\sqrt{2rz-z^2}$

中心 0 より下では, $A = 2\,l\sqrt{r^2-(r-z)^2} = 2\,l\sqrt{2rz-z^2}$

となっていずれも同じ式となる.故に (5・13) 式より

$$T = -\frac{2\,l}{C\,a\sqrt{2g}}\int_{2r}^{0}\sqrt{2\,rz-z^2}\,z^{-\frac{1}{2}}dz = -\frac{2\,l}{C\,a\sqrt{2g}}\int_{2r}^{0}\sqrt{2\,r-z}\,dz$$

$$= \frac{4\,l}{3\,C\,a\sqrt{2g}}\left[(2\,r-z)^{\frac{3}{2}}\right]_{2r}^{0} = \frac{4\,l}{3\,C\,a\sqrt{2g}}(2\,r)^{\frac{3}{2}}$$

これに $l = 5\,\text{m}$, $r = 0.75\,\text{m}$, $C = 0.65$, a
$= \dfrac{\pi}{4}\times(0.12)^2 = 0.0113\,\text{m}^2$ を代入する
と,

$$T = 377\ \text{秒} = 6\ \text{分}\ 17\ \text{秒}$$

【5・16】　図-5・13 に示すように,
一様断面積 A を持つ水槽に q なる一定量
の水を注水し,断面積 a のオリフィスより
放流している.オリフィスの中心より測っ
た水深が H_1 から H_2 まで下がるのに要す

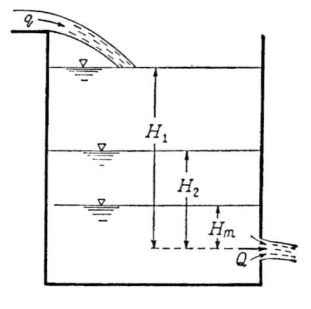

図 -5・13

る時間 T を求めよ.

　解　　オリフィスの中心を原点として z 軸を鉛直上方にとり, 水深が z のときオリフィスからの排水流量を Q, dt 時間内における水面の上がりを dz とすると

$$A\,dz = (q-Q)\,dt, \qquad Q = C\,a\sqrt{2g\,z} \tag{1}$$

これより　$dt = \dfrac{A\,dz}{q - C\,a\sqrt{2g\,z}}$

これを積分して

$$\begin{aligned}
T &= \int_{H_1}^{H_2} \frac{A}{q - C\,a\sqrt{2g\,z}}\,dz \\
&= \left[-\frac{2A\sqrt{z}}{C\,a\sqrt{2g}} - \frac{qA}{g\,C^2\,a^2}\log_e(C\,a\sqrt{2g\,z}-q) \right]_{H_1}^{H_2} \\
&= \frac{2A}{C\,a\sqrt{2g}}(\sqrt{H_1}-\sqrt{H_2}) + \frac{qA}{g\,C^2\,a^2}\log_e\left\{ \frac{C\,a\sqrt{2g\,H_1}-q}{C\,a\sqrt{2g\,H_2}-q} \right\}
\end{aligned}$$

$$\therefore\ \ T = \frac{2A}{C\,a\sqrt{2g}}(\sqrt{H_1}-\sqrt{H_2}) + \frac{2.303\,qA}{g\,C^2\,a^2}\log_{10}\left\{ \frac{C\,a\sqrt{2g\,H_1}-q}{C\,a\sqrt{2g\,H_2}-q} \right\} \tag{2}$$

（2）式が求める所要時間である.（1）式で $q = Q$ を満す水深 H_m, すなわち

$$q = Q = C\,a\sqrt{2g\,H_m} \tag{3}$$

においては $dz/dt = 0$ となるから, 水槽は時間の経過とともに流入量と排出量とが釣り合った極限の水位 H_m におちつくことがわかる. しかし（2）式で $H_2 = H_m$ とおくと明らかに $T = \infty$ で, 釣合状態に達するまでの時間は理論的には無限大である.

　〔**類　題**〕　　直径 4 m, 高さ 6 m の直立円筒形タンクに水が満水している. この容器に毎秒 $20l$ の水を注水しつつ, 底部にあけた直径 10 cm のオリフィスにより排水する. 水深が 2 m に減ずるのにどれだけの時間を要するか. また最終水深はいくらか. ただし $C = 0.60$ とする.

　解　　前例題の（2）式に, $H_1 = 6$ m, $H_2 = 2$ m, $A = \pi \times 2^2 = 12.57$ m², $a = \pi \times 0.05^2 = 0.00785$ m², $q = 0.02$ m³/sec, $C = 0.60$ を代入すると

$$\begin{aligned}
T = &\frac{2 \times 12.57}{0.6 \times 0.00785\sqrt{19.6}}(\sqrt{6}-\sqrt{2}) + \frac{2.303 \times 0.02 \times 12.57}{9.8 \times 0.6^2 \times 0.00785^2} \\
&\times \log_{10}\left\{ \frac{0.6 \times 0.00785\sqrt{19.6 \times 6}-0.02}{0.6 \times 0.00785\sqrt{19.6 \times 2}-0.02} \right\} = 2619\ \text{秒} = 43\ \text{分}\ 39\ \text{秒}
\end{aligned}$$

最終水深　$H_m = \dfrac{q^2}{2g\,(Ca)^2} = 0.92$m

5・1・6　水　　門

水門からの流出係数は引上
扉・テンターゲート・ドラム
ゲートなど水門の種類によっ
てかなり異なるが，その流況
はオリフィスににたところが
多い．図-5・14 は引上扉か

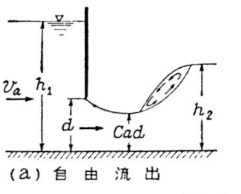

(a) 自 由 流 出

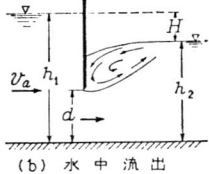

(b) 水 中 流 出

図 - 5・14

らの流出の模様を示したもので，(a)は水門からの流出水脈が射流で自由流出する場
合で，下流が常流であれば射流水面は跳水によって下流につらなる．下流水位が増す
と跳水は水門に近づき，ついには流出水脈が下流水面の下に潜って表面渦を作る．こ
うした場合を，(b)水中流出(潜り流出)という．

　自由流出の場合には，上流水深を h_1，水門の開き高を d，流出幅を B，
ベナコントラクタの水深を $C_a\,d$，その点の流速を V とすると

$$Q = BC_a\,dV = C_a \cdot C_v\,B\sqrt{2g\,(h_1 + v_a{}^2/2g - C_a\,d)} \qquad (5・15)$$

または上式を次の形

$$Q = C_d\,d\,B\sqrt{2g\,h_1} \qquad\qquad (5・16)$$

で表わすこともある．

　なお，流速係数 C_v，縮流係数 C_a の値は，水門の先端が刃形である場合に
は薄刃オリフィスとほぼ同一で，$C_v \fallingdotseq 0.95 \sim 0.99$，$C_a \fallingdotseq 0.61$ である．

　水中流出の場合には，下流水面が一様とみなしうる場合には，潜りオリフ
ィスと同一の式 (5・12) が成立する．

　しかし図 - 5・14 (b) のように水面変化の著しい場合には，縮流位置の水
深 ($< h_2$) がわからないのでこの形は使えない．そこで，Henry[*] は引上扉
について実験を行ない，(5・16) 式の流量係数 C_d と h_1/d, h_2/d との関係
を図 - 5・15 のように表わしている．

　また Toch[**] はテンターゲートの流量係数 C_d と h_1/d との関係を図表化

[*]　H. R. Henry: Characteristics of Sluice-Gate Discharge, Proc. A. S. C. E.
　　　　Dec. 1949
[**]　A. Toch: Discharge Characteristics of Taintor Gates, Proc. A. S. C. E.,
　　　　Vol, 79, No. 295 (1953)

しているが，多数の図表を必要とするので原論文を参照されたい.

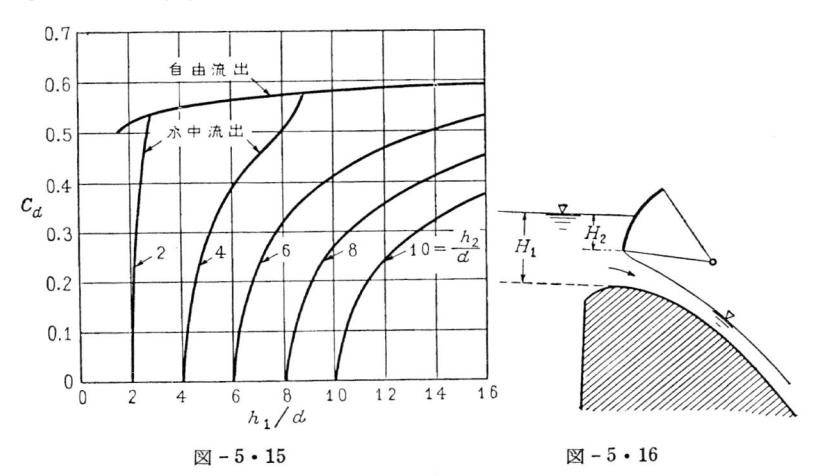

図 – 5・15　　　　　　　　　　　　図 – 5・16

　図 – 5・16 のようにダム越流部ゲートを部分開放した場合については，ゲート全開時の公式 (5・31) と式形を合致させた方が便利であるし，また水中流出という場合も起こり得ないので次式が多く用いられる.

$$Q = KB(H_1^{\frac{3}{2}} - H_2^{\frac{3}{2}}) \tag{5・17}$$

　K の値はダムやゲートの形状によって異なるが，Wilson ダムの模型実験によると図 – 5・17 に示すように K は H_2/H_1 によって変わる.

例　　題　(40)

【5・17】　引上扉の開度 1.5 m，ゲート幅 5 m，底面から測った上流水深 7.5 m とするとき，自由流出の流量を求めよ. また下流水深 6 m であって水中流出となるときの流量を求めよ.

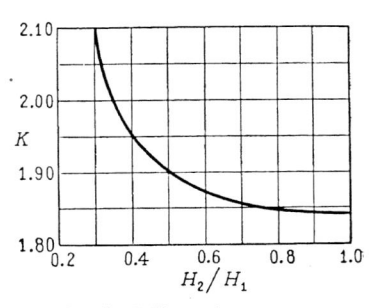

図 – 5・17　Wilson dam　越流係数

　解　a)　自由流出　$h_1 = 7.5$ m, $d = 1.5$ m, $B = 5$ m, $h_1/d = 5$ であるから図 – 5・15 の自由流出曲線より，$C_d = 0.56$. 故に (5・16) 式より

$$Q = C_d dB\sqrt{2gh_1} = 0.56 \times 1.5 \times 5\sqrt{19.6 \times 7.5} = 50.9 \text{ m}^3/\text{sec}$$

b)　水中流出　$h_1 = 7.5\,\mathrm{m}$, $h_2 = 6\,\mathrm{m}$, $d = 1.5\,\mathrm{m}$, $B = 5\,\mathrm{m}$, $h_1/d = 5$, $h_2/d = 4$, であるから図 – 5・15 の水中流出曲線より, $C_d = 0.3$. 故に (5・16) 式より

$$Q = C_d\, d\, B\sqrt{2g\, h_1} = 0.3 \times 1.5 \times 5\sqrt{19.6 \times 7.5} = 27.3\,\mathrm{m^3/sec}$$

（註）　自由流出と水中流出の境界をきめる下流水深 h_{2c} は, 図 – 5・15 で自由流出曲線と h_1/d との交点に応ずる h_2/d の値を読みとればよい. この問題では $h_1/d = 5$ と自由流出曲線の交点は $h_2/d = 2$ と 4 の間にあり, 大略 $h_{2c}/d \fallingdotseq 2.8$ である. 故に $h_{2c} \fallingdotseq 4.2\,\mathrm{m}$ である. したがって $h_2 < 4.2\,\mathrm{m}$ のときには自由流出, $h_2 > 4.2\,\mathrm{m}$ のときには水中流出となる.

〔類　題〕　　引上扉の開度 0.8 m, ゲート幅 4 m, 下流水深 $h_2 = 4.8\,\mathrm{m}$ であるとき 5 m³/sec の水が流出している. 上流側の水深はいくらか.

解　　(5・16) 式より

$$h_1 = \frac{Q^2}{C_d{}^2\, 2g\, d^2\, B^2} = \frac{5^2}{C_d{}^2 \times 19.6 \times 0.8^2 \times 4^2} = \frac{0.1246}{C_d{}^2} \tag{1}$$

$h_2/d = 4.8/0.8 = 6$ であるが, h_1/d と C_d は共に未定であるから（1）式は図 – 5・15 を用いて試算的に解かなければならない.

まず, $h_1/d = 6.5$ と仮定すると図 – 5・15 より, $h_1/d = 6.5$, $h_2/d = 6$ に応ずる C_d をよんで $C_d = 0.16$. 故に $h_1 = \dfrac{0.1246}{C_d{}^2} = 4.87\,\mathrm{m}$ となり, この値は仮定水深 $h_1 = 0.8 \times 6.5 = 5.2\,\mathrm{m}$ とはかなり異なる.

次に, $h_1/d = 6.47$ と仮定すると再び図 – 5・15 より $C_d = 0.155$

$$h_1 = \frac{0.1246}{C_d{}^2} = 5.18\,\mathrm{m}$$

となり, 仮定水深 $h_1 = 0.8 \times 6.47 = 5.18\,\mathrm{m}$ と一致する.

故に $h_1 = 5.18\,\mathrm{m}$ をもって求める水深とする. なお, この流出は水中流出である.

【5・18】　　図 – 5・16 のダムにおいて, 越流頂から測った貯水池水深 $H_1 = 8\,\mathrm{m}$ のとき, ゲートを部分開放して 320 m³/sec を放流するためには, ゲートをいくら引き上げたらよいか. ただし, 越流幅は 12 m とし, 流量係数は図 – 5・17 で与えられるものとする.

解　　ゲートの開きを D とすると (5・17) 式より

$$H_2 = H_1 - D = \left(H_1{}^{\frac{3}{2}} - \frac{Q}{KB}\right)^{\frac{2}{3}} \tag{1}$$

K は H_2/H_1 の値によって変化するから，$K = 1.90$ と仮定すると（1）式

より　$H_2 = \left(8^{\frac{3}{2}} - \dfrac{1}{1.9} \times \dfrac{320}{12} \right)^{\frac{2}{3}} = 4.19\,\mathrm{m}.$

図 - 5・17 より，$H_2/H_1 = 4.19/8 = 0.524$ に応ずる K を求めると $K =$ 1.895 で，この値を用いて H_2 を計算しても再び $H_2 = 4.19\,\mathrm{m}$ をうる．故に求める $D = H_1 - H_2 = 3.81\,\mathrm{m}$

問　題　（24）

（1）　例題 5・1 において，オリフィスによるエネルギー損失を水頭および kgf/cm² 単位にて求めよ.

答　$0.158\,\mathrm{m}$, $0.0158\,\mathrm{kgf/cm^2}$

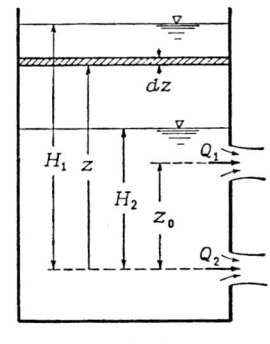

（2）　オリフィスからの流量 Q を求める場合に，水深 H の測定に最大1％の誤差をさけられないとすると，Q の誤差は最大どれほどあると考えるべきか.

答　最大 0.5% の誤差

（3）　図 - 5・18 のように一定断面積 A を持つ水槽に，上下2段に等しい流量係数を持つ，同じ断面積 a の小型オリフィスが開口している．この水槽水面が H_1 から H_2 に減ずるのに要する排水時間 T を求めよ．ただし，$H_2 \geqq z_0$ とする.

図 - 5・18

答　$T = \dfrac{2A}{3\sqrt{2g}\,C\,a\,z_0}\{H_1^{\frac{3}{2}} - H_2^{\frac{3}{2}} - (H_1 - z_0)^{\frac{3}{2}} + (H_2 - z_0)^{\frac{3}{2}}\}$

（4）　図 5・18 において，$H_1 = 4.0\,\mathrm{m}$，$A = 8\,\mathrm{m^2}$，$z_0 = 1.5\,\mathrm{m}$，$a_1 = a_2 = 0.01\,\mathrm{m^2}$，$C_1 = C_2 = 0.65$ とするとき，全部の水を排出し尽すのに要する時間を求めよ.

答　$T = 954$ 秒 $= 15$ 分 54 秒

（5）　図 - 5・19 の閘門において，その水面積が 600 m² あり，閘門内の水面が上流側水面より 3.0 m 低い場合，3分間で閘門内の水面を上流側と同じ高さに高めるには，オリフィスの断面積をいくらに設計すればよいか．ただし，オリフィスの流量係数 $C = 0.60$ とする.

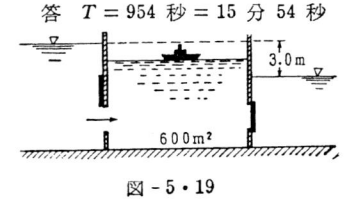

図 - 5・19

答　$4.35\,\mathrm{m^2}$

5・2 刃 形 ゼ キ

開水路の流量測定のために設けられるセキ（Weir）は水脈を安定させるために，セキ板の内面から約2mmの間をセキ板内面に直角な平面とし，それより外側に向って約45°の傾斜をつける．普通用いられるセキは，三角ゼキと矩形ゼキで，後者にはセキの長さが水路幅に等しい全幅ゼキと，セキ長が水路の幅より小さいものとがある．

5・2・1 矩 形 ゼ キ

刃形矩形ゼキは矩形大型オリフィスの上縁が取り去られたものと考えることができ，主として流量を測定するのに用いられる．公式（5・11）式において

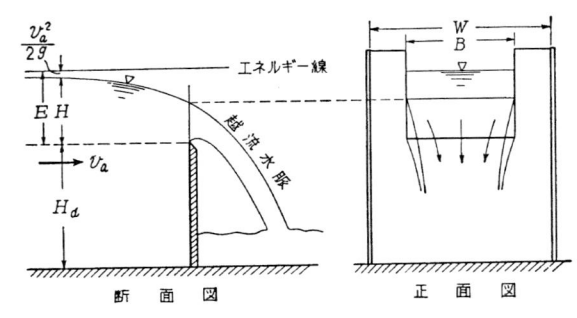

図 — 5・20

$H_2 = 0$，$H_1 = H$ とおけば，セキ幅を B とすると

$$Q = \frac{2}{3}C\sqrt{2g}\,BH^{\frac{3}{2}} \tag{5・18}$$

接近流速水頭 h_a を考慮するときは

$$Q = \frac{2}{3}C\sqrt{2g}\,B(H+h_a)^{\frac{3}{2}} \tag{5・19}$$

上式の流量係数に関しては多くの実験結果が発表されているが，その主なものをあげれば次のとおりである．ただし，以下の各公式はすべてメートル・秒単位を用いるべきことに注意を要する．

（1）　**全幅ゼキ**（両側とも収縮のない矩形ゼキ）

修正レーボック（Rehbock）の式

$$\left.\begin{array}{l} Q = KBH^{\frac{3}{2}} \ \text{(m}^3\text{/sec)} \\[2mm] K = 1.785 + \left(\dfrac{0.00295}{H} + 0.237\dfrac{H}{H_d}\right)(1+\varepsilon) \end{array}\right\} \tag{5・20}$$

ここに　H_d：水路底よりセキ頂までの高さ（m）

ε ：補正項，H_d が 1 m 以下の場合は，$\varepsilon = 0$

H_d が 1 m 以上の場合は，$\varepsilon = 0.55 (H_d - 1)$

式の適用範囲：$B = 0.5$ m 以上，$H_d = 0.3 \sim 2.5$ m，$H = 0.03 \sim H_d$ m（ただし，H は 0.8 m 以下），$H \leq B/4$. なお，この公式は日本標準規格（JIS）に採用されている.

i) フランシス（Francis）の式

$$\left. \begin{array}{l} \text{第一次近似式} \quad Q = 1.84\, B H^{\frac{3}{2}} \\[2mm] \text{第二次近似式} \quad Q = 1.84\left\{1 + 0.26\left(\dfrac{H}{H + H_d}\right)^2\right\} B H^{\frac{3}{2}} \end{array} \right\} \quad (5\cdot21)$$

式の適用範囲：$H = 0.19 \sim 0.50$ m，$B = 2.4 \sim 3.0$ m，$H_d = 0.60 \sim 1.50$ m，接近流速 $v_a = 0.06 \sim 0.3$ m/sec

ii) バザン（Bazin）の式

$$Q = \left(1.794 + \frac{0.0133}{H}\right)\left\{1 + 0.55\left(\frac{H}{H + H_d}\right)^2\right\} B H^{\frac{3}{2}} \quad (5\cdot22)$$

式の適用範囲：$H = 0.08 \sim 0.50$ m，$B = 0.5 \sim 2.0$ m，$H_d = 0.75$ m

（2）四角ゼキ（両側に収縮のある矩形ゼキ）

板谷・手島の式

$$\left. \begin{array}{l} Q = K B H^{\frac{3}{2}} \\[2mm] K = 1.785 + \dfrac{0.00295}{H} + 0.237\dfrac{H}{H_d} - 0.428\sqrt{\dfrac{(W - B)H}{H_d\,W}} \\[3mm] \quad + 0.034\sqrt{\dfrac{W}{H_d}} \end{array} \right\} \quad (5\cdot23)$$

ただし，W：水路の幅（m）

本公式は全幅ゼキの Rehbock 公式に縮流の影響を加味したもので，JIS に採用されている.

式の適用範囲：$W = 0.5 \sim 6.3$ m，$B = 0.15 \sim 5$ m，$H_d = 0.15 \sim 3.5$ m，$B H_d / W^2 \geq 0.06$，$H = 0.03 \sim 0.45\sqrt{B}$ m

i) 沖 の 式

$$Q = 1.839\left(1 + \frac{0.0012}{H}\right)\left\{1 - \frac{\sqrt{n}}{10}\left(1 - \frac{n}{10 H_d}\right)\right\}\left\{1 + \frac{1}{2}\left(\frac{B}{W}\cdot\frac{H}{H + H_d}\right)^2\right\} B H^{\frac{3}{2}}$$

$$(5\cdot24)$$

ここに，$n = H/B$

式の適用範囲：$H \geqq 0.02\,\text{m}$,　$B > 0.15\,\text{m}$,　$n \leqq 1$,　$H_d \geqq 0.3\,\text{m}$,　$W - B > 3\,H$

ii)　フランシスの式

$$Q = 1.84\,(B - 0.2\,H)\,H^{\frac{3}{2}} \tag{5・25}$$

例　　題 (41)

【5・19】　3 m 幅の矩形水路に，水路床より 50 cm 上に全幅矩形ゼキを設けたところ，越流深が 40 cm であった．越流量を修正レーボック式により求めよ．

解　与えられた数値は修正レーボック式の適用範囲を満足するので，本公式による値は信頼性が高い．(5・20) 式より

$$K = 1.785 + \left(\frac{0.00295}{H} + 0.237\,\frac{H}{H_d} \right)$$

$$= 1.785 + \left(\frac{0.00295}{0.4} + 0.237 \times \frac{0.4}{0.5} \right) = 1.98$$

$$Q = K\,B\,H^{\frac{3}{2}} = 1.98 \times 3 \times (0.4)^{\frac{3}{2}} = 1.50 \text{ m}^3/\text{sec}$$

〔**類　題**〕　例題 5・19 の問題をフランシスの式およびバザンの式を用いて越流量を求めよ．また，レーボック・フランシス・バザンの各式の流量を比較せよ．

解　与えられた数値はフランシス式では $H_d = 0.5\,\text{m}$ が，またバザン式では H_d および B が，いずれも適用範囲外に出るので両式とも信頼性が若干落ちる．

フランシス式

$$Q = 1.84\left\{ 1 + 0.26\left(\frac{0.4}{0.4 + 0.5} \right)^2 \right\} \times 3 \times (0.4)^{\frac{3}{2}} = 1.47 \text{ m}^3/\text{sec}$$

バ ザ ン 式

$$Q = \left(1.794 + \frac{0.0133}{0.4} \right)\left\{ 1 + 0.55\left(\frac{0.4}{0.4 + 0.5} \right)^2 \right\} \times 3 \times (0.4)^{\frac{3}{2}} = 1.54 \text{ m}^3/\text{sec}$$

修正レーボック式による計算値 $Q = 1.50\,\text{m}^3/\text{sec}$ を標準とすると，フランシス式の誤差は $(1.47 - 1.50)/1.50 = -0.02$，で 2 %程度小さい流量を与え，反対にバザン式の誤差は $(1.54 - 1.50)/1.50 = 0.026$，で 2.6% 大きい流量を与える．

【5・20】　幅 4 m，深さ 0.6 m，平均流速 $V = 0.8\,\text{m/sec}$ で流れている矩形水路に，水底からセキ頂までの高さ 0.75 m なる全幅ゼキを設けた場合，このセキの上流における水深はいくらになるか．レーボック式により計算せよ．

解　流量 $Q = AV = 4 \times 0.6 \times 0.8 = 1.92\,\text{m}^3/\text{sec}$．　修正レーボック式

の係数 K には H が入っているから，直接使用するには不便である．故に
まず H がすぐに求められるフランシスの第一次近似式によって H を略算
する．(5・21) 式より

$$H = \left(\frac{Q}{1.84\,B}\right)^{\frac{2}{3}} = \left(\frac{1.92}{1.84\times4}\right)^{\frac{2}{3}} = 0.408\,\mathrm{m}$$

この値を修正レーボック式 (5・20) に代入すると

$$K = 1.785 + \left(\frac{0.00295}{0.408} + 0.237\times\frac{0.408}{0.75}\right) = 1.921$$

$$\therefore\quad H = \left(\frac{Q}{KB}\right)^{\frac{2}{3}} = \left(\frac{1.92}{1.921\times4}\right)^{\frac{2}{3}} = 0.397\,\mathrm{m}$$

$H = 0.397\,\mathrm{m}$ を再び K に代入すると $K = 1.918$ をうる．この K を上式
に入れて　$H = \left(\frac{1.92}{1.918\times4}\right)^{\frac{2}{3}} = 0.397\,\mathrm{m}$

したがってセキ上流の水深は，$H_d + H = 0.75 + 0.397 = \underline{\underline{1.147\,\mathrm{m}}}$

【5・21】　　幅 5.5 m の矩形水路に幅 3 m の矩形ゼキを設ける．セキ頂
の水深は 1.2 m，越流深 0.6 m のとき，越流量を板谷・手島式，沖式，フ
ランシス式により求めよ．

解　a）板谷・手島式　　$W = 5.5\,\mathrm{m}$, $B = 3\,\mathrm{m}$, $H_d = 1.2\,\mathrm{m}$, $H = 0.6$
m, $BH_d/W^2 = 0.177$, $0.45\sqrt{B} = 0.779$ であるから，W, B, H, H_d は
公式の適用範囲内にある．

$$Q = \left\{1.785 + \frac{0.00295}{0.6} + 0.237\times\frac{0.6}{1.2} - 0.428\sqrt{\frac{(5.5-3)\times0.6}{1.2\times5.5}}\right.$$
$$\left. + 0.034\sqrt{\frac{5.5}{1.2}}\right\}\times3\times(0.6)^{\frac{3}{2}} = \underline{\underline{2.477\,\mathrm{m^3/sec}}}$$

b）沖　式　　与えられた数値は，同じく沖式の適用範囲内にあり

$$Q = 1.839\left(1 + \frac{0.0012}{0.6}\right)\left\{1 - \frac{\sqrt{0.2}}{10}\left(1 - \frac{0.2}{10\times1.2}\right)\right\}\left\{1 + \frac{1}{2}\left(\frac{3}{5.5}\right.\right.$$
$$\left.\left.\times\frac{0.6}{0.6+1.2}\right)^2\right\}\times3\times(0.6)^{\frac{3}{2}} = \underline{\underline{2.497\,\mathrm{m^3/sec}}}$$

c）フランシス式　　$Q = 1.84\,(3 - 0.2\times0.6)\times(0.6)^{\frac{3}{2}} = \underline{\underline{2.463\,\mathrm{m^3/sec}}}$
板谷・手島式による計算値 2.477 m³/sec を基準にすると，沖式の誤差は
$(2.497 - 2.477)/2.477 = 0.008$，で 0.8% 程度大きい流量を与え，フランシ

ス式の誤差は $(2.463-2.477)/2.477 = -0.0057$, で 0.6%程度小さい流量を与える.

【5・22】　　矩形ゼキからの越流量 Q を求めるにあたり，流量係数 K および越流深 H の測定に，いずれも 1% の誤差がある場合，越流量の誤差はいくらとなるか.

解　　$Q = KBH^{\frac{3}{2}}$ を微分して

$$dQ = \frac{3}{2}KBH^{\frac{1}{2}} \cdot dH + BH^{\frac{3}{2}} \cdot dK$$

$$\therefore \quad \frac{dQ}{Q} = \frac{3}{2}\frac{dH}{H} + \frac{dK}{K} = \frac{3}{2} \times 0.01 + 0.01 = 0.025$$

流量の誤差は H に基づく誤差 1.5% と，K に基づく誤差 1% の和で 2.5% となる.

（注意）　　この結果で K の誤差がない場合 $(dK = 0)$ を，5・1節の問題（24）の（2）と比較すると，H に同一の誤差がある場合，流量の誤差率はセキの方がオリフィスよりも3倍も大きい. 故にセキの場合には，越流深の測定はとくに注意深く行なわなければならない.

5・2・2　三角ゼキ・台形ゼキ等

　矩形ゼキと並んで広く用いられるセキに三角ゼキがあり，とくに小流量を測定するのに適している.

　三角ゼキの基本公式は，θ を切欠きの頂角とすると，図－5・21 の微小水平帯からの流出量を積分して（例題 5・23）

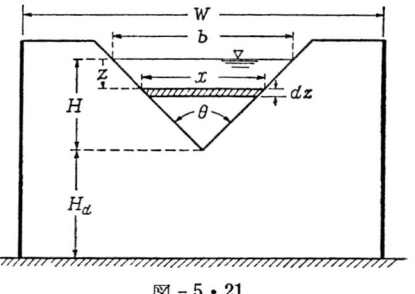

図 － 5・21

$$Q = \frac{8}{15}C\tan\frac{\theta}{2} \cdot \sqrt{2g}\,H^{\frac{5}{2}}. \tag{5・26}$$

頂角 $90°$ の三角ゼキについて，次の沼知・黒川・淵沢の式がある.

$$Q = \left\{1.353 + \frac{0.004}{H} + \left(0.14 + \frac{0.2}{\sqrt{H_d}}\right)\left(\frac{H}{W} - 0.09\right)^2\right\}H^{\frac{5}{2}} \ (\mathrm{m^3/sec})$$

$$\tag{5・27}$$

式の適用範囲：$W = 0.5\sim1.2\,\mathrm{m}$, $H_d = 0.1\sim0.75\,\mathrm{m}$, $H = 0.07\sim0.26\,\mathrm{m}$,

$H \leq W/3$

　矩形ゼキ・三角ゼキの他にあまり用いられないが，台形ゼキ・円形ゼキ・プロポーショナル・フローゼキ (Proportional flow weir) などがある.

　例　　題　（42）

【5・23】　　三角ゼキの流量公式を誘導せよ.

　解　　三角ゼキにおける流れの水面幅を b とし，三角形の頂点上の水深を H とする. 水深 z の位置における深さ dz, 水平幅 x なる水平帯状部分を考えると

$$x : b = (H-z) : H \qquad \therefore \quad x = \frac{b(H-z)}{H}$$

水平帯の面積　$dA = x \cdot dz = \dfrac{b(H-z)}{H} dz$

dA を通る流速は (5・1) 式より $v = C\sqrt{2gz}$ であるから, この部分を通る流量 dQ は

$$dQ = v \cdot dA = C\frac{b}{H}(H-z)\sqrt{2gz}\,dz$$

故に　$Q = \dfrac{b}{H}\sqrt{2g}\displaystyle\int_0^H C(H-z)\sqrt{z}\,dz = C\frac{b}{H}\sqrt{2g}\left[\frac{2}{3}Hz^{\frac{3}{2}} - \frac{2}{5}z^{\frac{5}{2}}\right]_0^H$

$$= \frac{4}{15}Cb\sqrt{2g}\,H^{\frac{3}{2}}$$

頂角を θ とすると, $b = 2H\tan\theta/2$

$$\therefore \quad Q = \frac{8}{15}C\tan\frac{\theta}{2} \cdot \sqrt{2g}\,H^{\frac{5}{2}} \tag{1}$$

（1）式が三角ゼキの基本的流量公式である. とくに $\theta = 90°$ のときには $\tan\theta/2 = 1$ であるから, かりに $C = 0.60$ とおけば

$$Q = \frac{8}{15}C\sqrt{2g}\,H^{\frac{5}{2}} = 1.41\,H^{\frac{5}{2}} \tag{2}$$

前記の沼知・黒川・淵沢の式は，（2）式の C が一定でない点を修正した実験公式である.

　〔**類　題** 1〕　　図 - 5・22 に示す台形ゼキにおいて底辺の長さを b とし，両側線が鉛直線となす角を θ とするとき，越流

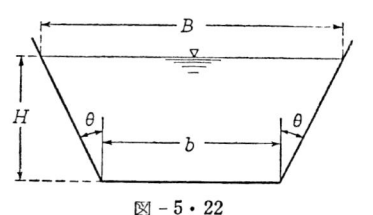

図 - 5・22

量はおおよそ次式で表わされることを証明せよ．

$$Q = \left\{ \frac{2}{3}b + \frac{8}{15} \tan\theta \cdot H \right\} C\sqrt{2g}\ H^{\frac{3}{2}}$$

解　台形ゼキを幅 b なる中央の矩形ゼキと，両側にある二つの三角ゼキの部分に分けて考えることにすると

矩形ゼキの越流量は（5・18）式より

$$Q_1 = \frac{2}{3}C\sqrt{2g}\ b\ H^{\frac{3}{2}} \tag{1}$$

二つの三角ゼキの和は頂角 2θ なる三角ゼキの一つに同じと考えられるから，（5・26）式より

$$Q_2 = \frac{8}{15}C\tan\theta \cdot \sqrt{2g}\ H^{\frac{5}{2}} \tag{2}$$

（1），（2）式の流量係数 C が同じとみなすと，求める全越流量は

$$Q = Q_1 + Q_2 = \left\{ \frac{2}{3}b + \frac{8}{15}\tan\theta \cdot H \right\} C\sqrt{2g}\ H^{\frac{3}{2}}$$

〔**類　題 2**〕　直角三角ゼキにおいて越流深 0.15 m であるときの越流量を求めよ．ただし水路幅 0.9 m，セキ高 0.5 m とする．

解　（5・27）式より

$$Q = \left\{ 1.353 + \frac{0.004}{0.15} + \left(0.14 + \frac{0.2}{\sqrt{0.5}} \right)\left(\frac{0.15}{0.9} - 0.09 \right)^2 \right\} \times (0.15)^{\frac{5}{2}}$$

$$= 0.01204\ \text{m}^3/\text{sec} = 12.04\ l/\text{sec}$$

【**5・24**】　流量が H に比例するセキ （Proportional flow weir）の形状は，$x\sqrt{z} = $ 一定，で与えられることを示せ．

解　図-5・23 のように底の中点を原点とし，水平に x 軸，鉛直上方に z 軸をとる．微小水平帯 $2\,x\,dz$ からの流量 dQ は

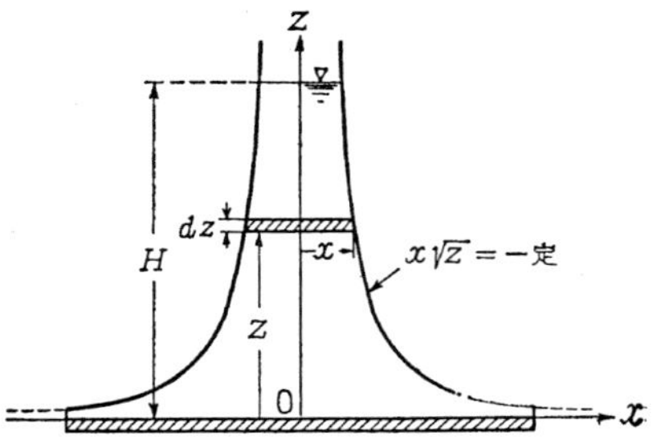

$$dQ = C\,2\,x\sqrt{2g\,(H-z)}\ dz$$

図 - 5・23

故に $Q = \displaystyle\int_0^H C\,2\,x\sqrt{2g\,(H-z)}\ dz$ である．題意によりこれが水頭 H に比例するから，k を比例常数とすれば $C\sqrt{2g}\displaystyle\int_0^H 2\,x\sqrt{H-z}\ dz = kH$

この式の両辺を H で微分すると

$$C\sqrt{2g}\int_0^H \frac{x}{\sqrt{H-z}}dz = k \tag{1}$$

（1）式で，$x\sqrt{z} = m$ とおくと

$$k = C\sqrt{2g}\ m\int_0^H \frac{1}{\sqrt{z(H-z)}}dz = C\sqrt{2g}\ m\left[2\sin^{-1}\sqrt{\frac{z}{H}}\right]_0^H$$
$$= C\sqrt{2g}\ m\pi$$

故に $m = k/C\pi\sqrt{2g}$ となり，$m = $ 一定となる．すなわち，ノッチの曲線形を $x\sqrt{z} = $ 一定，を満すようにすれば，Q は H に比例する．

　（註）　$x\sqrt{z} = m$ の理論式のままでは，$z = 0$ すなわち下縁におけるセキ幅 $2x$ は無限大となって，構造上実用にならない．故に実際には底部付近の両端部を切りとって，その部分の面積を斜線部に等しくするなどの便法を用いる．このセキは下水処理場の沈砂池などに用いられる．

5・2・3　セキによる水面降下時間

　水面積 A の貯水槽の一部に設けたセキから水を流出させる場合，この水槽に他から水の補給がなければ，越流深が H_1 から H_2 に下がるのに要する時間 T は次式にて与えられる（例題 5・25 および 5・26）．

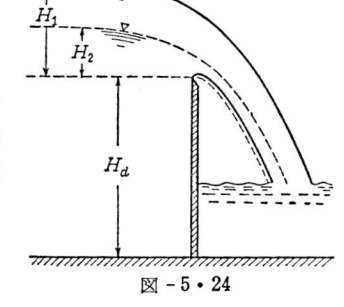

図 – 5・24

　矩形ゼキ（セキ幅B）

$$T = \frac{2A}{KB}\left(\frac{1}{\sqrt{H_2}} - \frac{1}{\sqrt{H_1}}\right), \qquad Q = KBH^{\frac{3}{2}} \tag{5・28}$$

　三角ゼキ

$$T = \frac{2}{3}\frac{A}{K_t}\left(\frac{1}{H_2^{\frac{3}{2}}} - \frac{1}{H_1^{\frac{3}{2}}}\right), \qquad Q = K_t H^{\frac{5}{2}} \tag{5・29}$$

例　　題 （43）

【5・25】　　表面積 A なる貯水池の一端に設けた幅 B なる矩形ゼキにより，越流深を H_1 から H_2 に下げるのに要する時間 （5・28） 式を証明せよ．ただし，越流係数 K は一定とみなす．

解　越流量　$Q = KBH^{\frac{3}{2}}$

dt 時間の水面降下量を $-dH$ とすると

$$-A \cdot dH = Q \cdot dt \qquad \therefore \quad dt = -\frac{A}{KBH^{\frac{3}{2}}} dH$$

$$T = -\frac{1}{B}\int_{H_1}^{H_2} \frac{A}{KH^{\frac{3}{2}}} dH \qquad\qquad (1)$$

$A = $ 一定，$K = $ 一定とすると

$$T = -\frac{2A}{KB}\left[-H^{-\frac{1}{2}}\right]_{H_1}^{H_2} = \frac{2A}{KB}\left(\frac{1}{\sqrt{H_2}} - \frac{1}{\sqrt{H_1}}\right) \qquad (2)$$

（2）式において $H_2 = 0$ とおけば，理論的には $T = \infty$ となる.

〔類　題〕　　長さ 20 m，幅 2.5 m の矩形水槽の一端に，幅 30 cm，底面からの
ゼキ高 70 cm の矩形ゼキをとりつけて水槽の水を流出させる場合，越流深が 40 cm
から 5 cm までに下がるのに要する時間を求めよ.

　解　　まず板谷・手島の式（5・23）で，$H = 40$ cm および 5 cm のときの K の
値を計算してみる.

$$K = 1.785 + \frac{0.00295}{H} + 0.237\frac{H}{H_d} - 0.428\sqrt{\frac{(W-B)H}{H_d W}} + 0.034\sqrt{\frac{W}{H_d}}$$

に題意の数値 $H_d = 0.7$ m，$W = 2.5$ m，$B = 0.3$ m および $H = 0.4$ m を入れる
と，$H = 0.4$ m のときの K の値は $K = 1.688$，$H = 0.05$ m のときは $K = 1.818$
となり，K の値はかなり変化している. したがって厳密には K の変化を考慮すべきで
あるが，計算が極めて複雑となるので，K を近似的に一定とみなし，平均値，すなわ
ち $K = (1.688 + 1.818)/2 = 1.753$ を用いて計算しよう.

（5・28）式より，$H_1 = 0.4$ m より $H_2 = 0.05$ m に下げるのに要する時間は

$$T = \frac{2A}{KB}\left(\frac{1}{\sqrt{H_2}} - \frac{1}{\sqrt{H_1}}\right) = \frac{2 \times 2.5 \times 20}{1.753 \times 0.3}\left(\frac{1}{\sqrt{0.05}} - \frac{1}{\sqrt{0.4}}\right)$$

$$= 550 \text{ sec} = 9 \text{ 分 } 10 \text{ 秒}$$

【5・26】　　面積 A なる貯水槽の一端に設けた三角ゼキにより，越流深
を H_1 から H_2 に下げるのに要する時間（5・29）式を証明せよ. ただし，
越流係数 K_t は一定とする.

　解　　$Q = K_t H^{\frac{5}{2}}$，　　$-A \cdot dH = Q \cdot dt$ より

$$T = -\frac{1}{K_t}\int_{H_1}^{H_2} \frac{A}{H^{\frac{5}{2}}} dH \qquad\qquad (1)$$

$A = $ 一定とすれば，（1）式は積分されて

$$T = \frac{2}{3} \frac{A}{K_t} \left(\frac{1}{H_2^{\frac{3}{2}}} - \frac{1}{H_1^{\frac{3}{2}}} \right)$$

問　題　(25)

（1）　幅 4.8 m，水深 0.8 m の矩形水路に 2.0 m³/sec の水が流れている．この水路に高さ 1.2 m，幅 2.5 m の矩形ゼキを設ければ上流側水深はいくらになるか．板谷・手島式により求めよ．

答　上流側水深 $= H + H_d = 1.79$ m

（2）　図 - 5・25 のような放物線ゼキの越流量公式を求めよ．

答　$Q = \dfrac{\pi}{4} C \sqrt{2 a g} \, H^2$

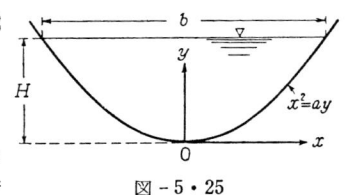

図 - 5・25

（3）　一定流量 1.2 m³/sec が流入している貯水池の表面積が 60000 m² であるとする．貯水池水面はセキ頂より 0.8 m 高いとき，幅 6 m の矩形ゼキにより，水面を 0.5 m だけ下げるのに要する時間はどれだけか．ただし，水面の広さは一定とし，越流係数 $K = 1.8$ とする．

答　3 時間 44 分

5・3　越流ダム等と潜りゼキ

5・3・1　越流ダム・広頂ゼキおよび横越流ゼキ

（1）　**越流ダム**　ダム上の流れのように，流れが常流から射流に遷移する場合には，すでに第3章の 3・5 にのべたように，ダムの頂点に支配断面があらわれる．ダムの頂点から測った上流水深（越流水深）を H，比エネルギーを E，ダムの頂点における水深を H_c，流速を V_c とすると，遠心力の影響およびエネルギー損失を無視して，H_c および Q は次式で表わされる．（(3・28) 式）

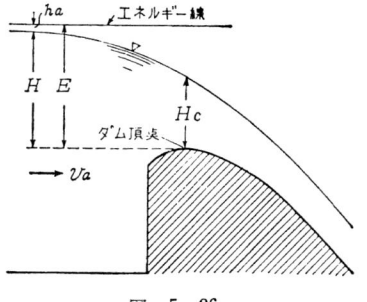

図 - 5・26

$$H + \frac{v_a^2}{2g} \equiv E = \frac{3}{2} H_c$$

$$Q = B H_c V_c = \frac{2}{3} \sqrt{\frac{2}{3} g} \, B \left(H + \frac{v_a{}^2}{2 g} \right)^{\frac{3}{2}} = 1.70 \, B \left(H + \frac{v_a{}^2}{2 g} \right)^{\frac{3}{2}}$$

$$(5 \cdot 30)$$

実際には遠心力の影響が著しいので，流量公式を (5・31) または (5・32)
式

$$Q = K B H^{\frac{3}{2}} \qquad\qquad (5 \cdot 31)$$

$$Q = K B \left(H + \frac{v_a{}^2}{2 g} \right)^{\frac{3}{2}} = K B E^{\frac{3}{2}} \qquad\qquad (5 \cdot 32)$$

で表わす．越流係数 K はダムの形状などによって変わるから，模型実験に
よってきめることが望ましいが，標準型ダムについては以下の手順により求
められる．

表 - 5・1　鉛直刃形ゼキの下側ナップの形状

h_a/E_s	0.002	0.020	0.040	0.080	0.120	0.160	0.200
D/E_s	0.112	0.105	0.098	0.082	0.067	0.054	0.045
x/E_s	y/E_s						
0.000	0.0000	0.0000	0.0000	0.0000	0.0000	0.0000	0.0000
0.040	0.0490	0.0460	0.0440	0.0380	0.0320	0.0280	0.0240
0.080	0.0765	0.0720	0.0670	0.0585	0.0500	0.0430	0.0370
0.120	0.0940	0.0880	0.0825	0.0715	0.0603	0.0510	0.0434
0.160	0.1045	0.0980	0.0920	0.0780	0.0658	0.0543	0.0450
0.200	0.1105	0.1030	0.0965	0.0815	0.0670	0.0540	0.0436
0.240	0.1120	0.1050	0.0980	0.0815	0.0650	0.0510	0.0390
0.280	0.1115	0.1040	0.0960	0.0780	0.0610	0.0460	0.0340
0.320	0.1090	0.1005	0.0920	0.0735	0.0555	0.0400	0.0270
0.360	0.1040	0.0950	0.0855	0.0670	0.0480	0.0320	0.0180
0.400	0.0970	0.0870	0.0770	0.0580	0.0386	0.0220	0.0080
0.500	0.070	0.060	0.050	0.030	0.008	-0.010	-0.023
0.700	-0.016	-0.028	-0.038	-0.059	-0.081	-0.102	-0.111
0.900	-0.138	-0.150	-0.162	-0.183	-0.206	-0.224	-0.228
1.200	-0.393	-0.402	-0.412	-0.432	-0.452	-0.471	-0.460
1.600	-0.850	-0.860	-0.867	-0.883	-0.904	-0.904	-0.874
2.000	-1.451	-1.460	-1.467	-1.485	-1.490	-1.451	-1.411
2.400	-2.179	-2.188	-2.198	-2.212	-2.200	-2.147	-2.074

　ダム頂部の形は，なるべく越流係数を大きくするものであると同時に，ダム表面に大きな負圧（5・3・2 参照）を生ぜしめないようにきめる．そのためには，ダムの頂部曲線を設計流量 Q_0 における刃形ゼキの越流水脈（これを自由ナップという）の下側の曲線と一致させることが多い．このようにしてきめたものを標準型堤頂とよび，

設計流量（あるいは設計越流水深 H_0）における流量係数は刃形ゼキの場合から求められ，ダム表面の圧力は自由ナップの下側の空気がダムと入れ変わっただけであるから，ほぼ大気圧に等しい．

　図 – 5・27 に示す刃形ゼキの自由ナップの下側曲線については，クリーガーが表 – 5・1 のように無次元形で表わしており，その形 $(y/E_s$ と $x/E_s)$ は流速水頭 h_a/E_s によっていくらか異なる．

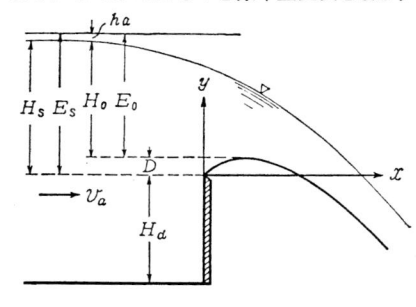

図 – 5・27

この表で x, y は刃形ゼキの頂点を原点として，図 – 5・27 のようにとる．また，$H_s, E_s = H_s + v_a{}^2/2g$ は刃形ゼキの頂点から測った越流水深，越流水頭で，刃形ゼキの頂点とダムの頂点との距離を D とすると

$$H_s - H_0 = D, \qquad E_s - E_0 = D$$
$$(5 \cdot 33)$$

である．D の値は自由ナップの形状からきまり，D/E_s の値は h_a/E_s の関数として表 – 5・1 の中に記してある．また表 – 5・2 は標準型ダムに設計流量 Q_0 が流れたときの越流係数 $K_0 = Q/B\,E_0{}^{\frac{3}{2}}$* と $E_0/(H_d+D)$ との関係を示したもの

表 – 5・2　刃形ゼキの自由越流の流量係数

$E_0/(H_d+D)$	K_0
0.0	2.200
0.5	2.180
1.0	2.157
1.5	2.136
2.0	2.115
2.5	2.096
3.0	2.077
3.5	2.057
4.0	2.038
4.5	2.018
5.0	1.998

*）　刃形ゼキの流量係数．　（5・19）式の $H+h_a$ は本節の記号では E_s であるから，（5・19）式の係数を $K' = \dfrac{2}{3} C \sqrt{2g}$ とすると

$$K_0 = \frac{Q_0}{B\,E_0{}^{3/2}} = \frac{Q_0}{B\,E_s{}^{3/2}} \left(\frac{E_s}{E_0}\right)^{\frac{3}{2}} = K'\left(\frac{E_s}{E_0}\right)^{\frac{3}{2}} = K'\left(\frac{H_s+h_a}{H_0+h_a}\right)^{\frac{3}{2}}$$

の関係がある．

である.

　以上のことから，設計流量から標準型ダム形状をきめる順序を記号的に示すと

$$Q_0 \xrightarrow[\text{表}-5\cdot2]{(5.32)} E_0 \to v_a \xrightarrow[\text{表}-5\cdot1]{(5.33)} E_s \xrightarrow{h_a/E_s}_{\text{表}-5\cdot1} \left(\frac{y}{E_s},\ \frac{x}{E_s}\right) \to (x,\ y)$$

　次に，設計流量 Q_0 とは異なる流量が標準型ダムを越流する場合には岩崎博士の公式[*] があり，流量係数 K は

$$K = 1.60\left(1+2\,b\,\frac{E}{E_0}\right)\Big/\left(1+b\,\frac{E}{E_0}\right) \tag{5・34}$$

上式における係数 b は，$E = E_0$ のときの K_0 の値を表 -5・2 より求め，この値を (5・34) に代入するときまる．なお，越流ダムでは接近流速水頭が小さく，$E = H$ とみなしてよい場合が多いことはいうまでもない.

例　　題　(44)

【5・27】　越流幅 40 m，設計流量　1600 m³/sec，ダムの越流堤頂の高さ 30 m，上流水路幅 80 m の条件で

a)　頂部曲線を設計せよ．ただし，ダムの上流面は鉛直とする.

b)　設計流量と異なる流量が流れるときの，貯水池の水位を求めよ.

解　a)　仮に $K_0 = 2.20$ として，設計流量 Q_0 に応ずる設計越流水頭 E_0 を求めると，(5・32) 式より　$E_0 = \left(\dfrac{Q_0}{K_0 B}\right)^{\frac{2}{3}} = \left(\dfrac{1600}{2.2\times40}\right)^{\frac{2}{3}} = 6.92\,\text{m}$

$E_0/(H_a+D) = 6.92/30 = 0.231$　であるから，表 -5・2 から K_0 を求めると $K_0 = 2.19$．　この K_0 を用いて E_0 を計算すると　$E_0 = \left(\dfrac{1600}{2.19\times40}\right)^{\frac{2}{3}}$ $= 6.94\,\text{m}$ でこの近似で十分である.

　$H_0 \fallingdotseq E_0$ とすると，　上流水深は　$30+6.94 = 36.94\,\text{m}$　　　故に接近流速 v_a は $v_a = \dfrac{1600}{80\times36.94} = 0.541\,\text{m}, \quad h_a = \dfrac{v_a{}^2}{2\,g} = 0.0149\,\text{m}$

　次に (5・33) 式 $E_s = E_0+D$ より E_s を求めるのであるが，D/E_s は h_a/E_s の関数であるから逐次近似計算による．まず $E_s \fallingdotseq E_0$ とみなすと $h_a/E_s \fallingdotseq h_a/E_0 = 0.0149/6.94 = 0.00215 \fallingdotseq 0.002$ で表 -5・1 より $D/E_s = 0.112$ 故に (5・33) 式より　$E_s = \dfrac{E_0}{(1-D/E_s)} = \dfrac{6.94}{1-0.112} = 7.82\,\text{m}$

[*]　石原藤次郎編：応用水理学，中 I，p. 139

この値を用いて $h_a/E_s = 0.0149/7.82 = 0.00191 \fallingdotseq 0.002$ であるから，この近似で十分である．越流面曲線は $h_a/E_s = 0.002$ のときの y/E_s と x/E_s の関係を表-5・1 から読みとり，その数値に $E_s = 7.82$ m を掛けると求められる．結果をプロットしたのが図-5・28 である．

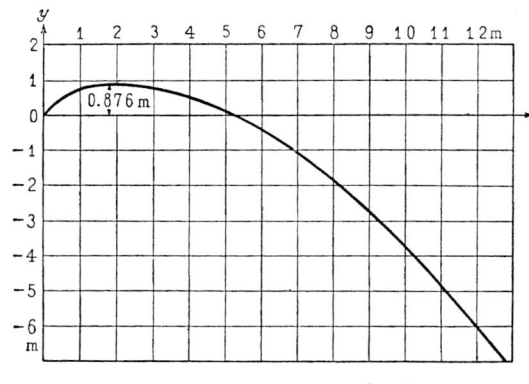

x m	y m
0	0
0.313	0.383
0.626	0.598
0.938	0.735
1.251	0.817
1.564	0.864
1.877	0.876
2.189	0.872
2.502	0.852
2.815	0.813
3.128	0.758
3.910	0.547
5.474	-0.125
7.038	-1.079
9.384	-3.073
12.512	-6.647
15.640	-11.347
18.768	-17.040

図 - 5・28

b) すでに (5・34) 式において，$E = E_0$ のとき $K = K_0 = 2.19$ を得ている．したがって $2.19 = 1.60 (1+2\,b)/(1+b)$ より $b = 0.584$

$$\therefore \quad K = 1.60\left(1+2\times0.584\frac{E}{E_0}\right)\bigg/\left(1+0.584\frac{E}{E_0}\right) \tag{1}$$

ただし，$E_0 = 6.94$ m

上式の E を下表のように与えて K を計算し，$Q = K B E^{\frac{3}{2}}$ より Q を求

E m	K	Q m³/sec	v_a m/sec	$v_a{}^2/2g$ m	H m
2	1.831	207	0.081	0.0003	2.00
3	1.922	400	0.151	0.001	3.00
4	2.003	641	0.236	0.003	4.00
5	2.074	927	0.331	0.006	4.99
6	2.137	1256	0.436	0.010	5.99
7	2.193	1625	0.549	0.015	6.98
8	2.244	2031	0.668	0.023	7.98
9	2.290	2473	0.792	0.032	8.97
10	2.331	2948	0.921	0.043	9.96

める．次に接近流速 $v_a \fallingdotseq \dfrac{Q}{80\times(30+E)}$，$\dfrac{v_a{}^2}{2g}=h_a$ を求めると $H=E$ $-v_a{}^2/2g$ よりダムのクレスト（頂点）より測った貯水池の水深 H が求まる．計算結果を示すと前ページの表のようである．

（2）　**広頂ゼキ**　　広頂ゼキ（Broad crested weir）は，越流水深 H に対してセキ長の幅 l が比較的広いセキであって（$l>0.7\,H$），頂上の水平部分の流れはほぼ平行し，下流端付近で常流から射流に遷移して支配断面があらわれる．したがって，広頂ゼキの流量公式はダムの式と同一の（5・32）式である．

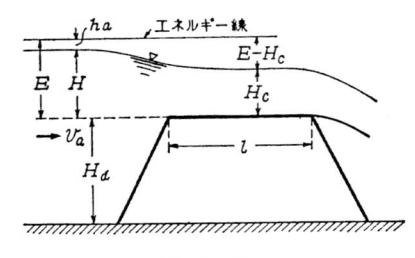

図 - 5・29

係数 K の値は矩形・台形などのセキの形や，角に丸味がついているかどうかなどによってかなり変る．一般に遠心力の影響がそれほど著しくないので，K の値は越流ダムの値にくらべて小さく，（5・30）式の理論値 $K=1.70$ に近い値をとることが多い．

例　　題　（45）

【5・28】　　水路コウ配 1/900，幅 8 m，水深 0.7 m のコンクリート製矩形断面水路に，水路床からの高さ 1.0 m の広頂ゼキを設ければ上流側水深はいくらになるか．ただし，水路床の粗度係数 $n=0.015$ とする．

解　　マンニング流速公式 $V=\dfrac{1}{n}R^{\frac{2}{3}}I^{\frac{1}{2}}$ より，等流水深を h_0 として

$$Q=\frac{1}{n}B\,h_0\,R^{\frac{2}{3}}I^{\frac{1}{2}}=\frac{1}{0.015}\times8\times0.7\times\left(\frac{8\times0.7}{8+2\times0.7}\right)^{\frac{2}{3}}\times\left(\frac{1}{900}\right)^{\frac{1}{2}}$$

$$=8.81\ \mathrm{m^3/sec}$$

$Q=KB(H+h_a)^{\frac{3}{2}}$ において，理論値 $K=1.70$ を用いると

$$H+h_a=\left(\frac{8.81}{1.7\times8}\right)^{\frac{2}{3}}=0.749\ \mathrm{m} \tag{1}$$

一方

$$h_a=\frac{v_a{}^2}{2g}=\frac{Q^2}{2g\,B^2\,(H_d+H)^2}=\frac{8.81^2}{19.6\times8^2\times(1+H)^2}=\frac{0.0619}{(1+H)^2} \tag{2}$$

$H = 0.73$ m と仮定して（2）式に代入すれば，$h_a = 0.0619/(1+0.73)^2 = 0.021$ m となるから，これを（1）式に代入して $H = 0.749 - 0.021 = 0.728$ m. この値を再び（2）式に入れても h_a の値は変らない. 故に，上流側水深 $= H + H_d = 0.728 + 1.0 = 1.728$ m

（3） 横越流ゼキ　水路または河川のある地点から下流の流量を減らすために，側壁または堤防の一部を低くして水を放流することがある. このようなセキを横越流ゼキ（Side overflow weir）という.

この場合，横越流ゼキの単位幅から越流する流量 q は，頂部から測った水深を H とすると，越流公式

$$q = KH^{\frac{3}{2}} \qquad (5 \cdot 35)$$

で与えられる. 一方，横越流ゼキの始点を原点として流れの方向に x 軸をとり，その点を通る流量を Q，越流前および後における流量をそれぞれ Q_1, Q_2，越流幅を L とすると，連続の式 $\dfrac{\partial Q}{\partial x} = -q$（図-5・30）より

$$Q_2 = Q_1 - \int_0^L q\,dx = Q_1 - \int_0^L KH^{\frac{3}{2}}\,dx$$

$$(5 \cdot 36)$$

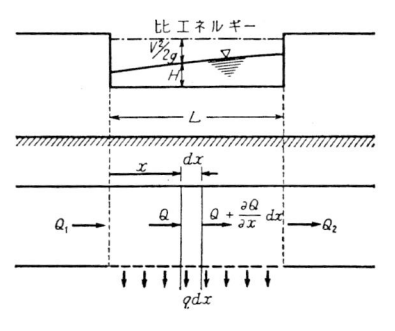

図 - 5・30

上式の H を求めるには正確には不等流計算によるが，簡単な近似計算では横越流区間において比エネルギーが一定に保たれると仮定して越流前の水位を求め，越流区間の水面形を適当に仮定して計算する.

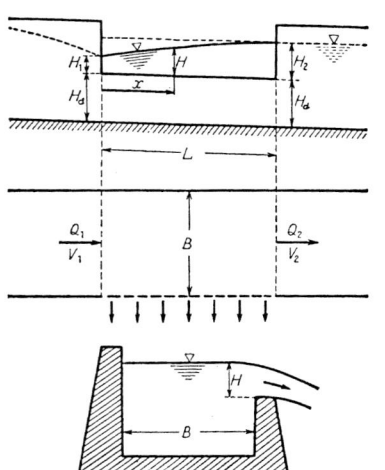

図 - 5・31

例　題（46）

〔5・29〕 図 - 5・31 のような一様幅の矩形断面水路の途中に横越流ゼキを設け，$Q_1 = 25$ m³/sec のうち 12

$\mathrm{m^3/sec}$ を水路外に放流しようとする．横越流ゼキの長さ L を求めよ．ただし，セキ天端は河床勾配に平行であるとし，$H_d = 0.9\,\mathrm{m}$，水路幅 $B = 10$ m，セキ下流端の越流水深 $H_2 = 0.7\,\mathrm{m}$，$K = 1.84$ とする．

解 横越流ゼキの上，下流端における越流水深をそれぞれ H_1，H_2 とし，その間の水面形は近似的に直線的に変化すると仮定すると，セキの上流端より x なる点の越流水深 H は $H = H_1 + \dfrac{H_2 - H_1}{L}x$ これを $(5\cdot36)$ 式に入れて

$$Q_2 = Q_1 - \int_0^L K\left(H_1 + \frac{H_2 - H_1}{L}x\right)^{\frac{3}{2}}dx = Q_1 - \frac{2}{5}KL\frac{H_2^{\frac{5}{2}} - H_1^{\frac{5}{2}}}{H_2 - H_1} \quad (1)$$

次に横越流ゼキの上流水深 H_1 を求めるために，摩擦損失を無視して，セキ区間における比エネルギーが一定に保たれるものとすると[*]，

$$H_1 + H_d + \frac{V_1^2}{2g} = H_2 + H_d + \frac{V_2^2}{2g}$$

$$\therefore \quad H_1 = H_2 - \frac{V_1^2 - V_2^2}{2g} \quad (2)$$

上式に $H_2 = 0.7\,\mathrm{m}$，$V_2 = \dfrac{Q_2}{B(H_2 + H_d)} = \dfrac{13}{10(0.7 + 0.9)} = 0.8152\,\mathrm{m/sec}$ の値を入れて，

$$H_1 = 0.7 - \frac{V_1^2 - 0.660}{19.6} \quad (3)$$

一方，$Q_1 = (H_1 + H_d)BV_1$ より

$$V_1(H_1 + 0.9) = 2.5 \quad (4)$$

（3），（4）式を同時に満足する H_1，V_1 を試算的に求めると，

第1次計算：$H_1 = 0.6\,\mathrm{m}$ と仮定すると（4）式より $V_1 = 1.667\,\mathrm{m/sec}$，この V_1 を（3）式に入れると $H_1 = 0.592\,\mathrm{m}$．

第2次計算：$H_1 = 0.59\,\mathrm{m}$ と仮定すると（4）式より $V_1 = 1.678\,\mathrm{m/sec}$，この V_1 を（3）式に入れると $H_1 = 0.59\,\mathrm{m}$．

故に $H_1 = 0.59\,\mathrm{m}$ は横越流ゼキ上流端の越流水深を与える．Q_1，Q_2，H_1，H_2 を（1）式に入れると，横越流ゼキの長さ L が求められる．

$$L = \frac{5(Q_1 - Q_2)(H_2 - H_1)}{2K(H_2^{\frac{5}{2}} - H_1^{\frac{5}{2}})} = \frac{5(25 - 13)(0.7 - 0.59)}{2 \times 1.84\{(0.7)^{\frac{5}{2}} - (0.59)^{\frac{5}{2}}\}} = 12.6\,\mathrm{m}$$

近似度をあげるために，水深 H を次の二次式で仮定してもよい．

---

[*] 下巻 p. 79（3）式参照

$$H = H_1 + a\frac{x}{L} + b\frac{x^2}{L^2} \tag{5}$$

上式における a, b は下流端の境界条件，すなわち $x = L$ で $H = H_2$ および $\dfrac{dH}{dx} = 0$ を満すようにきめると

$$H = H_2 - (H_2 - H_1)\left(1 - \frac{x}{L}\right)^2 \tag{6}$$

（6）式を（5・36）式に入れると

$$Q_1 - Q_2 = LK(H_2 - H_1)^{\frac{3}{2}}\left[\int_0^L\left\{\frac{H_2}{H_2 - H_1} - \left(1 - \frac{x}{L}\right)^2\right\}^{\frac{3}{2}}\frac{dx}{L}\right] \tag{7}$$

上式の〔 〕$=A$ とおき，$1 - x/L = \xi$, $H_2/(H_2 - H_1) = c$ とおくと計算の結果[*]

$$A = \frac{1}{8}\left\{2(c-1)^{\frac{3}{2}} + 3\,c(c-1)^{\frac{1}{2}} + 3\,c^2\sin^{-1}\frac{1}{\sqrt{c}}\right\} \tag{8}$$

故に（7）式は

$$Q_1 - Q_2 = ALK(H_2 - H_1)^{\frac{3}{2}} \tag{9}$$

題意により $c = \dfrac{H_2}{H_2 - H_1} = \dfrac{0.7}{0.7 - 0.59} = 6.364$ であるから，これを（8）式に入れて $A = 14.82$. 故に（9）式より

$$L = \frac{Q_1 - Q_2}{AK(H_2 - H_1)^{\frac{3}{2}}} = \frac{25 - 13}{14.82 \times 1.84 \times (0.7 - 0.59)^{\frac{3}{2}}} = 12.06\,\mathrm{m}$$

5・3・2 遠心力の作用とダム表面の水圧

ダム上の流れのように流線の曲率が大きいときには，遠心力の影響を考慮しなければならない．図-5・32 のように，流れの方向に s 軸，それに垂直に r 軸をとり，曲率半径 r の位置に $dr \times ds$ の微小面積をとると，r 方向の力の釣合いは図-5・32 を参照して

$$p\,ds - \left(p + \frac{\partial p}{\partial r}dr\right)ds - \rho g\cos\theta\,dr\,ds$$
$$+ \rho\,dr\,ds\frac{v^2}{r} = 0$$

ここに θ は流線と水平線のなす角である．

よって $\dfrac{1}{\rho}\dfrac{\partial p}{\partial r} = -g\cos\theta + \dfrac{v^2}{r}$ 　　(5・37)

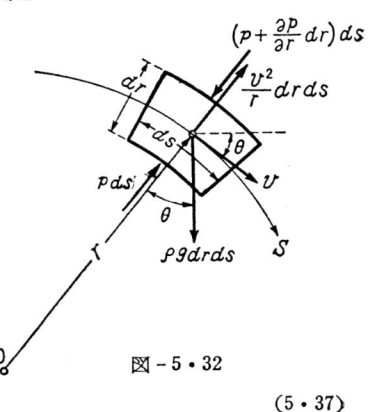

図 - 5・32

---

[*] $\displaystyle\int(c-\xi^2)^{\frac{3}{2}}dx = \frac{1}{8}\left\{2\,\xi(c-\xi^2)^{\frac{3}{2}} + 3\,c\xi(c-\xi^2)^{\frac{1}{2}} + 3\,c^2\sin^{-1}\frac{\xi}{\sqrt{c}}\right\}$

上の式の第一項は静水圧，第二項は遠心力の寄与を示すものである.

　次にダム上の流れは，近似的に無渦運動（ポテンシャル流動）とみなすことができるから，図 - 5・33 のようにダムの曲率半径を R，基準線（ダム表面上の考えている点を通る水平線）からダム頂までの鉛直距離を S とし，ダム表面に直角に y 軸をとると，図の記号を用いてベルヌイの定理から

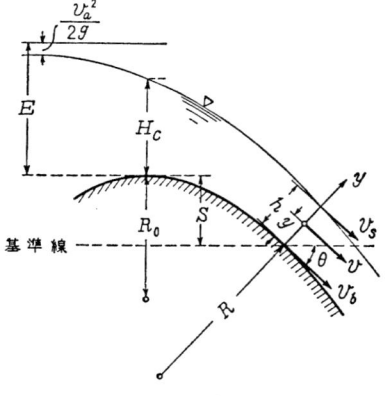

$$\frac{p}{\rho g} + y \cos\theta + \frac{v^2}{2g} = E+S$$
$$= 一定 \qquad\qquad (a)$$

図 - 5・33

（5・37）式と（a）式から $r = R+y$，$\partial p/\partial r = \partial p/\partial y$ を考慮して，p を消去すると

$$\frac{\partial v}{\partial y} = -\frac{v}{R+y} \qquad あるいは \qquad \frac{\partial}{\partial y}\{v\,(R+y)\} = 0$$

したがって水表面（$y = h$）における流速を v_s，ダム表面（$y = 0$）における流速を v_b とすると

$$v_s\,(R+h) = v_b\,R = v\,(R+y) \qquad\qquad (5・38)$$

一方，（a）式を水表面について書くと，$p_{y=h} = 0$ であるから

$$E+S-\left(\frac{p}{\rho g}+y\cos\theta+\frac{v^2}{2g}\right) = E+S-\left(h\cos\theta+\frac{v_s{}^2}{2g}\right) = 0$$

　上式と（5・38）式から，表面流速・流速分布・流量および圧力分布が次のように得られる.

$$v_s = \sqrt{2\,g\,(E+S-h\cos\theta)} \qquad\qquad (b)$$

$$v = \frac{R+h}{R+y}\,v_s = \frac{R+h}{R+y}\sqrt{2\,g\,(E+S-h\cos\theta)} \qquad\qquad (c)$$

$$Q = B\int_0^h v\,dy = B\sqrt{2\,g\,(E+S-h\cos\theta)}\,(R+h)\log_e\frac{R+h}{R} \qquad\qquad (d)$$

$$\frac{p}{w} = (h-y)\cos\theta+(E+S-h\cos\theta)\left[1-\left(\frac{R+h}{R+y}\right)^2\right] \qquad\qquad (e)$$

　以上の考察をダムの頂部に適用する. 頂点の曲率半径を R_0，水深を H_c とすると（b）〜（e）で $S = 0$，$\theta = 0$ とおいて流量 Q は

$$\frac{Q}{B} = (R_0+H_c)\sqrt{2\,g\,(E-H_c)}\,\log_e\frac{R_0+H_c}{R_0} \qquad\qquad (5・39)$$

E と H_c との関係はいわゆるベランジェ（Bélanger）の法則よりきまる．すなわち，ダムの頂点における水深は限界水深であって，その定義から $E = $ 一定の条件のもとに $\partial Q/\partial H = 0$ を満さなければならない．したがって（5・39）式を微分して

$$2(E-H_c) = (R_0+3H_c-2E)\log_e\frac{R_0+H_c}{R_0} \tag{5・40}$$

上式は H_c/E と R_0/E との関係式で，これを逐次近似法で解けば H_c が求められる．次に，ダム頂点における圧力分布は

$$\frac{p}{w} = (H_c-y)+(E-H_c)\left[1-\left(\frac{R_0+H_c}{R_0+y}\right)^2\right] \tag{5・41}$$

また，ダム表面（頂点）の圧力は上式で $y = 0$ とおいて

$$\left[\frac{p}{w}\right]_{y=0} = H_c+(E-H_c)\left[1-\left(\frac{R_0+H_c}{R_0}\right)^2\right]$$

$$= H_c-\frac{H_c}{R_0}\left(2+\frac{H_c}{R_0}\right)(E-H_c) \tag{5・42}$$

上式の第一項は静水圧で，第二項は遠心力の寄与を示しこの項は常に負である．したがって，曲率半径 R_0 が小さくなるとダム表面の圧力は負圧となり，空洞現象を起す可能性がある．

以上のことから，ダムの形および E を与えて流量 Q，ダム表面の圧力分布，水深の計算順序を記号的に示すと次のとおりである．

頂点に対して

$$(E,\ R_0) \xrightarrow{\ (5.40)\ } H_c \xrightarrow{\ (5.39)\ } Q$$
$$\Big\downarrow {\scriptstyle(5・41)} \longrightarrow \frac{p}{w}$$

任意の点に対して

$$(Q,\ S,\ \theta,\ R) \xrightarrow{\ (d)\ } h \xrightarrow{\ (e)\ } \frac{p}{w}$$

（註）　（5・40）式で R_0 が極めて大きいとして

$$\log_e\frac{R_0+H_c}{R_0} = \log_e\left(1+\frac{H_c}{R_0}\right) = \frac{H_c}{R_0}-\frac{1}{2}\left(\frac{H_c}{R_0}\right)^2+\frac{1}{3}\left(\frac{H_c}{R_0}\right)^3-\cdots$$

の第二項以下を無視すると

$$2(E-H_c) = \frac{(R_0+3H_c-2E)H_c}{R_0} \fallingdotseq H_c \quad より \quad H_c = \frac{2}{3}E$$

当然のことであるが，R_0 が大きい場合には遠心力を無視した場合の関係式に帰着する．

例　　題　(47)

【5・30】※　頂点の曲率半径 $R_0 = 5.9\,\text{m}$ のダムで，越流水頭 $E = 5.0$ m であった.

a)　越流係数 K の値を求む

b)　ダムの頂点における流速分布・水圧分布を図示せよ.

解　　a)　まず H_c を求める. (5・40) 式を書きかえると

$$\frac{H_c}{E} = \frac{2-(R_0/E-2)\log_e (R_0+H_c)/R_0}{2+3\log_e (R_0+H_c)/R_0}$$

題意の数値 $R_0/E = 5.90/5.0 = 1.180$ を入れ，自然対数を常用対数に直すと

$$\frac{H_c}{E} = \frac{2+1.888\log_{10} (R_0+H_c)/R_0}{2+6.908\log_{10} (R_0+H_c)/R_0} \tag{1}$$

上式を逐次近似法で解く. まず遠心力を無視した場合の $H_c = 2/3 \cdot E = 5 \times 2/3 = 3.33\,\text{m}$ を，（1）式の右辺に入れると

$$\frac{H_c}{E} = \frac{2+1.888\log_{10}\left(1+\dfrac{3.33}{5.9}\right)}{2+6.908\log_{10}\left(1+\dfrac{3.33}{5.9}\right)} = 0.708$$

$$\therefore\quad H_c = 0.708 \times 5 = 3.54\,\text{m}$$

この値を再び（1）式の右辺に代入して H_c/E の第二近似値を求めると，$H_c/E = 0.700$, $H_c = 3.50\,\text{m}$, 同様にして第三近似値は $H_c/E = 0.701$, $H_c = 3.51\,\text{m}$ で，これ以上近似をすすめても H_c の値は変らないから，限界水深 $H_c = 3.51\,\text{m}$ である.

次に流量の式 (5・39) は

$$\frac{Q}{B} = 2.303\,(R_0+H_c)\left(\log_{10}\frac{R_0+H_c}{R_0}\right)\sqrt{2g\,(E-H_c)}$$

$$= 2.303\frac{R_0+H_c}{E}\left(\log_{10}\frac{R_0+H_c}{R_0}\right)\sqrt{\frac{E-H_c}{E}}\sqrt{2g}\,E^{\frac{3}{2}}$$

と変形されるから，越流係数の定義 (5・32) 式とくらべて

$$K = 2.303\left(\frac{R_0+H_c}{E}\right)\left(\log_{10}\frac{R_0+H_c}{R_0}\right)\sqrt{\frac{E-H_c}{E}}\sqrt{2g}$$

題意の数値 $R_0 = 5.9\,\text{m}$, $E = 5.0\,\text{m}$ およびすでに求めた $H_c = 3.51\,\text{m}$ を

上式に入れて

$$K = 2.303\left(\frac{5.9+3.51}{5.0}\right)\left(\log_{10}\frac{5.9+3.51}{5.9}\right)\sqrt{\frac{5.0-3.51}{5.0}}\sqrt{2\times9.8}$$
$$= \underline{2.11}$$

すなわち，K は遠心力を考慮しないときの K の値 1.70 にくらべて大きく，かつ実際に近い値が得られた．

b) ダムの頂点における水表面の流速は (b) 式で $S = 0$, $\theta = 0$ とおいて

$$v_s = \sqrt{2g(E-H_c)} = \sqrt{19.6(5-3.51)} = 5.40\ \mathrm{m/sec}$$

流速分布は
$$v = v_s\frac{R_0+H_c}{R_0+y} = 5.40\times\frac{5.9+3.51}{5.9+y} = \frac{50.81}{5.9+y} \qquad (2)$$

また圧力分布は (5・41) 式より

$$\frac{p}{w} = (H_c-y)+(E-H_c)\left[1-\left(\frac{R_0+H_c}{R_0+y}\right)^2\right] = 3.51-y$$
$$+(5-3.51)\left[1-\left(\frac{5.9+3.51}{5.9+y}\right)^2\right] = 3.51-y+1.49\left[1-\frac{88.55}{(5.9+y)^2}\right]$$
$$\qquad (3)$$

(2)，(3) 式より，$y = 0$ (底)，0.5, 1, 1.5, 2, 2.5, 3, 3.51m(水表面)について計算した結果を図-5・34に示す．遠心力の作用のために，流速 v はダム表面に近づく程大きく，また水圧は静水圧分布とは甚だしく異なることがわかる．

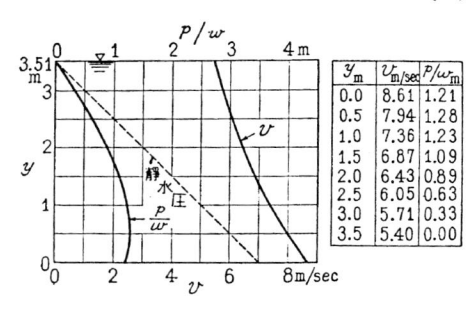

y_{m}	$v_{\mathrm{m/sec}}$	p/w_{m}
0.0	8.61	1.21
0.5	7.94	1.28
1.0	7.36	1.23
1.5	6.87	1.09
2.0	6.43	0.89
2.5	6.05	0.63
3.0	5.71	0.33
3.5	5.40	0.00

図 - 5・34

【5・31】※ 頂部の曲率半径 $R_0 = 5.9$ m のダムにおいて，頂部におけるダム表面の水圧がちょうど0になるような越流水頭を求めよ．

解 (5・42) 式で題意により

$$\left[\frac{p}{w}\right]_{y=0} = 0 = \left\{1-\left(2+\frac{H_c}{R_0}\right)\left(\frac{E-H_c}{R_0}\right)\right\}H_c \qquad (1)$$

一方 H_c をきめる式は (5・40) 式より

$$2\left(\frac{E-H_c}{R_0}\right) = \left(1+3\frac{H_c}{R_0}-2\frac{E}{R_0}\right)\log_e\left(1+\frac{H_c}{R_0}\right) \qquad (2)$$

（1），（2）より E/R_0, H_c/R_0 を求める．まず（1）より $H_c \neq 0$ であるから

$$\frac{E}{R_0} = \frac{H_c}{R_0}+\frac{1}{2+H_c/R_0} \qquad (3)$$

これを（2）に代入して整理すると直ちに

$$\frac{2}{2+H_c/R_0} = \left(1+\frac{H_c}{R_0}-\frac{2}{2+H_c/R_0}\right)2.303\log_{10}\left(1+\frac{H_c}{R_0}\right)$$

上の式を解くには試算法を用いる．すなわち，H_c/R_0 の値を種々に仮定して右辺，左辺を別々に計算し，両者が等しいときの H_c/R_0 を求める答とする．計算の結果は，

$$H_c/R_0 = 0.850 \qquad (4)$$

この値を（3）に入れると

$$\frac{E}{R_0} = 0.850+\frac{1}{2+0.850} = 1.201 \qquad (5)$$

故に求める答は　$H_c = 0.850×5.9 = \underline{5.02\,m}$, $E = 1.201×5.9 = \underline{7.09\,m}$.

　以上のことから，$R_0 = 5.9\,m$ のダムでは，越流水頭 E が 7.09 m に達するまでは負圧は起らず，7.09 m をこえると頂部の堤体表面に負圧が発生し，ダム上流の水位がさらに高くなると有害な空洞現象を発生するおそれが増すことがわかる．

　〔**類　題**〕※　越流水頭 E が 6 m のとき，ダム表面に負圧を発生しないために必要な頂部の曲率半径 R_0 を求めよ．

　解　前の例題により，負圧を発生しない限界の H_c および E は $\dfrac{H_c}{R_0} = 0.850$, $\dfrac{E}{R_0} = 1.201$ である．故に $R_0 = \dfrac{E}{1.201} = \dfrac{6}{1.201} = \underline{4.99\,m}$. なお，このときの H_c は $H_c = 0.850×R_0 = 0.850×4.99 = \underline{4.24\,m}$

5・3・3　潜　り　ゼ　キ

　（1）　**潜り台形ゼキ**　セキの下流の水位がセキ頂より高い場合を潜りゼキ（Submerged weir）という．図-5・35 に示すような潜り台形ゼキにおいて，下流の水位が比較的低く，セキ上に射流部分が残って支配断面が存在する場合には，上流側水位や流量は下流側水位の影響を受け ない（水面曲線

a). しかし，下流側水深（セキ頂より測る）H_2 がある大きさをこして，セキ上に射流部分がなくなると，流量は図の H_1 と H_2 とによってきまる（水面曲線 b）. こうした状態になったときが水理学的に潜りゼキの状態である. これに対して，前者を完全越流の状態という.

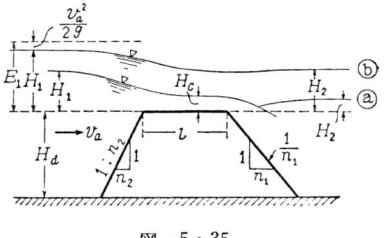

図 – 5・35

セキ頂において射流部分が消えるのは，下流水深 H_2 が限界水深 H_c をこえるときであるから，二つの状態の限界は理論的には

$$H_2 = H_c = \frac{2}{3}E_1 = \frac{2}{3}\left(H_1 + \frac{v_a{}^2}{2g}\right) \tag{5・43}$$

である. しかし実際には遠心力の作用のために，両者の過渡的な状態が存在し，これを不完全越流の状態という. 以上のことから，潜りゼキの流量公式は次の形で表わされる. *

$$完全越流 \quad Q = mBH_1\sqrt{2gH_1} \tag{5・44}$$

$$不完全越流 \quad Q = \left(\alpha\frac{H_2}{H_1}+\beta\right)BH_1\sqrt{2gH_1} \tag{5・45}$$

$$潜りゼキ \quad Q = m'BH_2\sqrt{2g(H_1-H_2)} \tag{5・46}$$

上の各式の諸係数はセキの形，角の丸味の有無等によって異なるが，図 – 5・35 の形のセキについては本間教授の実験があり，表 – 5・3 のようになってい

表 – 5・3 台形ゼキに対する本間公式

下流側コウ配	上流側コウ配	完全越流係数 m	境界の H_2/H_1	不完全越流		境界の H_2/H_1	潜りゼキ m'/m
				$-\alpha/m$	β/m		
3/5 以下	鉛直〜3/4	$0.31 + 0.23 H_1/H_d$	0.60	0.03	1.018	0.7	2.6
1/1 付近	鉛直〜3/2	$0.29 + 0.32 H_1/H_d$	0.45	0.20	1.090	0.8	2.6
3/2 付近	鉛直〜3/1	$0.28 + 0.37 H_1/H_d$	0.25	0.124	1.032	0.8	2.6

*) (5・44)〜(5・46) 式では H_1 の代りに E_1 を用いてもよい. ただし表 – 5・3 では H_1 を用いる.

る．また角に丸味をつけたものについては鍋岡氏の実験がある．[*]

例　　題　(48)

【5・32】　潜りゼキ状態の流量公式が (5・46) 式

$$Q = m' B H_2 \sqrt{2g(H_1 - H_2)}$$

で表わされることを示し，$m' \fallingdotseq 2.6\,m$ となることを導け．ただし，m は完全越流の式 (5・44) の越流係数である．

解　a)　セキ頂の水深 H を近似的に下流水深 H_2 に等しいと仮定すると

$$E_1 = H_1 + h_a = H + \frac{V^2}{2g} \quad より \quad V = \sqrt{2g(E_1 - H)}$$

$$\therefore \quad Q = m' B H \sqrt{2g(E_1 - H)} \fallingdotseq m' B H_2 \sqrt{2g(E_1 - H_2)}$$

$$\fallingdotseq m' B H_2 \sqrt{2g(H_1 - H_2)}$$

b)　(5・44) 式と (5・46) 式とは限界状態 $H_2/H_1 = 2/3$ において一致することより

$$Q = m B H_1 \sqrt{2g H_1} = m' B H_2 \sqrt{2g(H_1 - H_2)}$$

$$\therefore \quad m' = m \frac{H_1 \sqrt{H_1}}{H_2 \sqrt{H_1 - H_2}} = m \frac{H_1 \sqrt{H_1}}{\frac{2}{3} H_1 \sqrt{H_1 - \frac{2}{3} H_1}} = \frac{3\sqrt{3}}{2} m$$

$$\fallingdotseq 2.6\,m$$

【5・33】　幅 6 m，水深 2.75 m の矩形断面水路にセキ高 2 m の台形ゼキを設けたところ，セキ上流の水深 $(H_1 + H_d)$ は 3.0 m となった．セキ下流側コウ配 1:2，上流側コウ配 1:1 であるとき流量を求めよ．

解　$H_1 = 3 - 2 = 1$ m，$H_2 = 2.75 - 2 = 0.75$ m であるから

$$H_2/H_1 = 0.75$$

故に表-5・3 の第一欄において，$H_2/H_1 = 0.75$ は不完全越流と潜りゼキとの境界0.7 を越えているから，本セキは潜りゼキである．

$$\therefore \quad m' = 2.6\,m = 2.6\left(0.31 + 0.23\frac{H_1}{H_d}\right)$$

$$= 2.6\left(0.31 + 0.23 \times \frac{1}{2}\right) = 1.105$$

---

[*]　鍋岡昭三：低いダムの越流係数に関する研究，電力技術研究所所報，Vol. 4 No. 2.
　水理公式集 p. 92 に簡単な紹介がある．

故に (5・46) 式より

$$Q = m' \, BH_2\sqrt{2g\,(H_1-H_2)} = 1.105\times6\times0.75\times\sqrt{19.6\times(1-0.75)}$$
$$= 11.0 \text{ m}^3/\text{sec}$$

〔**類 題**〕 前の例題において，セキ上流の水深が 3.5 m であるときの流量を求めよ．ただし，セキ下流側コウ配 1/1，上流側コウ配 1/0.5 とし，その他の諸量は前例題と同じとする．

解 $H_1 = 3.5-2 = 1.5$ m，$H_2 = 2.75-2 = 0.75$ m 故に $H_2/H_1 = 0.5$.
表-5・3 の第二欄において，$0.45 < H_2/H_1 < 0.8$ の範囲にあるから，本セキは不完全越流状態にあることが分る．

$$-\alpha = 0.20\,m = 0.20\Big(0.29+0.32\times\frac{1.5}{2}\Big) = 0.106$$

$$\beta = 1.09\,m = 1.09\Big(0.29+0.32\times\frac{1.5}{2}\Big) = 0.578$$

(5・45) 式より $Q = \Big(\alpha\dfrac{H_2}{H_1}+\beta\Big)B\,H_1\sqrt{2g\,H_1} = (-0.106\times0.5+0.578)$

$$\times6\times1.5\times\sqrt{19.6\times1.5} = 25.6 \text{ m}^3/\text{sec}$$

（2） 潜り刃形ゼキ 以上にのべた潜り台形ゼキの性質は潜り刃形ゼキにも適用できるが，今のところ係数の値がはっきりきめられてないようである．

理論的には不備な点があるが，次のデュボア (du Buat) の方法がよく使われる．

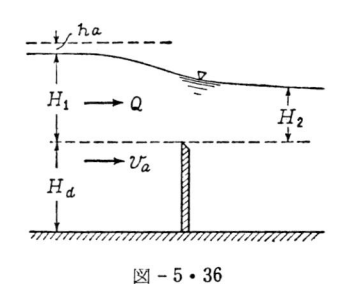

図 - 5・36

$$Q = \frac{2}{3}\,C\,B\sqrt{2g\,(H_1-H_2+h_a)}\,\Big(H_1+\frac{1}{2}\,H_2+h_a\Big) \qquad (5・47)$$

接近流速水頭を無視すれば

$$Q = \frac{2}{3}\,C\,B\sqrt{2g\,(H_1-H_2)}\,\Big(H_1+\frac{1}{2}\,H_2\Big) \qquad (5・48)$$

C の値については，たとえば，フテレーおよびスターンズ (Fteley-Stearns) が $H = 10\sim30$ cm のセキについて行なった実験結果がある（表-5・4）

表 - 5・4　潜り刃形ゼキの係数

$\dfrac{H_2}{H_1+h_a}$	0.1	0.2	0.3	0.5	0.65	0.8	0.9	1.0
$\dfrac{2}{3}C$	0.421	0.409	0.400	0.388	0.385	0.389	0.398	0.419

例　　題　(49)

【5・34】　　水路幅 2.5 m の矩形水路に流量 1.5 m³/sec の水が 0.9 m の水深で流れている．この水路に全幅刃形ゼキを設置して水面を 0.15 m 高めるには，セキ高をいくらにすればよいか．

解　　まずこのセキが潜りゼキであるか否かを判定するために，完全越流の刃形ゼキとしての水面の高まりを計算する．全幅矩形ゼキに関するフランシスの第一次近似式 $Q = 1.84\,BH^{\frac{3}{2}}$ に $Q = 1.5\,\text{m}^3/\text{sec}$, $B = 2.5\,\text{m}$ を入れると $H = \left(\dfrac{Q}{1.84\,B}\right)^{\frac{2}{3}} = \left(\dfrac{1.5}{1.84 \times 2.5}\right)^{\frac{2}{3}} = 0.474\,\text{m}$. 題意の水面の高まり 0.15 m ＜ 0.474 m であるから，セキ頂は下流水面下にあり明らかに潜りゼキである．

(5・47) 式 $Q = \dfrac{2}{3}\,CB\sqrt{2g\,(H_1-H_2+h_a)}\,\left(H_1+\dfrac{1}{2}H_2+h_a\right)$ において題意により $H_1+H_d = 1.05\,\text{m}$, $H_2+H_d = 0.90\,\text{m}$ であるから，$H_1 = 1.05 - H_d$, $H_2 = 0.90 - H_d$　∴　$H_1 - H_2 = 0.15$, $H_1+\dfrac{1}{2}H_2 = 1.5-1.5\,H_d$

また　$h_a = \dfrac{Q^2}{2g\,B^2\,(H_1+H_d)^2} = \dfrac{(1.5)^2}{19.6\times(2.5)^2\times(1.05)^2} = 0.0167\,\text{m}$

これらの値を (5・47) 式に代入して

$$1.5 = \dfrac{2}{3}C\times2.5\sqrt{19.6\times(0.15+0.0167)}\,(1.5-1.5\,H_d+0.0167)$$

整理して

$$H_d = 1.011 - \dfrac{0.2213}{\dfrac{2}{3}C} \tag{1}$$

（1）式は試算的に解かねばならない．まず，$H_2/(H_1+h_a) = 0.75$ と仮定すると，表 - 5・4 より，$\dfrac{2}{3}C = 0.388$. これを（1）式に入れて $H_d = 1.011$

$$-\frac{0.2213}{0.388} = 0.441 \text{ m}. \quad \text{故に} \quad \frac{H_2}{H_1+h_a} = \frac{0.90-H_d}{1.067-H_d} = \frac{0.90-0.441}{1.067-0.441}$$

$H_2/(H_1+h_a) = 0.733$ に対応する $\frac{2}{3}C = 0.387$ であるから，求める セキ 高 $\underline{H_d = 0.44 \text{ m}}$.

【類　題】　前の例題の水路においてセキ高を 0.6 m とすれば，上流側水面はどれほど高まるか.

略解　$$h_a = \frac{1.52}{19.6 \times 2.5^2 \times (H_1+0.6)^2} = \frac{0.01837}{(H_1+0.6)^2} \qquad (1)$$

また (5・47) 式に各数値を代入して

$$1.5 = \frac{2}{3}C \times 2.5\sqrt{19.6(H_1-0.3+h_a)}\Big(H_1+\frac{1}{2} \times 0.3+h_a\Big)$$

整理して　$$0.1355 = \frac{2}{3}C\sqrt{H_1-0.3+h_a}\,(H_1+0.15+h_a) \qquad (2)$$

（1），（2）式を試算的に解く. $H_1 = 0.536 \text{ m}$ とすると（1）式より

$h_a = 0.0142 \text{ m}$. 故に $\dfrac{H_2}{H_1+h_a} = 0.545$. 表-5・4 より $\dfrac{2}{3}C = 0.387$. これらを（2）式に代入すれば，（2）式の右辺 $= 0.1355$. したがって $H_1 = 0.536 \text{ m}$ は求める 値である. 故に上流側水面の高まりは $0.6+0.536-0.9 = \underline{0.236 \text{ m}}$

問　題 (26)

（1）　越流幅 7 m の高ダム越流部を，$180 \text{ m}^3/\text{sec}$ の水が越流しているときの越流深 H はいくらか. ただし，越流係数 K は，設計水深 $H_0 = 6.0 \text{ m}$ とするとき，$K = 2.05(H/H_0)^{0.104}$ で表わされる.

答　$H = 5.43 \text{ m}$

（2）　幅 8 m の矩形水路を横断して高さ 0.9 m の広頂ゼキを設けたところ，上流側の水深は 1.3 m となった. 流量およびセキ頂の水深を求めよ.

答　流量 $= 3.52 \text{ m}^3/\text{sec}$, セキ頂の水深 $= 0.27 \text{ m}$

（3）　セキ幅 2 m, セキ頂の水路床からの高さ 0.5 m なる全幅刃形ゼキがある. 上流側水深 $(H_1+H_d) = 0.85 \text{ m}$, 下流側水深 $(H_2+H_d) = 0.75 \text{ m}$ であるときの越流量を求めよ.

答　$0.532 \text{ m}^3/\text{sec}$

第6章　水撃作用とサージタンク

6・1　水　　撃　　圧

図-6・1 のような管の中を一様
な流速 V_0 で水が流れているとき,
閉塞器を操作して弁位置における流
速を ΔV だけ減少させると,それに
応じて圧力変化 Δh を生じる.さら
にその変化は空気中の音波のよう
に,水と管路の弾性によってきまる
一定の伝播速度 c で管路中を伝わっ
てゆく.この作用を水撃作用(Water

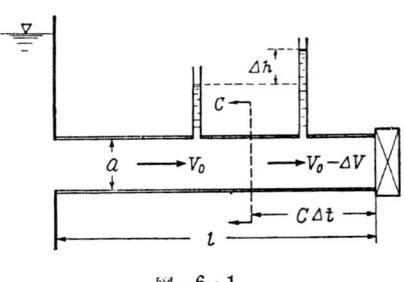

図 – 6・1

Hammer) とよび,その代表的な例は水力発電所の水圧鉄管である.

6・1・1　アリエビの公式

瞬間的な速度変化 ΔV によって誘起される水撃圧の増加 Δh は,Δt 時間
後には弁より $c\,\Delta t$ のところまで伝わる.したがってこの部分について運動
方程式(質量×加速度＝力)をたてると,管の断面積を a として,
$(\rho\,a\,c\,\Delta t)\,\Delta V/\Delta t = a\,w\,\Delta h$ より次の関係

$$\Delta h = \frac{c}{g}\Delta V \tag{6・1}$$

が成り立つ.この圧力変化は $t = l/c$ (l は管の長さ)後には管の入口に達す

るが,貯水池の水頭は一定で入口における
圧力は高まり得ないから反射が起り,反射
波は閉塞器の方に逆行して,$t = 2\,l/c$ 後
に閉塞器の位置に到達する.したがって,
時刻 $t = 2\,l/c$ より以前に閉塞を終る場合に
は,水撃圧水頭 h は図 – 6・2 における流
速変化 ΔV_1, ΔV_2,……に対する(6・1)
式の圧力素波 Δh_1, Δh_2,……を重ね合わし
たものであるから

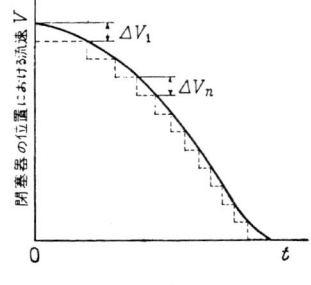

図 – 6・2

$$h = \frac{c}{g} V_0 \quad (V_0: 定常流れにおける管内流速) \tag{6・2}$$

となる．上式はジューコフスキー（Joukowsky）の公式とよばれ，閉塞に要する時間を T_V とすると，$T_V \leqq 2l/c$ なる急閉塞の場合の最大水撃圧水頭を与える．これに反して緩閉塞（$T_V > 2l/c$）の場合には，反射波の影響があらわれて最大圧力は（6・2）式より小さくなる．

水撃圧の基本式 図-6・3のように，管路の入口を原点として流れの方向に x 軸をとると（閉塞器の位置が $x = l$），管の微小部分 dx についての運動方程式は，$p/w+z = H$ として

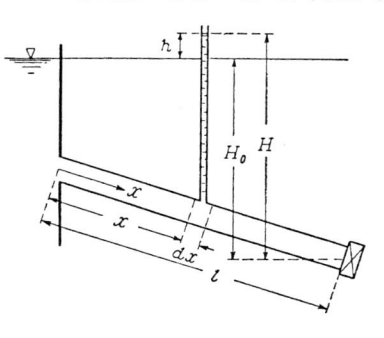

図 - 6・3

$$\frac{\partial V}{\partial t} = -g \frac{\partial H}{\partial x} \tag{6・3}$$

ただし，損失水頭および速度水頭は定常状態におけるヘッド H_0，水撃圧 $h = H - H_0$ にくらべて小さいので無視している．連続の式は異常な圧力上昇による管の変形，および水の圧縮性を考慮して次式をうる（例題 6・1）．

$$\frac{\partial V}{\partial x} = -\left(\frac{1}{E_w} + \frac{D}{E\delta} \right) w \frac{\partial H}{\partial t} \tag{6・4}$$

ここに，E_w: 水の体積弾性係数 $\qquad D$ ：管の直径

$\qquad E$ ：管材料の体積弾性係数 $\qquad \delta$ ：管の肉厚

（6・3），（6・4）式より V あるいは H を消去すると，H および V は次のような波動方程式に帰着する．

$$\frac{\partial^2 H}{\partial t^2} = c^2 \frac{\partial^2 H}{\partial x^2}, \qquad \frac{\partial^2 V}{\partial t^2} = c^2 \frac{\partial^2 V}{\partial x^2} \tag{6・5}$$

$$c = \sqrt{\frac{g}{w} \Big/ \left(\frac{1}{E_w} + \frac{D}{E\delta} \right)} = \sqrt{\frac{g E_w}{w} \Big/ \left(1 + \frac{E_w}{E} \frac{D}{\delta} \right)} \tag{6・6}$$

ここに，c は伝播速度で普通の水圧鉄管では $E_w \fallingdotseq 2.1 \times 10^5$ tf/m^2， $E \fallingdotseq$ 2.1$\times 10^7$ tf/m^2， $D/\delta \fallingdotseq 100$ 程度であるから，$c \fallingdotseq 1000$ m/sec の場合が多い．

アリエビ（Allievi）の公式　　閉塞器の作動中および閉塞を完了した後における閉塞器位置の水頭は，波動方程式 (6・5) 式を解いて次式で与えられる（例題 6・5 を参照されたい）.

第一位相：$\varphi(\tau_1)-1 = 2\rho\{1-\Psi(\tau_1)\sqrt{\varphi(\tau_1)}\}$

第二位相：$\varphi(1+\tau_1)+\varphi(\tau_1)-2$
$$= 2\rho\{\Psi(\tau_1)\sqrt{\varphi(\tau_1)}-\Psi(1+\tau_1)\sqrt{\varphi(1+\tau_1)}\}$$

$\cdots\cdots\cdots\cdots\cdots\cdots\cdots\cdots\cdots\cdots\cdots\cdots\cdots\cdots\cdots\cdots\cdots\cdots$

第 $(n+1)$ 位相：$\varphi(n+\tau_1)+\varphi(n-1+\tau_1)-2$
$$= 2\rho\{\Psi(n-1+\tau_1)\sqrt{\varphi(n-1+\tau_1)}$$
$$-\Psi(n+\tau_1)\sqrt{\varphi(n+\tau_1)}\}$$

$\hspace{12cm}$ (6・7)

上式において，

$\varphi = H/H_0$,　　H_0：閉塞器より貯水池面までの高さ，$H = H_0+h$

$\rho = \dfrac{cV_0}{2gH_0}$,　　V_0：定常流れにおける水圧管内の流速

$\tau = t/\mu$,　　μ は水撃圧の往復時間で $\mu = 2l/c$

τ_1 は $0 \leqq \tau_1 (= t_1/\mu) \leqq 1$ にとる．なお，閉塞器の操作後，水撃波が管を1往復する間を第一位相，次の1往復の間を第二位相という.

Ψ は閉塞器の有効開度で，直線的閉塞の場合には，T_V を閉塞時間として

$$\Psi = 1-\frac{t}{T_V} = 1-\frac{\tau}{\theta}　\left(ただし \theta=\frac{T_V}{\mu}\right)$$

である．なお，閉塞を完了した後 ($\tau > \theta$) では $\Psi = 0$ とおく.

上式をアリエビの公式とよび，各位相における水撃圧の値を順次に計算してゆくことができる.

緩閉塞の場合におけるアリエビの近似式　　緩閉塞の場合，とくに $\theta = T_V\Big/\dfrac{2l}{c}$ の値が大きいときには，(6・7) 式を用いて計算すると，水撃圧は弁の閉塞の終りに近づくにしたがって，各位相の φ の値には大きな変化がなくなるので，アリエビは最終水撃圧に対して次の近似式を提案した.

$$\frac{H-H_0}{H_0} = \frac{h_m}{H_0} = \frac{N}{2}+\frac{1}{2}\sqrt{N^2+4N},　N = \left(\frac{lV_0}{gT_VH_0}\right)^2 \quad (6・8)$$

水撃圧は必ずしも閉塞の終ったとき最大になるとは限らないが，上式は近

似的に緩閉塞の場合の最大水撃圧を見積るのに用いられる．なお，最大水撃圧の値およびその発生する位相は $\rho = cV_0/2gH_0$ および $\theta = T_v\sqrt{\dfrac{2l}{\mu}}$ の関数で，図 - 6・4 はそれらの計算図表である．* 図中の $S_1 \sim S_{17}$ は最大水撃圧の発生する位相をあらわす．

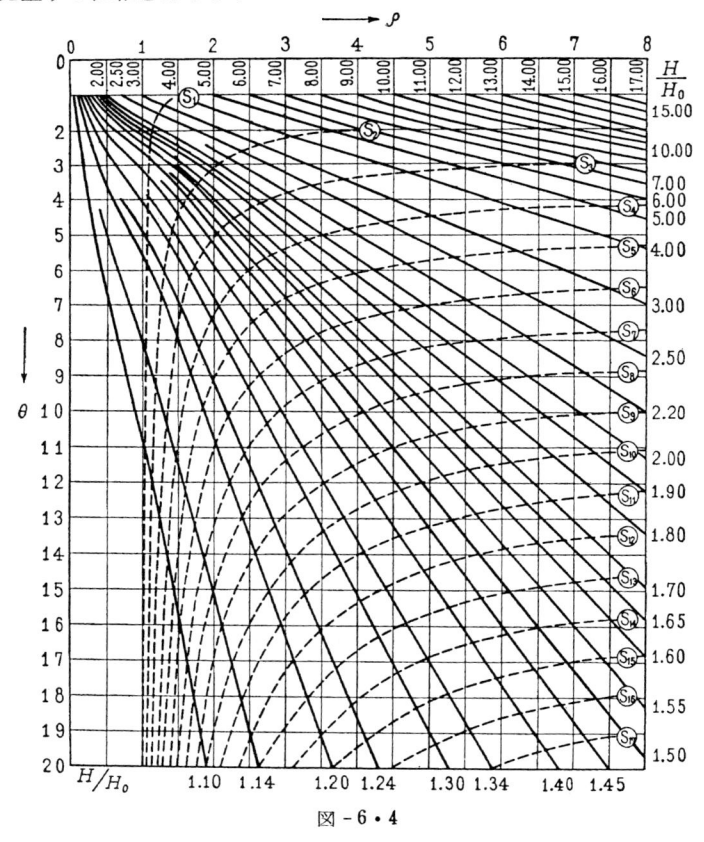

図 - 6・4

例　題 （50）

【6・1】　水撃圧の運動方程式および連続の式を求めよ．

解　a）　摩擦を無視した一次元のオイラーの運動方程式（第3章，(3・5) 式）

---

*)　水理公式集　p. 116

$$\frac{DV}{Dt} = -g\frac{\partial}{\partial x}\left(z+\frac{p}{w}\right) = -g\frac{\partial H}{\partial x}$$

において　$\dfrac{DV}{Dt} = \dfrac{\partial V}{\partial t}+V\dfrac{\partial V}{\partial x} = \dfrac{\partial V}{\partial t}+V\dfrac{\partial V}{\partial t}\dfrac{\partial t}{\partial x}$

$$= \frac{\partial V}{\partial t}\left(1+V\frac{\partial t}{\partial x}\right) = \frac{\partial V}{\partial t}\left(1+\frac{V}{c}\right).$$

$V \ll c$ であるから $\dfrac{V}{c}\dfrac{\partial V}{\partial t}$ の慣性項は無視され, 運動方程式 (6・3)

式 $\dfrac{\partial V}{\partial t} = -g\dfrac{\partial H}{\partial x}$ をうる.

b)　連続の式　管路中にとられた長さ Δx の微小部分において, Δt 時間の流入量と流出量の差を $\Delta \Sigma_1$ とすると, この増加容量は微小部分の水柱自身の縮みによる容積変化 $\Delta \Sigma_2$ と, 管の膨れによる容積変化 $\Delta \Sigma_3$ の和に等しい. すなわち

$$\Delta \Sigma_1 = -\Delta V \cdot a \cdot \Delta t = \Delta \Sigma_2 + \Delta \Sigma_3 \tag{1}$$

水の体積弾性係数を E_w とすると, その定義は (1・11) 式より

$$\frac{1}{E_w} = \frac{\Delta \Sigma_2}{a \cdot \Delta x \cdot \Delta p}$$

$$\therefore\ \Delta \Sigma_2 = \frac{1}{E_w}a \cdot \Delta x \cdot \Delta p \tag{2}$$

また

$$\Delta \Sigma_3 = \frac{\pi}{4}\{(D+\Delta D)^2-D^2\}\Delta x \fallingdotseq \frac{\pi}{4}D^2\,\Delta x\left(\frac{2\,\Delta D}{D}\right) \tag{3}$$

ところが, 管の円周方向の引張り応力 σ
の増加を $\Delta \sigma$, 管壁材料の体積弾性係数
を E とすると

$$\frac{\Delta D}{D} = \frac{\Delta \sigma}{E} \tag{4}$$

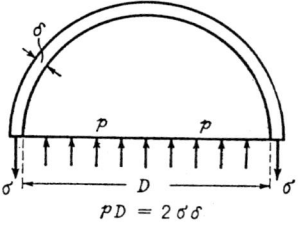

$pD = 2\sigma\delta$

図 - 6・5

また図 - 6・5 において $pD = 2\sigma\delta$ であ
るから $(p+\Delta p)D = 2(\sigma+\Delta \sigma)\delta$

$$\therefore\ \Delta p \cdot D = 2\delta \cdot \Delta \sigma \tag{5}$$

(3), (4), (5) 式より

$$\Delta\Sigma_3 = \frac{\pi}{4}D^2\,\Delta x\left(\frac{2\,\Delta D}{D}\right) = \frac{\pi}{4}D^2\,\Delta x\left(\frac{2\,\Delta\sigma}{E}\right) = a\,\Delta x\frac{D}{\delta E}\,\Delta p \quad (6)$$

（1），（2），（6）式より

$$-\Delta V\cdot a\cdot\Delta t = \frac{1}{E_w}a\,\Delta x\cdot\Delta p + a\,\Delta x\frac{D}{\delta E}\,\Delta p$$

$$\therefore \quad -\frac{\Delta V}{\Delta x}\,\Delta t = \left(\frac{1}{E_w}+\frac{D}{\delta E}\right)\Delta p$$

これより（6・4）式 $\dfrac{\partial V}{\partial x} = -\left(\dfrac{1}{E_w}+\dfrac{D}{\delta E}\right)w\dfrac{\partial H}{\partial t}$ を得る.

【6・2】　アリエビの公式（6・7）から，急閉塞の場合のジューコフスキーの式（6・2），および緩閉塞における最終水撃圧の近似式（6・8）式を導け.

解　a）　急閉塞においては第一位相において弁の閉塞が終るから，（6・7）式の第一式で，$\tau_1 = \dfrac{T_r}{2\,l/c}$ （$\tau_1 < 1$, T_r：閉塞時間）において $\Psi(\tau_1) = 0$.

$$\therefore \quad \varphi(\tau_1)-1 = 2\,\rho\{1-\Psi(\tau_1)\sqrt{\varphi(\tau_1)}\} = 2\,\rho = \frac{cV_0}{gH_0} \quad (1)$$

ところが（6・7）式より

$$\varphi(\tau_1)-1 = \frac{H(\tau_1)}{H_0}-1 = \frac{H(\tau_1)-H_0}{H_0} = \frac{h(\tau_1)}{H_0} \quad (2)$$

（1），（2）式より $\dfrac{cV_0}{gH_0} = \dfrac{h(\tau_1)}{H_0}$ $\therefore$ $h(\tau_1) = \dfrac{c}{g}V_0$ $\quad$ (6・2)

b）　緩閉塞の場合には，閉塞の終りに近づくと，各位相の φ の値には大きな変化がなくなるので，$n+\tau_1 = T_r\Big/\dfrac{2\,l}{c}$ のときに閉塞が終ったとして $\varphi(n-1+\tau_1) \fallingdotseq \varphi(n+\tau_1)$ とおく. 明らかに閉塞器の有効開度は $\Psi(n+\tau_1) = 0$, 開度が直線的に減少するとすれば

$$\Psi(n-1+\tau_1) = 1-\frac{n-1+\tau_1}{n+\tau_1} = \frac{1}{n+\tau_1} = \frac{2\,l}{T_r c}$$

となる. したがって，（6・7）式の第 $n+1$ 位相の式は

$$\varphi(n+\tau_1)+\varphi(n-1+\tau_1)-2 \fallingdotseq 2\{\varphi(n+\tau_1)-1\}$$

$$= 2\,\rho\{\Psi(n-1+\tau_1)\sqrt{\varphi(n-1+\tau_1)}-\Psi(n+\tau_1)\sqrt{\varphi(n+\tau_1)}\}$$

$$= 2\,\rho\frac{2\,l}{T_r c}\sqrt{\varphi(n-1+\tau_1)} \fallingdotseq 2\,\rho\frac{2\,l}{T_r c}\sqrt{\varphi(n+\tau_1)}$$

$$\therefore \quad \varphi\,(n+\tau_1)-1 = \rho\,\frac{2l}{T_v c}\sqrt{\varphi\,(n+\tau_1)}$$

したがって　$\{\varphi\,(n+\tau_1)-1\}^2 = 4\Big(\dfrac{\rho l}{T_v c}\Big)^2 \varphi\,(n+\tau_1)$

整理して　$\{\varphi\,(n+\tau_1)\}^2 - 2\Big\{1+2\Big(\dfrac{\rho l}{T_v c}\Big)^2\Big\}\varphi\,(n+\tau_1)+1 = 0$

$$\therefore \quad \varphi\,(n+\tau_1)-1 = 2\Big(\frac{\rho l}{T_v c}\Big)^2 + 2\frac{\rho l}{T_v}\sqrt{\Big(\frac{\rho l}{T_v c}\Big)^2+1} \tag{3}$$

ここで $\rho l/T_v c$ を書きかえると

$$\frac{\rho l}{T_v c} = \frac{c\,V_0}{2g\,H_0}\frac{l}{T_v c} = \frac{V_0\,l}{2g\,H_0\,T_v} = \frac{\sqrt{N}}{2} \quad ただし,\quad N=\Big(\frac{l\,V_0}{g\,T_v H_0}\Big)^2$$

であり，また $\varphi\,(n+\tau_1)-1 = h_m/H_0$ （h_m は最終水撃圧）であるから，（3）
式より

$$\frac{h_m}{H_0} = \frac{N}{2}+\frac{1}{2}\sqrt{N^2+4\,N}.$$

【6・3】　内径 2 m，
肉厚 2.0 cm，長さ 600
m の鋼管内を流量 8 m³
/sec の水が流れている．
管末の弁の開塞時間が1
秒，3秒および5秒のと
き，a）圧力波の伝播速
度，b）水撃作用による
最大圧力，および　c）
これによって管壁に生ず

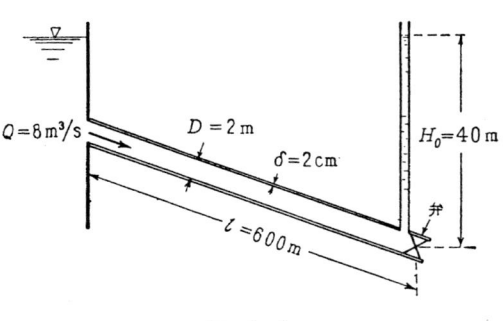

図 - 6・6

る応力を計算せよ．ただし，弁のところの静水圧は 40 m，水の体積弾性係
数を $2.24\times10^4\,\mathrm{kgf/cm^2}$，鋼の体積弾性係数を $2.10\times10^6\,\mathrm{kgf/cm^2}$ とし，緩
閉塞に対してはアリエビの近似式を用いる．

　解　a）圧力波の伝播速度は（6・6）式より $c = \sqrt{\dfrac{g\,E_w}{w}\Big/\Big(1+\dfrac{E_w}{E}\dfrac{D}{\delta}\Big)}$.
与えられた数値，$g = 9.8\ \mathrm{m/sec^2}$, $w = 1\ \mathrm{tf/m^3}$, $E_w = 2.24\times10^5\ \mathrm{tf/m^2}$,
$E = 2.10\times10^7\ \mathrm{tf/m^2}$, $D = 2.00\ \mathrm{m}$, $\delta = 0.02\ \mathrm{m}$ を入れると

$$c = \sqrt{\frac{9.8 \times 2.24 \times 10^5}{1} \Big/ \left(1 + \frac{2.24 \times 10^5}{2.10 \times 10^7} \times \frac{2}{2 \times 10^{-2}}\right)} = \underline{1030 \text{ m/sec}}$$

b) 圧力波の往復時間 μ は，$\mu = \dfrac{2l}{c} = \dfrac{2 \times 600}{1030} = 1.16 \text{ sec}$

したがって $T_r = 1$ 秒のときには急閉塞，$T_r = 3$ 秒，5 秒のときには緩閉塞となる．管内流速 V_0 は

$$V_0 = \frac{Q}{\frac{\pi}{4} D^2} = \frac{8}{\frac{\pi}{4} \times 2^2} = 2.55 \text{ m/sec}$$

であるから，$T_r = 1$ 秒の場合には（6・2）式より水撃圧 h は

$$h = \frac{cV_0}{g} = \frac{1030 \times 2.55}{9.8} = \underline{268.0 \text{ m}}$$

$T_r = 3$ 秒，5 秒に対してはアリエビの近似式（6・8）式より

$$h = H_0 \frac{N}{2}\left\{1 + \sqrt{1 + \frac{4}{N}}\right\} \tag{1}$$

において，$N = \left(\dfrac{lV_0}{gT_r H_0}\right)^2$ の値は，$T_r = 3$ 秒の場合 $N = \left(\dfrac{600 \times 2.55}{9.8 \times 3 \times 40}\right)^2$
$= 1.69$，$T_r = 5$ 秒の場合 $N = 0.609$ となる．故に

$$h = 40 \times \frac{1.69}{2}\left\{1 + \sqrt{1 + \frac{4}{1.69}}\right\} = \underline{95.8 \text{ m}} \quad (T_r = 3 \text{ 秒})$$

$$h = 40 \times \frac{0.609}{2}\left\{1 + \sqrt{1 + \frac{4}{0.609}}\right\} = \underline{45.7 \text{ m}} \quad (T_r = 5 \text{ 秒})$$

c) 管壁に生ずる応力と圧力との関係は

$$\sigma = \frac{D}{2\delta} p \quad \text{また弁の位置では} \quad \frac{p}{w} = H_0 + h$$

$$\therefore \quad \sigma = \frac{D}{2\delta} w(H_0 + h) \tag{2}$$

である．h の値はすでに計算されているので，直ちに

$$T_r = 1 \text{ 秒} \quad \sigma = \frac{2}{2 \times 0.02} \times 1 \times (40 + 268.0) = 1.54 \times 10^4 \text{ tf/m}^2$$
$$= \underline{1540 \text{ kgf/cm}^2}$$

$$T_r = 3 \text{ 秒} \quad \sigma = \frac{2}{2 \times 0.02} \times 1 \times (40 + 95.8) = 6790 \text{ tf/m}^2$$
$$\fallingdotseq \underline{679 \text{ kgf/cm}^2}$$

$$T_V = 5 \text{秒} \quad \sigma = \frac{2}{2 \times 0.02} \times 1 \times (40 + 45.7) = 4280 \text{ tf/m}^2$$
$$= \underline{428 \text{ kgf/cm}^2}$$

〔**類 題 1**〕　例題6・3の水圧鉄管に同流量の水が流れるとき,管の材料の許容引張り応力を $\sigma_t = 800 \text{ kgf/cm}^2$ とすれば,この管が水撃圧に対して安全であるためには,弁の閉塞時間を何秒以上にすべきであるか.

略解　例題6・3により,急閉塞の応力 $\sigma = 1540 \text{ kgf/cm}^2$ は許容応力をこえているから,緩閉塞の式(1)と(2)より $\dfrac{h}{H_0} = \dfrac{N}{2} + \dfrac{1}{2}\sqrt{N^2 + 4N} = \dfrac{2\sigma\delta}{wDH_0} - 1$ において,許容応力 $\sigma = 8 \times 10^3 \text{ tf/m}^2$ を入れると

$$N + \sqrt{N^2 + 4N} = 2\left(\frac{2 \times 8 \times 10^3 \times 2 \times 10^{-2}}{1 \times 2 \times 40} - 1\right) = 6$$

となり,これより $N = 2.25$. 故に $N = (lV_0/g\,T_V H_0)^2$ より $T_V = lV_0/g\,H_0\sqrt{N} = (600 \times 2.55)/(9.8 \times 40 \times \sqrt{2.25}) = 2.60$ 秒

答　2.60 秒以上

〔**類 題 2**〕　$D = 2 \text{ m}$, $l = 600 \text{ m}$, $H_0 = 40 \text{ m}$ の高圧鉄管に $Q = 8 \text{ m}^3/\text{sec}$ の水が流れている. 管末の弁を3秒間で締めきるものとすると,この管が水撃圧に対して安全であるために必要な管の厚さを求めよ. ただし,許容応力は $\sigma_t = 800 \text{ kgf/cm}^2$ とする.

略解　圧力波の伝播速度は管の厚さによって変わるから,急閉塞か緩閉塞のいずれに属するか分らないが,一応緩閉塞として計算する. 例題6・3より $h = 95.8 \text{ m}$. 故に前例題の(2)式 $\sigma = \dfrac{D}{2\delta} w(H_0 + h)$ より,管の応力 σ が許容応力 σ_c に一致する限界厚み δ_c を求めると,

$$8000 \text{ (tf/m}^2\text{)} = \frac{2}{2\delta} \times 1 \times (40 + 95.8) \text{ より } \delta_c = 1.70 \text{ cm}$$

を得る. この厚みを用いて伝播速度 c を計算すると, $c = \sqrt{\dfrac{g\,E_w}{w}\Big/\left(1 + \dfrac{E_w}{E}\dfrac{D}{\delta}\right)}$ $= 987 \text{ m/sec}$. 故に $2l/c = 2 \times 600/987 = 1.22$. したがって $T_V = 3 > 2l/c = 1.22$ となり,緩閉塞の仮定は正しい.

答　1.70 cm

【**6・4**】※　$H_0 = 160 \text{ m}$, $l = 600 \text{ m}$, $D = 2 \text{ m}$, $c = 952 \text{ m/sec}$, $Q = 8 \text{ m}^3/\text{sec}$, $V_0 = 2.55 \text{ m/sec}$ をもつ水圧鉄管において,$T_V = 3$ 秒の閉塞時間で直線的に閉塞したとき,閉塞器の位置に生ずる圧力の時間的変化を計算せよ.

解　圧力水頭の時間的変化を求めるのに,アリエビの式(6・7)を用いる.

同式における基本的な無次元数は $\rho = \dfrac{c\,V_0}{2\,g\,H_0} = \dfrac{952 \times 2.55}{2 \times 9.8 \times 160} = 0.774$.

また水撃圧の往復時間は $\mu = \dfrac{2\,l}{c} = \dfrac{2 \times 600}{952} = 1.263$ 秒であるから，この場合は緩閉塞である．時間 t の代りに t を μ で割った無次元時間 $\tau = t/\mu$ を用いると，閉塞時間は $\theta = T_V/\mu = 3/1.263 = 2.376$ にあたる．閉塞器の開度 $\varPsi$ は直線的であるから

$$\tau < \theta \text{ では } \varPsi = 1 - \frac{t}{T_V} = 1 - \frac{\tau}{\theta},\ \tau \geqq \theta \text{ では } \varPsi = 0$$

<u>第一位相</u>　$\varphi(\tau_1) - 1 = 2\,\rho\{1 - \varPsi(\tau_1)\sqrt{\varphi(\tau_1)}\}$

$$= 2 \times 0.774\{1 - \varPsi(\tau_1)\sqrt{\varphi(\tau_1)}\} = 1.548\{1 - \varPsi(\tau_1)\sqrt{\varphi(\tau_1)}\} \quad (1)$$

において，$\tau_1 = 0$ $(t = 0)$ では $\varphi(0) = (H/H_0)_{t=0} = 1$.

$\tau_1 = 0.25$ $(t = \tau_1\mu = 0.25 \times 1.263 = 0.416\,\text{sec})$ のときには，$\varPsi(\tau_1) = 1 - \dfrac{0.25}{2.376} = 0.895$ であるから（1）式より

$$\varphi(0.25) - 1 = 1.548\{1 - 0.895\sqrt{\varphi(0.25)}\} \quad (2)$$

これを整理して $\varphi^2 - 7.014\,\varphi + 6.492 = 0$. この式の根は二つあるが，そのうちの1根 $\varphi(0.25) = 5.917$ は（2）式を満足しないから捨て，<u>$\varphi(0.25) = 1.097$</u> をとる．

全く同様にして $\varphi(0.5) = \underline{1.207}$, $\varphi(0.75) = \underline{1.328}$ を得る．

<u>第二位相</u>　$\varphi(1 + \tau_1)$ の値は（6・7）式の2番目の式で与えられる．すなわち

$$\varphi(1 + \tau_1) + \varphi(\tau_1) - 2 = 1.548\{\varPsi(\tau_1)\sqrt{\varphi(\tau_1)} - \varPsi(1 + \tau_1)\sqrt{\varphi(1 + \tau_1)}\} \quad (3)$$

$\tau_1 = 0$ に応ずる第二位相値 $\varphi(1)$ は，$\varPsi(1) = 1 - \dfrac{1}{2.376} = 0.579$ であるから，（3）式より

$$\varphi(1) + \varphi(0) - 2 = \varphi(1) + 1 - 2 = 1.548\{1 - 0.579\sqrt{\varphi(1)}\}$$

故に $\varphi^2(1) - 5.899\,\varphi(1) + 6.492 = 0$ を解いて $\varphi(1.0) = \underline{1.466}$

また $\tau = 1 + 0.25$ $(\tau_1 = 0.25)$ のときの φ の値は第一位相において求めた $\varphi(0.25) = 1.097$, $\varPsi(0.25) = 0.895$ および $\varPsi(1.25) = 1 - \dfrac{1.25}{2.376} = 0.474$ を（3）式に代入して

$$\varphi(1.25) + 1.097 - 2 = 1.548\{0.895\sqrt{1.097} - 0.474\sqrt{\varphi(1.25)}\}$$

これを解いて　$\varphi(1.25) = 1.465$

同様にして　$\varphi(1.5) = 1.449, \quad \varphi(1.75) = 1.409$

　第三位相　$\varphi(2+\tau_1)+\varphi(1+\tau_1)-2 = 1.548\{\Psi(1+\tau_1)\sqrt{\varphi(1+\tau_1)}$
$$-\Psi(2+\tau_1)\sqrt{\varphi(2+\tau_1)}\}$$

についても同様にして，$\varphi(2.0) = 1.335, \quad \varphi(2.25) = 1.328$ をうる．しか
し $\tau \gqq \theta$ なる完全閉塞後においては，$\Psi(\tau) = 0$ であるから式の形は簡単
になり，たとえば $\tau = 2.5$ の φ の値は

$$\varphi(2.5)+1.449-2 = 1.548\{0.369\sqrt{1.449}-0\}$$

より　$\varphi(2.5) = 1.238.$

　以下同様にして φ の値を順次求めてゆけばよい．上の計算において，最大
水撃圧は　$0.75 < \tau < 1.25$　の範囲に起こることが分る．最大圧力と閉塞時
における圧力 $\varphi(2.376)$ を求めるために，さらに $\tau_1 = 0.90$ の系列と $\tau_1 =$
0.376 の系列を加えた計算結果を示すと次の表のようになる．

表 – 6・1　$\varphi\;(= H/H_0)$ の計算値

	$\tau_1 = 0$	$\tau_1 = 0.25$	$\tau_1 = 0.376$	$\tau_1 = 0.5$	$\tau_1 = 0.75$	$\tau_1 = 0.90$
$\varphi(\tau_1)$	1.0	1.097	1.151	1.207	1.328	1.458
$\varphi(1+\tau_1)$	1.466	1.465	1.461	1.449	1.409	1.346
$\varphi(2+\tau_1)$	1.335	1.328	1.327	1.238	1.137	1.013
$\varphi(3+\tau_1)$	0.947	0.752	0.673	0.763	0.863	0.987
$\varphi(4+\tau_1)$	1.053	1.248	1.327	1.238	1.137	1.013
$\varphi(5+\tau_1)$	0.947	0.752	0.673	0.763	0.863	0.987

これより最大圧力は $H_{max} =$
$\varphi_{max}H_0 = 1.466 \times 160 = 234.5$
m で，$\tau \fallingdotseq 1$ すなわち $t =$
$\mu\tau = 1.263 \times 1 \fallingdotseq 1.26 \text{ sec}$
に起こることが分る．また
閉塞時すなわち $\tau = 2.376$
($t = 3$ 秒) における圧力は，
$H = 1.327 \times 160 = 212 \text{ m}$ で
あることが分る．φ すなわち
H の時間的変化は 図 – 6・7

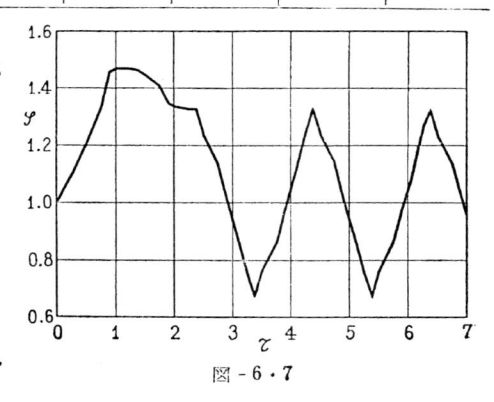

図 – 6・7

のようになる．

（註 1.）　アリエビの近似式（6・8）によって最終（大）水撃圧を計算すると

$$N = \left(\frac{lV_0}{g\,T_V\,H_0}\right)^2 = \left(\frac{600 \times 2.55}{9.8 \times 3 \times 160}\right)^2 = 0.1057$$

$$\therefore\quad h = H_0\frac{N}{2}\left(1+\sqrt{1+\frac{4}{N}}\right) = 160 \times \frac{0.1057}{2}\left(1+\sqrt{1+\frac{4}{0.1057}}\right) = 61.2\ \mathrm{m}$$

となる．この値は最大水撃圧 $h_{max} = (1.466-1.00) \times 160 = 74.6\ \mathrm{m}$，最終水撃圧 h $= (1.327-1.00) \times 160 = 52.3\ \mathrm{m}$ とはかなり異なる．緩閉塞の場合の近似式（6・8）は $\theta = T_V/\mu$ が 1 に近い程，精度が低下するのは当然であろう．

（註 2.）　直線的全閉塞の場合の最高上昇圧力は，計算図表6・4 より簡単に求まる．すなわち $\theta = 2.376$，$\rho = 0.774$ の交点は $\varphi_{max} = 1.4$ と 1.5 の曲線の間にあり，$\varphi_{max} \fallingdotseq 1.45$ と推定される．

〔類 題 1〕　例題 6・4 の水圧鉄管において $T_V = 1$ 秒で閉塞したとき，閉塞器の位置における圧力水頭の変化を計算せよ．

答　図 - 6・8

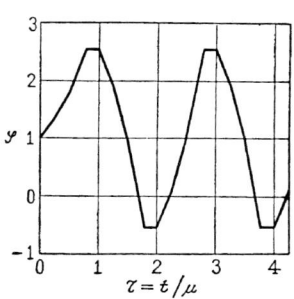

τ	φ
0	1
0.25	1.326
0.50	1.785
0.792	2.548
1.00	2.548
1.25	1.892
1.50	0.977
1.792	-0.548
2.00	-0.548
2.25	0.108
2.50	1.023
2.792	2.548

図 - 6・8

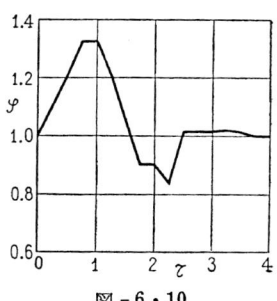

図 - 6・9

〔類 題 2〕　（直線的部分閉塞）　例題 6・4 の水圧鉄管において，図 - 6・9 に示すように $\tau = 0.75$（$t = 0.947$ 秒）まで直線的に閉塞器を締め，その後は閉塞器の開度を一定に保った場合の，弁位置における圧力水頭の変化を計算せよ．

　略解　$\tau \leqq 0.75$ までの閉塞器の開度 Ψ は全閉塞の場合と同一であるから，圧力上昇も例題 6・4 と同一である．$\tau > 0.75$ についてはアリエビの式（6・7）において，$\Psi(\tau \geqq 0.75) = 1-0.75/\theta = 1-0.75/2.376 = 0.684$ とおけばよい．計算の結果は図 - 6・10 のようになる．

図 - 6・10

　なお，前の例題の水圧鉄管においては，全閉塞の場合には $\tau \fallingdotseq 1$ で最大圧力を生ずるから，この例のように，$\tau < 1$ の時間で閉塞を中止して部分閉塞の状態を保つ場合には，最大圧力は全閉塞の場合より小さい．これに反して，$\tau > 1$ の時間後に閉塞を中止しても，全閉塞の場合と同一の最大圧力が発生する．

6・1・2　特性直線法による図式解法

　水撃圧の性質を理解し，またその計算を簡便に行なうためには，シュナイダー・ベルジュロン（Schnyder-Bergeron）が提案した特性直線法に基づく図式解法が極めて便利である．

　取扱いの便利のために

$$\tau = \frac{t}{\mu}, \quad \xi = \frac{x}{l}, \quad u = \frac{V}{V_0}, \quad \varphi = \frac{H}{H_0}, \quad \rho = \frac{c\,V_0}{2\,g\,H_0} \qquad (6 \cdot 9)$$

（ただし，μ，V_0，H_0 の定義は p.246 に述べたとおりである）
とおいて (6・3)，(6・4) 式を無次元形に直すと

$$\frac{\partial u}{\partial \tau} + 2 \frac{\partial}{\partial \xi}\left(\frac{\varphi}{2\,\rho}\right) = 0 \qquad (\text{a})$$

$$2 \frac{\partial u}{\partial \zeta} + \frac{\partial}{\partial \tau}\left(\frac{\varphi}{2\rho}\right) = 0 \qquad (\text{b})$$

となる（註 - 1）．

　(a)-(b)　より　$\left(\dfrac{\partial}{\partial \tau} - 2 \dfrac{\partial}{\partial \xi}\right)\left(u - \dfrac{\varphi}{2\,\rho}\right) = 0$ 　　　　　(c)

　(a)+(b)　より　$\left(\dfrac{\partial}{\partial \tau} + 2 \dfrac{\partial}{\partial \xi}\right)\left(u + \dfrac{\varphi}{2\,\rho}\right) = 0$ 　　　　　(d)

上の両式は，それぞれ $\tau - \xi$ 面上において次の関係が成立することを示している（註 2）．

$\dfrac{d\xi}{d\tau} = -2$ なる特性直線 K_1 上において，

$$u - \frac{\varphi}{2\,\rho} = k_1 = 一定 \qquad (6 \cdot 10)$$

$\dfrac{d\xi}{d\tau} = 2$ なる特性直線 K_2 上において，

$$u + \frac{\varphi}{2\,\rho} = k_2 = 一定 \qquad (6 \cdot 11)$$

(6・10)，(6・11) 式を用いて水撃圧を図式的に計算することができる．

　（註 1.）　(6・6) 式を用いて (6・4) 式を書き直すと　$\dfrac{\partial V}{\partial x} + \dfrac{g}{c^2} \dfrac{\partial H}{\partial t} = 0$

次にこの式を (6・9) 式を用いて書き直すと

$$\frac{V_0}{l_0} \frac{\partial u}{\partial \xi} + \frac{g H_0}{c^2 \mu} \frac{\partial \varphi}{\partial \tau} = 0 \quad \text{すなわち} \quad \frac{\partial u}{\partial \xi} + \frac{g H_0 l}{c^2 \mu V_0} \frac{\partial \varphi}{\partial \tau} = 0$$

無次元量 $\dfrac{g H_0 l}{c^2 \mu V_0}$ は $\mu = \dfrac{2l}{c}$, $\rho = \dfrac{c V_0}{2 g H_0}$ を用いて $1/4\rho$ と書ける. これより

$$\frac{\partial u}{\partial \xi} + \frac{1}{2} \frac{\partial}{\partial \tau}\left(\frac{\varphi}{2\rho}\right) = 0 \quad \text{をうる.}$$

（註 2.) 時刻 t に x なる場所で物理量 A を観測した眼を ω なる速度，すなわち $dx/dt = \omega$ なる線上に動かすと，時刻 $t+dt$ には $x+\omega dt$ なる場所の A を観測することになる．したがって，ω なる速度で眼を動かすときの A の時間的変化は

$$\lim_{dt\to 0} \frac{A(x+\omega dt, t+dt) - A(x, t)}{dt} = \frac{\partial A}{\partial t} + \omega \frac{\partial A}{\partial x} = \left(\frac{\partial}{\partial t} + \omega \frac{\partial}{\partial x}\right) A$$

となる．故に $\left(\dfrac{\partial}{\partial t} + \omega \dfrac{\partial}{\partial x}\right) A = 0$ は $\dfrac{dx}{dt} = \omega$ 線上においては，A は変化せず一定値をもつことを意味する．なお，(6・10) 式では $t = \tau$, $x = \xi$, $\omega = -2$, $A = u - \varphi/2\rho$ にあたる.

あるいは別の考え方としては，$\left(\dfrac{\partial}{\partial t} + \omega \dfrac{\partial}{\partial x}\right) A = 0$ の解は，$A = A(x - \omega t)$ となる．故に A は $(x - \omega t)$ の関数であるから，$x - \omega t = $ 一定，すなわち $dx - \omega dt = 0$ の線上では A の値は一定値をもつ.

例 題 (51)

【6・5】* 特性直線法を用いてアリエビの公式を導け.

解 図 - 6・11 のように，$\tau - \xi$ 面をとる．同図において，$\xi = 0$ は貯水池，$\xi = 1$ は閉塞器にあたり，$\tau (= t/\mu) = 1, 2, \cdots\cdots$ は水撃圧が管を1往復，2往復したときの時間にあたる．この問題の境界条件は，$\xi = 0$ の線上において水位一定 $(\varphi = 1)$，$\xi = 1$ の線上では閉塞器の相対的な有効開度を Ψ として次のようになる（註参照）.

$$u = \Psi\sqrt{\varphi} \qquad (1)$$

ここに Ψ は閉塞器の操作方法によって変わるが τ の関数として与えられ，弁の全開，全閉の状態に対してはそれぞれ $\Psi = 1$, $\Psi = 0$ である.

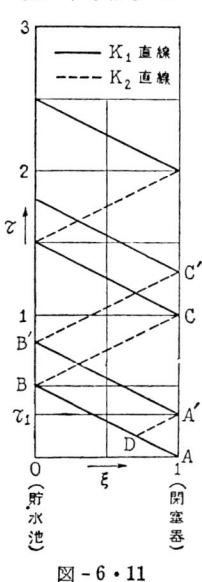

図 - 6・11

　図の A (1, 0) 点* を出発した特線直線 K_1 は $d\xi/d\tau = -2$ であるから，$\tau = 0.5$ 経過した後には B (0, 0.5) 点に達し，B 点より出る反射波すなわち K_2 直線は，$\tau = 1.0$ のとき C (1, 1) 点に到着して第一位相が終る．同様に，$\tau = \tau_1$ 時間に A′ (1, τ_1) より出発する K_1 直線は B′ (0, 0.5+τ_1) に達し，そこで反射して K_2 直線となり，C′ (1, 1+τ_1) に到着して再び K_1 直線となり，以下同様な経過をくり返すわけである．

　次に A′，C′ 点における φ, u の値を求める．AB 線より A′ に帰る K_2 直線を考えると，直線 AB は定常域と攪乱域との境界で，その線上では $u = 1$, $\varphi = 1$ であり，一方 K_2 直線上では $u+\varphi/2\rho = $ 一定であるから $(u+\varphi/2\rho)_{A'} = (u+\varphi/2\rho)_D$ より

$$u(1, \ \tau_1)^{**}+\frac{\varphi\,(1,\ \tau_1)}{2\,\rho} = 1+\frac{1}{2\,\rho}$$

$$\therefore \ \varphi(1,\ \tau_1)-1 = 2\,\rho\{1-u(1,\ \tau_1)\} \tag{2}$$

次に A′B′ なる K_1 線上で $u-\varphi/2\rho = $ 一定，すなわち

$$\left(u-\frac{\varphi}{2\,\rho}\right)_{A'} = \left(u-\frac{\varphi}{2\,\rho}\right)_{B'}$$

より　$u(1,\ \tau_1)-\dfrac{\varphi\,(1,\ \tau_1)}{2\,\rho} = u(0,\ 0.5+\tau_1)-\dfrac{\varphi\,(0,\ 0.5+\tau_1)^{**}}{2\,\rho}$

$$= u(0,\ 0.5+\tau_1)-\frac{1}{2\,\rho} \tag{3}$$

また B′C′ なる K_2 線上で $u+\varphi/2\rho = $ 一定，すなわち

$$u(1,\ 1+\tau_1)+\frac{\varphi\,(1,\ 1+\tau_1)}{2\,\rho} = u(0,\ 0.5+\tau_1)+\frac{1}{2\,\rho} \tag{4}$$

　（3），（4）式より $u(0, 0.5+\tau_1)$ を消去すると

$$\varphi(1,\ 1+\tau_1)+\varphi(1,\ \tau_1)-2 = 2\,\rho\{u(1,\ \tau_1)-u(1,\ 1+\tau_1)\} \tag{5}$$

（2），（5）式の右辺における $u(1,\ \tau_1)$ などの値は，（1）式 $u = \Psi\sqrt{\varphi}$ で与えられているから，これを代入するとアリエビの公式（6・7）式の第一式，第二式を得る．$n+1$ 位相の証明は第二式の証明と全く同様である．

<hr>

*) 　A (1, 0), A′ (1, 1) などの（ ）内の文字は A, A′ 点の座標がそれぞれ（$\xi = 1$, $\tau = 0$), ($\xi = 1$, $\tau = 1$) なることを示す．

**) u (1, τ_1) は座標 $\xi = 1$, $\tau = \tau_1$ における u を，φ (0, 0.5+τ_1) は $\xi = 0$, $\tau = 0.5+\tau_1$ における φ を表わす．

（註） 閉塞器の操作により，縮流点の断面積が a' になったとする．オリフィスからの流出の関係を近似的に用いると，管の断面積を a，弁の前の管内流速を V として $aV = a'\sqrt{2gH}.$

閉塞器を操作しないときには $V_0 = \sqrt{2gH_0}$ であるから

$$\frac{V}{V_0} = u = \frac{a'}{a}\sqrt{\frac{H}{H_0}} = \varPsi\sqrt{\varphi}.$$

【6・6】※　次の基本数値 $H_0 = 160$ m, $V_0 = 3.14$ m/sec, $l = 400$ m, $c = 1000$ m/sec, $T_V = 1.8$ sec（直線的閉塞），$\rho = \dfrac{cV_0}{2gH_0} = 1.001$, $\mu = \dfrac{2l}{c} = 0.8$ sec, $\theta = \dfrac{T_V}{\mu} = \dfrac{1.8}{0.8} = 2.25$　の水圧鉄管（図 - 6・12）について，管の各点における水撃圧の時間的変化を特性直線法を利用して，図式計算法により求めよ．

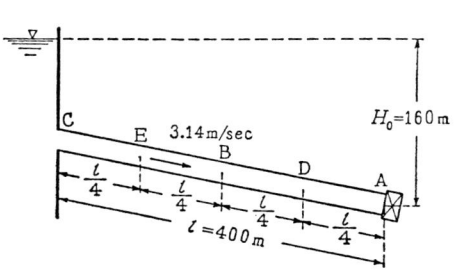

図 - 6・12

解　水撃圧の基礎式を特性直線法で表示すると，$\tau = t/\mu$, $\xi = x/l$ として (6・10), (6・11) 式より

$$\frac{d\xi}{d\tau} = -2 \ \text{なる} \ K_1 \ \text{直線上で} \ u - \frac{\varphi}{2\rho} = k_1 = \text{一定} \qquad (1)$$

$$\frac{d\xi}{d\tau} = 2 \ \text{なる} \ K_2 \ \text{直線上で} \ u + \frac{\varphi}{2\rho} = k_2 = \text{一定} \qquad (2)$$

が成り立つ．したがって，適当な τ の間隔（ここでは $\tau = 0.25$）で，ξ, τ 面を図 - 6・13 (a) (p. 260) のように特性直線 K_1, K_2 の網目でおおい，この (ξ, τ) 平面と図 - 6・13 (b) の (u, φ) 平面（上の両式より u と φ との関係は直線的である）との対応をつけることにより，図式的に (ξ, τ) 平面上の網目における φ の値を求めることができる．この図式解法はアリエビの式をそのまま解くのにくらべて，計算の手間がかなり簡単になる．

　ここでは閉塞器の位置を A, 管路入口を C, 管の中央点を B, 弁より $l/4$, $(3/4)\, l$ 上流の点をそれぞれ D, E とし，時刻 τ における A, B……を A_τ, B_τ, …… で表わす．なお境界条件は管路入口で水位一定，すなわち，

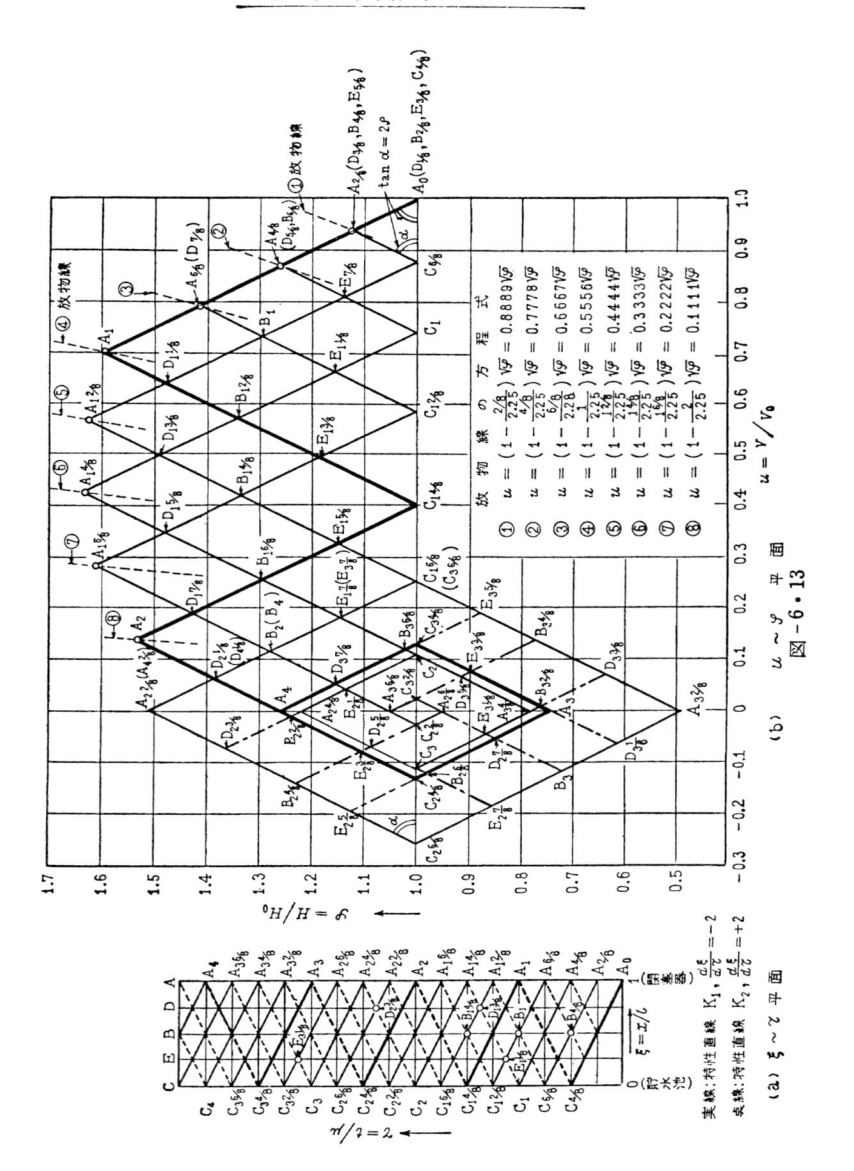

図-6.13

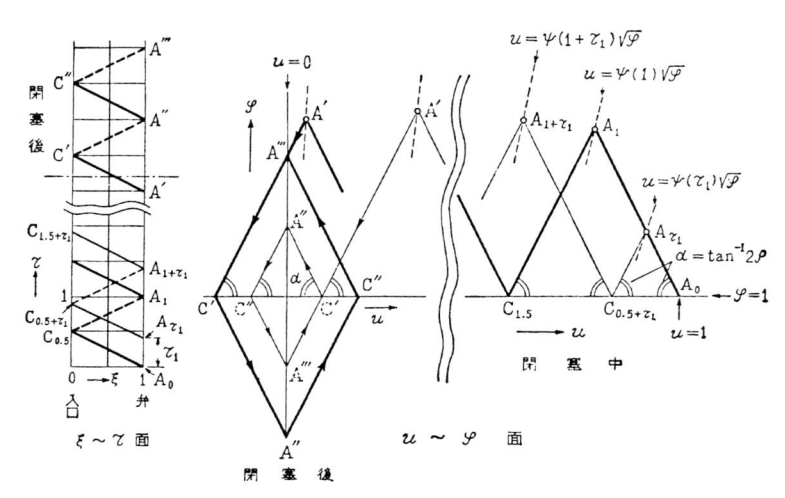

図 – 6・14　図式計算法説明図

$\varphi(C_\tau)=1$, 閉塞器の位置で前の例題の（1）式より $u(A_\tau)=\Psi(\tau)\sqrt{\varphi(A_\tau)}$ である．また初期条件は図 – 6・13（a）の $A_0\,C_{\frac{4}{8}}$ 上で, $u=1$, $\varphi=1$ である．

　　まず，閉塞器の位置における圧力水頭 $\varphi(A_\tau)$ および入口における 流速 $u(C_\tau)$ を求める.*

　　第一位相　　$1\geqq\tau_1\geqq 0$ として，前例題の（2）式より

$$\varphi(A_{\tau_1})-1=-2\rho\{u(A_{\tau_1})-1\}=-2.002\{u(A_{\tau_1})-1\} \qquad (3)$$

$$u(A_{\tau_1})=\Psi(\tau_1)\sqrt{\varphi(\tau_1)}=\left(1-\frac{\tau_1}{\theta}\right)\sqrt{\varphi(A_{\tau_1})}$$

$$=\left(1-\frac{\tau_1}{2.25}\right)\sqrt{\varphi(A_{\tau_1})} \qquad (4)$$

　　（3）式より $\varphi(A_{\tau_1})$ は図 – 6・14 の説明図に示すように，φ, u 平面上 の点 A_0（$\varphi=1$, $u=1$）を通り，コウ配$-2\rho=-2.002$ をもつ直線上に あることが分り，さらに（4）式の放物線上にも乗らなければならない．し たがって，$\varphi(A_{\tau_1})$ は（3）式の直線と（4）式の放物線の交点を図上で求 めればよい．たとえば図 – 6・13（b）の A_1 点は図 – 6・13（a）より $\xi=1$,

---

*)　前の例題のアリエビの公式の証明を参照されたい.

$\tau = 1$ であるから，$\varphi - 1 = -2.002\,(u-1)$ なる直線と，
$u = (1 - 1/2.25)\,\sqrt{\varphi} = 0.5556\sqrt{\varphi}$ なる放物線の交点で与えられる.

　第二位相　　A_{τ_1} より出る特性直線 K_1 上においては，図 - 6・14 の A_{τ_1} 点と $C_{0.5+\tau_1}$ 点との間に前例題の（3）式より

$$\varphi\,(C_{0.5+\tau_1}) - \varphi\,(A_{\tau_1}) = 1 - \varphi\,(A_{\tau_1}) = 2\,\rho\,\{u\,(C_{0.5+\tau_1}) - u\,(A_{\tau_1})\}$$
$$= -2.002\,\{u\,(C_{0.5+\tau_1}) - u\,(A_{\tau_1})\} \qquad (5)$$

が成り立つ. したがって，$u\,(C_{0.5+\tau_1})$ の値は A_{τ_1} 点を通り $2\,\rho$ のコウ配の直線が，$\varphi = 1$ の線（u 軸）と交わる点を求めればよい.

　次に $\varphi\,(A_{1+\tau_1})$ を求める. $C_{0.5+\tau_1}$ と $A_{1+\tau_1}$ を結ぶ K_2 直線上において，前の例題の（4）式より

$$\varphi\,(A_{1+\tau_1}) - 1 = -2\,\rho\,\{u\,(A_{1+\tau_1}) - u\,(C_{0.5+\tau_1})\}$$
$$= -2.002\,\{u\,(A_{1+\tau_1}) - u\,(C_{0.5+\tau_1})\} \qquad (6)$$

したがって，$\varphi\,(A_{1+\tau_1})$ は $C_{0.5+\tau_1}$ を通り $-2\,\rho$ なるコウ配の直線と，$u = \Psi\,(1+\tau_1)\sqrt{\varphi} = \left(1 - \dfrac{1+\tau_1}{2.25}\right)\sqrt{\varphi}$ なる放物線の交点として求まる.

　このような手順をくり返して，この問題では $\tau \leqq \theta = 2.25$ の範囲について，図 - 6・13 の（A_0, $A_{\frac{2}{8}}$, $A_{\frac{4}{8}}$, ……, $A_{2\frac{2}{8}}$）および（$C_{\frac{4}{8}}$, $C_{\frac{6}{8}}$, ……, $C_{2\frac{2}{8}}$）点における $\varphi\,(A)$, $u\,(C)$ の値を図上に求めることができる.

　完全閉塞後　　$\tau \geqq \theta = 2.25$ の範囲では明らかに $\Psi = 0$, $u\,(A_\tau) = 0$（閉塞点の位置Aでは閉塞後は常に流速0）であるから，$\varphi\,(A_\tau)$ の値は $C_{\tau-0.5}$ 点を通り $-2\,\rho$ なるコウ配の直線と，$u = 0$ の直線との交点を求めればよい. また $u\,(C_\tau)$ の値は閉塞中と同じく，$A_{\tau-0.5}$ 点を通り $2\,\rho$ なるコウ配の直線と，$\varphi = 1$ の直線との交点を求めればよい. こうして図 - 6・14 において，A′→C′→A″→C″→A‴（2とおり示す）の順に求められ，摩擦の影響を無視するとこうしたサイクルが無限に繰り返されることになる.（$A_{2\frac{2}{8}}$, $A_{2\frac{4}{8}}$, ……, A_4, $A_{4\frac{2}{8}}$）の値は図 - 6・13 に示したようになる.

　次に，管の途中すなわち B, D, E 点における φ, u の値を求める. たとえば $B_{1\frac{4}{8}}$ は図 - 6・13 (a) において {$A_{1\frac{2}{8}}\,C_{1\frac{6}{8}}$ (K_1) 直線，$C_{1\frac{2}{8}}\,A_{1\frac{6}{8}}$ (K_2) 直線} の交点であるから，$\varphi\,(B_{1\frac{4}{8}})$, $u\,(B_{1\frac{4}{8}})$ は図 - 6・13 (b) の（φ, u）面における対応直線 {$A_{1\frac{2}{8}}\,C_{1\frac{6}{8}}$ 直線，$C_{1\frac{2}{8}}\,A_{1\frac{6}{8}}$ 直線} の交点における値を読みとればよい.

　同様にして $D_{1\frac{3}{8}}$ は図 - 6・13 (a) において {$A_{1\frac{2}{8}}$ $C_{1\frac{6}{8}}$ (K₁) 直線, C_1 $A_{1\frac{4}{8}}$ (K₂) 直線} の交点であり，また $E_{3\frac{1}{8}}$ は {$A_{2\frac{6}{8}}$ $C_{3\frac{2}{8}}$ (K₁) 直線, C_3 $A_{3\frac{4}{8}}$ (K₂) 直線} の交点であるから，$D_{3\frac{1}{8}}$, $E_{3\frac{1}{8}}$ 点における φ, u の値はいずれも (u, φ) 平面における，それぞれの対応2直線の交点として与えられる．この場合，$E_{3\frac{1}{8}}$ のように完全閉塞後の点については図 - 6・13 (b) に示すように，鎖線の補助線を引く必要がある．このようにして図 - 6・13 (a) の網目における φ, u の値が図 - 6・13 (b) の網目に対応づけられる．

　以上の図式計算により，A，B，C，D および E 点における φ ($= H/H_0$) の時間的変化は図 - 6・15 のようになる．

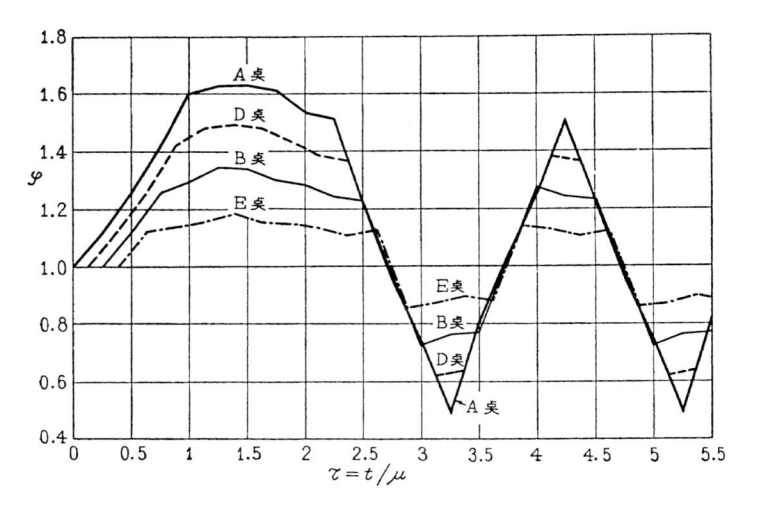

図 - 6・15　圧力〜時間図

6・2　サージングと調圧水槽

　発電用水を圧力水路および水圧鉄管によって水車に供給する場合，閉塞器の開度の変化によって起る水撃圧の伝播をできるだけ水車の近くに限り，かつ速やかに減衰させるために，自由水面を持つ調圧水槽（サージタンク）を設ける．水撃作用は圧力波が水と管の弾性によってきまる大きな伝播速度で，水圧管内を往復する現象であるが，調圧水槽の水面振動は貯水池と槽との間の一種のU字管振動であって，その振動周期は水撃作用の周期にくらべてきわめて大きい．このような振動を一般にサージ

ング（Surging）という.

6・2・1　単動調圧水槽のサージング

サージングの基礎式　　図-
6・16 のようにサージタンクを
持つ基本系において，定常的に
流量 Q_0 の水が水車に供給され
ているときには，水槽水面は貯
水池面より損失水頭 $h_0 = kV_0^2$
だけ低い．いま閉塞器を操作し
たとき，水圧鉄管を流れる流量
を Q, 貯水池面から鉛直下方に

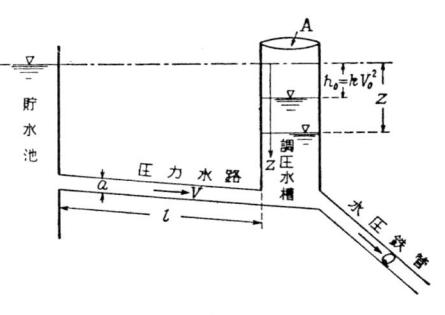

図 - 6・16

測った水槽水面の高さを z とすると，サージタンク内の水の連続方程式は

$$A \, \frac{dz}{dt} = Q - aV \tag{6・12}$$

となる．ここに A, a はそれぞれ水槽および圧力水路の断面積である.

　また，圧力水路内の水の運動方程式は，$V \gtrless 0$ によって抵抗の向きが逆
になることを考慮して，（3・52）式より

$$\frac{1}{g} \, \frac{\partial V}{\partial t} = -\frac{\partial}{\partial x}\left(z + \frac{p}{w}\right) \mp \frac{\tau_0}{wR} = \frac{z \mp kV^2}{l} \tag{6・13}$$

　　　　ただし $V > 0$ のとき-，$V < 0$ のとき +

で与えられる．上の両式は調圧水槽の中で最も簡単な，単動サージタンクに
ついて導かれたものであるが，より複雑な型式の場合についても，これらの
式を骨子として導くことができる.

　自由サージと無次元量　　サージングにおいて最も重要なのは，最大使用
水量の遮断の場合に起る上昇サージングと，使用水量の急増によって起る下
降サージングである.

　使用水量 Q_0 を瞬間的に遮断した場合を考えると，（6・12）式において
$Q = 0$ とし，両式から V を消去すると

$$\frac{d^2z}{dt^2} \mp \frac{kAg}{la}\left(\frac{dz}{dt}\right)^2 + \frac{ga}{lA}z = 0 \tag{6・14}$$

とくに，圧力水路の損失を無視した場合の仮想のサージングを自由サージン

グといい，その場合のサージングの極値を自由サージ z_* とよぶ．自由サージングの場合には上式は簡単になり $\dfrac{d^2z}{dt^2}+\dfrac{ga}{lA}z=0$ から

$$z = C_1 \cos\frac{2\pi t}{T}+C_2 \sin\frac{2\pi t}{T} \qquad \text{ここに}\quad T=2\pi\sqrt{\frac{lA}{ga}} \qquad (6\cdot15)$$

をうる．T は自由サージングの周期である．瞬間遮断の場合の境界条件

$t=0$ にて $z=h_0=0^*$ および $\dfrac{dz}{dt}=-\left(\dfrac{a}{A}\right)V_0$ を用いて上式の二つの常数 C_1，C_2 をきめると $z=-V_0\sqrt{\dfrac{la}{gA}}\sin\left(\dfrac{2\pi t}{T}\right)$ となり，その極値すなわち自由サージは次式で与えられる．

$$z_* = V_0\sqrt{la/gA} \qquad (6\cdot16)$$

　サージ値 z を求める一船的な図表や公式を作るためには，基本式を無次元形であらわす方が都合がよい．現在広く使用されている無次元量は次の2種類のものである．

（1）　カラーム・ガダンの無次元量　　自由サージ z_*，自由周期 T を用いて

$$\frac{z}{z_*},\quad \frac{V}{V_0},\quad \frac{t}{T},\quad \frac{h_0}{z_*},\quad \theta=\frac{T_V}{T} \qquad (6\cdot17)$$

ここに T_V は閉塞時間である．

（2）　フォークト（Vogt）の無次元量　　$h_0=kV_0{}^2$ を用いて

$$x=\frac{z}{h_0},\quad y=\frac{V}{V_0},\quad \varepsilon=\frac{laV_0{}^2}{gAh_0{}^2}=\left(\frac{z_*}{h_0}\right)^2 \qquad (6\cdot18)$$

最高上昇水面　　使用水量の瞬間遮断の場合には，(6・14) 式は直接に積分できて最高水面上昇 z_m は次のフォークト・フォルヒハイマー（Vogt-Forchheimer）の公式

$$(1+mz_m)-\log_e(1+mz_m)=1+mh_0,\quad m=\frac{2gAh_0}{laV_0{}^2} \qquad (6\cdot19)$$

によって与えられ（例題 6・8），計算に便利なように表 - 6・2 が作られている．

最低下降水面　　部分負荷から使用水量を急増した場合には，いろいろの近似式が提案されているが，普通フランク（Frank）の式

---

*)　$h_0=0$ は摩擦を無視しているから．

表 - 6・2　Vogt-Forchheimer 公式のための計算数表

$m\,h_0$	$m\,z_m$	$m\,h_0$	$m\,z_m$	$m\,h_0$	$m\,z_m$	$m\,h_0$	$m\,z_m$
0.00005	−0.0100	0.026	−0.211	0.30	−0.589	0.92	−0.825
0.0001	−0.0145	0.028	−0.218	0.31	−0.596	0.94	−0.830
0.0002	−0.0200	0.030	−0.225	0.32	−0.602	0.96	−0.834
0.0003	−0.0241	0.035	−0.242	0.33	−0.609	0.98	−0.837
0.0004	−0.0280	0.040	−0.257	0.34	−0.615	1.00	−0.841
0.0005	−0.0312	0.045	−0.271	0.35	−0.621	1.05	−0.850
0.0006	−0.0342	0.050	−0.284	0.36	−0.627	1.10	−0.859
0.0007	−0.0370	0.055	−0.296	0.37	−0.633	1.15	−0.867
0.0008	−0.0396	0.060	−0.308	0.38	−0.639	1.20	−0.874
0.0009	−0.0419	0.065	−0.318	0.39	−0.644	1.25	−0.882
0.0010	−0.0439	0.070	−0.329	0.40	−0.650	1.30	−0.888
0.0015	−0.0535	0.075	−0.339	0.42	−0.661	1.35	−0.894
0.0020	−0.0615	0.080	−0.348	0.44	−0.671	1.40	−0.900
0.0025	−0.0686	0.085	−0.358	0.46	−0.680	1.45	−0.905
0.0030	−0.0750	0.090	−0.366	0.48	−0.689	1.50	−0.910
0.0035	−0.0809	0.095	−0.375	0.50	−0.698	1.60	−0.920
0.0040	−0.0864	0.10	−0.383	0.52	−0.707	1.70	−0.928
0.0045	−0.0915	0.11	−0.399	0.54	−0.715	1.80	−0.935
0.0050	−0.0962	0.12	−0.413	0.56	−0.723	1.90	−0.942
0.0060	−0.105	0.13	−0.427	0.58	−0.730	2.00	−0.948
0.0070	−0.113	0.14	−0.440	0.60	−0.737	2.10	−0.953
0.0080	−0.121	0.15	−0.453	0.62	−0.744	2.20	−0.957
0.0090	−0.128	0.16	−0.465	0.64	−0.751	2.30	−0.962
0.010	−0.134	0.17	−0.476	0.66	−0.758	2.40	−0.965
0.011	−0.141	0.18	−0.486	0.68	−0.764	2.50	−0.969
0.012	−0.147	0.19	−0.497	0.70	−0.770	2.60	−0.972
0.013	−0.153	0.20	−0.507	0.72	−0.776	2.70	−0.975
0.014	−0.158	0.21	−0.516	0.74	−0.782	2.80	−0.977
0.015	−0.163	0.22	−0.525	0.76	−0.787	2.90	−0.979
0.016	−0.168	0.23	−0.534	0.78	−0.792	3.00	−0.981
0.017	−0.173	0.24	−0.543	0.80	−0.798	3.50	−0.989
0.018	−0.178	0.25	−0.551	0.82	−0.803	4.00	−0.993
0.019	−0.182	0.26	−0.559	0.84	−0.807	4.50	−0.996
0.020	−0.187	0.27	−0.567	0.86	−0.812	5.00	−0.998
0.022	−0.196	0.28	−0.574	0.88	−0.817		
0.024	−0.204	0.29	−0.582	0.90	−0.821		

$$x_m = \frac{z_m}{h_0} = \alpha^2 + \frac{\phi}{2} + \sqrt{\left(\frac{\phi}{2}\right)^2 + \varepsilon(1-\alpha)^2} \qquad (6\cdot20)$$

$$\phi = (1-\alpha)\left\{\frac{\pi}{4}(3+\alpha)-2\right\}$$

α は負荷急増前の使用水量と急増後の使用水量との比

が用いられる．（例題 6・9）

カラーム・ガダンの計算図表　　閉塞が瞬間的でない場合には，(6・12)

および (6・13) 式を直接に積分することはできない．カラーム・ガダン* は両式を図式積分法によって解き，直線的全閉塞および全開放の場合における最高サージ・最低サージを求める計算図表，図 - 6・17 および図 - 6・18 を作った．図に示されるように z_m/z_* は h_0/z_* および $\theta = T_V/T$ によってきまる．なお，閉塞時間 T_V は 20～30 秒程度であるので，例題 6・7 に示すように，近似的に $T_V = 0$ とみなしても大きな誤差は生じない．

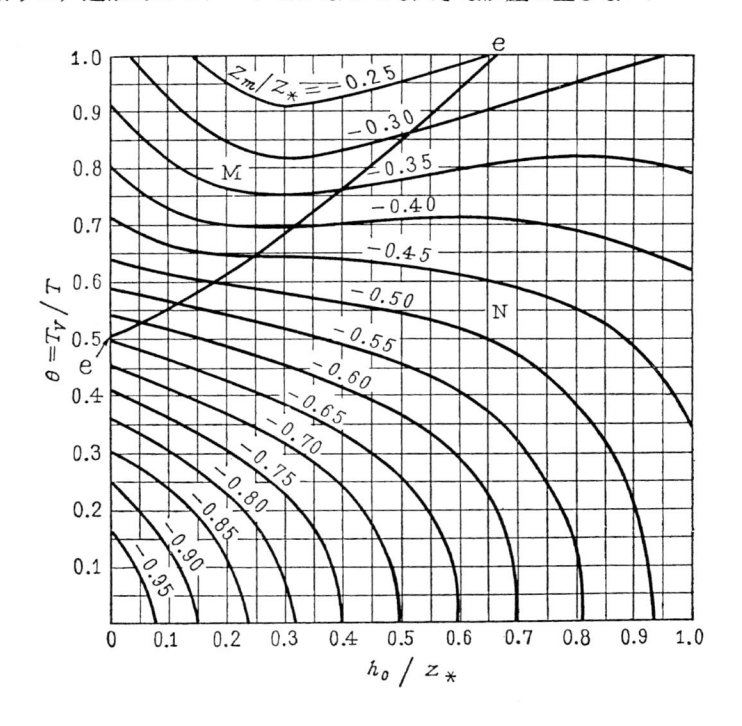

⎛ M：最高上昇水位が閉塞中に起こる領域．　　　　　　　　⎞
⎜ N：最高上昇水位が閉塞後に起こる領域．　　　　　　　　⎟
⎝ ee：最高上昇水位が閉塞完了の瞬間に起こる限界曲線．　⎠

図 - 6・17　単動サージタンクにおける直線的全閉塞の場合の最高上昇水位

調圧水槽の設計　　調圧水槽の容量は，普通貯水池満水時において全負荷を瞬間

*) Calame, J., et Gaden, D. : Théorie des chambres d'équilibre, Gauthier-Villard, Paris, 1926.

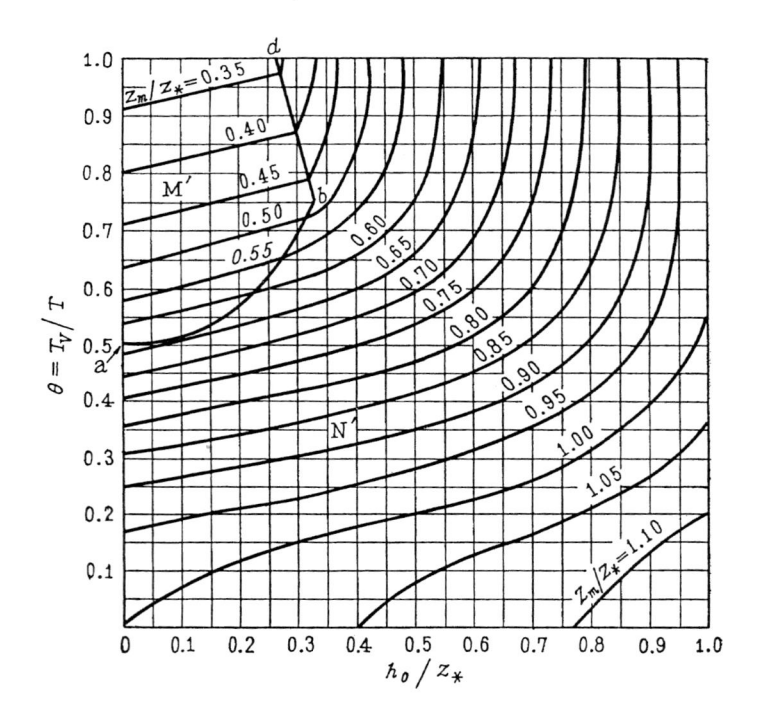

M′：最低下降水位が開放中に起こる領域.
N′：最低下降水位が開放後に起こる領域.
abd：最低下降水位が開放完了の瞬間に起こる限界曲線.

図 - 6・18　単動サージタンクにおける直線的全開放の場合の最低下降水位

的に遮断するという条件から最高上昇水位をきめ，貯水池の低水時において，半負荷から全負荷に急増するという条件から最低水位をきめる．またサージングは圧力水路の粗度係数の影響をうけ，図 - 6・17，6・18 から h_0/z_* が大きい程使用水量の遮断の結果起こる上昇水面は低く，急増のとき水面降下量は大きいことが分る．したがって圧力水路の粗度係数としては，最も危険側の値を用いて計算しなければならない．たとえば内面がコンクリート（$n = 0.012 \sim 0.016$）のときには，上昇サージングに対しては $n = 0.012 \sim 0.013$，下降サージングに対しては $n = 0.016 \sim 0.015$ をとる．

例　題　(52)

【6・7】　　圧力水路の長さ $l = 3000\,\mathrm{m}$，その直径　$D = 2.5\,\mathrm{m}$，　断面積

$a = 4.91\,\mathrm{m^2}$, 調圧水槽の面積 $A = 25\,\mathrm{m^2}$ の数値を持つサージタンク系において, 流量 $Q_0 = 10\,\mathrm{m^3/sec}$ の水を, 0秒, 10秒, 20秒, 40秒, 80秒および160秒の閉塞時間で遮断したとき, サージタンクの最高上昇水位を計算せよ. ただし, 圧力水路の粗度係数は $n = 0.012$ とする.

解　カラーム・ガダンの計算図表, 図 - 6・17 より最高上昇水位 z_m を求めるために, まず h_0, z_*, T および θ を計算する.

$$V_0 = \frac{10}{4.91} = 2.04\,\mathrm{m/sec}$$

摩擦損失係数 f は $f = \dfrac{12.7\,n^2 g}{D^{1/3}} = \dfrac{12.7 \times 0.012^2 \times 9.8}{(2.50)^{1/3}} = 0.0132$. 入口, 曲りの損失係数の和を 0.5, 出口損失係数を1とすると, 損失水頭 h_0 は $h_0 = \left(1 + \zeta_e + \zeta_b + f\dfrac{l}{D}\right)\dfrac{V_0^2}{2g} = \left(1 + 0.5 + 0.0132\dfrac{3000}{2.5}\right)\cdot\dfrac{(2.04)^2}{2 \times 9.8} = 0.885\,V_0^2 = 3.68\,\mathrm{m}$

また自由サージは (6・16) 式より

$$z_* = V_0\sqrt{\frac{l\,a}{gA}} = 2.04\sqrt{\frac{3000 \times 4.91}{9.8 \times 25}} = 15.81\,\mathrm{m}$$

自由サージの周期は (6・15) 式より

$$T = 2\pi\sqrt{\frac{lA}{ga}} = 2\pi\sqrt{\frac{3000 \times 25}{9.8 \times 4.91}} = 248\,\mathrm{sec}$$

$$\therefore\quad \frac{h_0}{z_*} = \frac{3.68}{15.81} = 0.233$$

図 - 6・17 より z_m/z_* は $\theta = T_V/T$ および h_0/z_* の関数として与えられているので, たとえば $T_V = 40$ 秒に対しては $\theta = 40/248 = 0.161$, h_0/z_* $= 0.233$ の交点を図上で求めると, z_m/z_* は -0.80 の曲線と -0.85 の曲線との間にあり, $z_m/z_* = -0.82$ と推定される. 故に貯水池面より $z_m = -0.82 \times z_*$ だけ上昇する. 計算結果を表にすると右のようである.

T_V (sec)	θ	z_m/z_*	z_m (m)
0	0	-0.85	-13.44
10	0.0403	-0.85	-13.44
20	0.0806	-0.84	-13.28
40	0.161	-0.82	-12.96
80	0.322	-0.73	-11.54
160	0.644	-0.45	-7.11

なお, $T_V = 0$ の瞬間閉塞の場合は, Vogt-Forchheimer の式 (6・19) から計算できる. この場合

$$m = \frac{2\,g\,A\,h_0}{l\,a\,V_0{}^2} = \frac{2\times9.8\times25\times3.68}{3000\times4.91\times2.04^2} = 0.0293\ \mathrm{m^{-1}}$$

故に $m\,h_0 = 0.1078$ に対応する $m\,z_m$ を表-6・2 より内挿すると $m\,z_m = -0.395$, $z_m = -13.48\ \mathrm{m}$ となり，計算図表より求めたものと一致する.

【6・8】 例題 6・7 と同一の数値すなわち $l = 3000\ \mathrm{m}$, $D = 2.5\ \mathrm{m}$, $A = 25\ \mathrm{m^2}$, $Q_0 = 10\ \mathrm{m^3/sec}$, $n = 0.012$ のサージタンク系において，流量を瞬間的に遮断した場合の最高水位，および相ついで起こる振幅の最高・最低値を求めよ.

解 初めに理論式を求める. $m = \dfrac{2\,k\,A\,g}{l\,a} = \dfrac{2\,g\,A\,h_0}{l\,a\,V_0{}^2}$, $n^2 = \dfrac{g\,a}{l\,A}$ とおくと，(6・14) 式は

$$\frac{d^2z}{dt^2} \mp \frac{m}{2}\left(\frac{dz}{dt}\right)^2 + n^2 z = 0 \tag{1}$$

ただし $V > 0$ すなわち $\dfrac{dz}{dt} < 0$ のとき　－

$\qquad V < 0 \qquad \text{〃} \qquad \dfrac{dz}{dt} > 0 \qquad \text{〃} \qquad +$

となる. ただし，z は貯水池の水位を基準にして鉛直下方にとられている. 上の式を積分すると

$$e^{\mp mz}\left[\left(\frac{dz}{dt}\right)^2 \mp \frac{2\,n^2}{m}z - \frac{2\,n^2}{m^2}\right] = K \tag{2}$$

上の式の解は図-6・19 のような振動型になることが予想されるが，(1) 式における積分常数 K の値は流れの方向が変るごとに異なる. したがって，極値 z_1, z_2, z_3, ………を生ずる時間を t_1, t_2, t_3……とし，K の値を次のようにきめる.

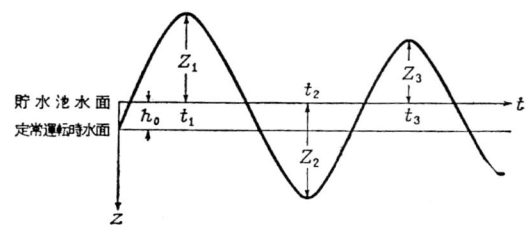

図-6・19

t	水面変化	V の正負	(1) 式の複号	K
$0\sim t_1$	上昇	＋	－	K_1
$t_1\sim t_2$	下降	－	＋	K_2

$t_2 \sim t_3$	上昇	$+$	$-$	K_3

初期条件は $t=0$ にて $z=h_0$, $\dfrac{dz}{dt} = -\dfrac{a}{A}V_0 = -\sqrt{\dfrac{2\,n^2}{m}\,h_0}$ であるから，$0 \sim t_1$ 間における K_1 は（2）式より

$$K_1 = -\frac{2\,n^2}{m^2}e^{-mh_0} \qquad\qquad (3)$$

となる．$t=t_1$ における z の極値 Z_1 においては $\dfrac{dz}{dt}=0$ であるから，（2），（3）式より

$$-e^{-mZ_1}\frac{2\,n^2}{m^2}(m\,Z_1+1) = K_1 = -\frac{2\,n^2}{m^2}e^{-mh_0}$$

これを変形すると　$(1+m\,Z_1) - \log_e(1+m\,Z_1) = (1+m\,h_0)$ 　　（4）

この式は Vogt-Forchheimer の式に他ならない．$t=t_1 \sim t_2$ における積分常数 K_2 の値は，$t=t_1$ において $z=Z_1$, $\dfrac{dz}{dt}=0$ を（2）式に代入して

$K_2 = e^{mZ_1}\dfrac{2\,n^2}{m^2}(m\,Z_1-1)$. したがって，$t=t_2$ における z の極値 Z_2 は

$$e^{mZ_2}\frac{2\,n^2}{m^2}(m\,Z_2-1) = e^{mZ_1}(m\,Z_1-1)\frac{2n^2}{m^2}\quad \text{より}$$

$$(1-m\,Z_2) - \log_e(1-m\,Z_2) = (1-m\,Z_1) - \log_e(1-m\,Z_1) \Big)$$

以下同様にして

$$(1+m\,Z_3) - \log_e(1+m\,Z_3) = (1+m\,Z_2) - \log_e(1+m\,Z_2)$$
$$(1-m\,Z_4) - \log_e(1-m\,Z_4) = (1-m\,Z_3) - \log_e(1-m\,Z_3) \Big\} \quad (5)$$

$$[1-(-1)^k m\,Z_k] - \log_e[1-(-1)^k m\,Z_k]$$
$$= [1+(-1)^{k-1}m\,Z_{k-1}] - \log_e[1+(-1)^{k-1}m\,Z_{k-1}]$$

$m\,h_0$ は既知であるから（4），（5）式より $Z_1, Z_2, \cdots\cdots Z_k$, を順次求めてゆくことができる．ここに，$Z_1 < 0, \ Z_2 > 0, \ Z_3 < 0, \ Z_4 > 0 \cdots\cdots$ である．

題意の数値を入れる．$m = \dfrac{2\,g\,A\,h_0}{l\,a\,V_0^2} = 0.0293$, $m\,h_0 = 0.1078$, よりまず，すでに例題 6・7 で求めたように $m\,Z_1 = -0.395$. $\therefore\ \underline{Z_1 = -13.48\text{m}}$ をうる．

次に（5）式の最初の式は $m\,Z_2 = -m\,Z_2{}'$ とおき，$m\,Z_1$ の値を右辺に

代入して

$$(1+mZ_2')-\log_e(1+mZ_2') = (1-mZ_1)-\log_e(1-mZ_1)$$
$$= (1+0.395)-2.303\log_{10}1.395 = 1+0.062$$

したがって，右辺 $=1+0.062=1+mh_1$ とおくと（4）式と全く同じ形になり，$mh_1=0.062$ に対応する $mZ_2'=-mZ_2$ を表-6・2より求めればよい．内挿すると，$-mZ_2=-0.312$，∴ $Z_2=\underline{10.64\,\text{m}}$

さらに，（5）式の2番目の式の右辺に $mZ_2=0.312$ を代入して

$$(1+mZ_3)-\log_e(1+mZ_3) = (1+0.312)-2.303\log_{10}1.312$$
$$= 1+0.040$$

より $mh_2=0.040$ に対応する $mZ_3=-0.257$，∴ $Z_3=\underline{-8.77\,\text{m}}$
以下同様にして計算する．

なお，振動周期は近似的に（6・15）式より

$$T = 2\pi\sqrt{\dfrac{lA}{ga}} = 248\,\text{sec}$$

【6・9】※ 単動調圧水槽において部分負荷 αQ_0 より全負荷 Q_0 に急増した場合，水位が正弦形で下降すると仮定して，最低水面下降に関する Frank の式（6・20）を導け．

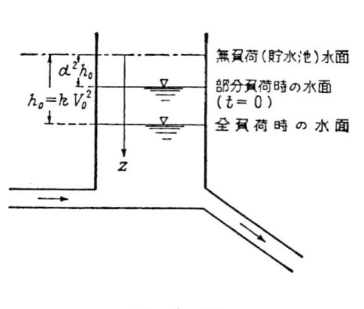

図-6・20

解 $t=0$ において，αQ_0 より Q_0 に急増するとし，Q_0 に対する圧力水路の定常的な流速を V_0 とする．基礎式は（6・12），（6・13）式において

$$\left.\begin{array}{l}連続の式：Q_0=aV_0=aV+A\dfrac{dz}{dt}\\[2mm]運動方程式：z-kV^2=\dfrac{l}{g}\dfrac{dV}{dt}\end{array}\right\}\quad(1)$$

で，初期条件は $t=0$ で

$$\left.\begin{array}{l}z_{t=0}=k\left(\dfrac{\alpha Q_0}{a}\right)^2=k\alpha^2V_0^2\\[2mm]\qquad=\alpha^2h_0\quad(h_0=kV_0^2)\\[2mm]\left(\dfrac{dz}{dt}\right)_{t=0}=\dfrac{a(V_0-\alpha V_0)}{A}=\dfrac{aV_0(1-\alpha)}{A}\end{array}\right\}\quad(2)$$

である．いま，Vogt の無次元量 $y = \dfrac{V}{V_0}$, $x = \dfrac{z}{h_0}$, $\varepsilon = \dfrac{l\,a\,V_0^2}{g\,A\,h_0^2}$ および

$t' = \dfrac{g\,h_0\,t}{l\,V_0}$ を用いて（1）式を書き直すと，それぞれ

$$y + \frac{1}{\varepsilon}\frac{dx}{dt'} = 1, \qquad x - y^2 = \frac{dy}{dt'}$$

両式から y を消去すると，水槽の水位は次式できめられる．

$$\frac{1}{\varepsilon}\frac{d^2x}{dt'^2} + x - \left(1 - \frac{1}{\varepsilon}\frac{dx}{dt'}\right)^2 = 0 \tag{3}$$

なお初期条件（2）は　$x_{t'=0} = \alpha^2$, $\left(\dfrac{dx}{dt'}\right)_{t'=0} = \varepsilon(1-\alpha)$ 　　　（4）

（3）式は非線形微分方程式で厳密解が得られないので，急増により水位は正弦形

$$x - \alpha^2 = |X|\sin \omega t' \tag{5}$$

で下降すると仮定し，（5）式を（3）および（4）の第二式に代入すると

$$\omega = \frac{\varepsilon(1-\alpha)}{|X|} \tag{6}$$

および

$$-\frac{|X|\omega^2}{\varepsilon}\sin \omega t' + \alpha^2 + |X|\sin \omega t' - \left(1 - \frac{|X|\omega}{\varepsilon}\cos \omega t'\right)^2 = 0 \tag{7}$$

（7）式をよい近似で満足するような $|X|$ をきめるために，（7）式を $\omega t'$ について $0 \sim \pi/2$ の間で積分し，さらに（6）式を用いて変形すると

$$|X| - \frac{\varepsilon(1-\alpha)^2}{|X|} - \phi = 0, \quad \phi = (1-\alpha)\left\{\frac{\pi}{4}(3+\alpha) - 2\right\}$$

この二次式を解くと最低下降水位 x_m は

$$x_m = \alpha^2 + |X| = \alpha^2 + \frac{\phi}{2} + \sqrt{\left(\frac{\phi}{2}\right)^2 + \varepsilon(1-\alpha)^2} \tag{6・20}$$

【6・10】　例題 6・7 のサージタンク系において，流量を完全に遮断した状態から，0秒，10秒，20秒，40秒，80秒および160秒の開放時間で，$Q = 10\,\mathrm{m^3/sec}$ の流量まで直線的に開放したとき，サージタンクの最大下降水位を求めよ．ただし，圧力水路の内面はコンクリートで巻かれているものとする．

解　コンクリート管の粗度係数は $n = 0.012 \sim 0.016$ であるから，下降

サージングに対して危険側の値をとり，$n = 0.016$ を用いると，例題 6・7 と同様にして，$f = 0.0234$, $h_0 = \left(1+0.5+0.0234\times\dfrac{3000}{2.5}\right)\dfrac{2.04^2}{2\times9.8} =$ 6.27 m, $z_* = 15.81$ m, $T = 248$ sec. したがって $\dfrac{h_0}{z_*} = 0.396$.　図 - 6・18 より与えられた h_0/z_*, $\theta = T_V/T$ （T_V は開放時間）に対応する最大下降水位 z_m/z_* を求めると，次表のようになる．

なお，$T_V = 0$ の瞬間開放の場合は，Frank の公式より計算できる．すなわち (6・20) 式で

T_V (sec)	θ	z_m/z_*	z_m
0	0	1.048	16.58
10	0.0403	1.04	16.44
20	0.0806	1.025	16.2
40	0.161	1.005	15.9
80	0.322	0.90	14.2
160	0.644	0.62	9.8

$$\varepsilon = \frac{l\,a\,V_0^2}{g\,A\,h_0^2} = \left(\frac{z_*}{h_0}\right)^2 = \left(\frac{15.81}{6.27}\right)^2 = 6.36, \quad \alpha = 0$$

故に，$\phi = \dfrac{\pi}{4}(3)-2 = 0.356$

$$\frac{z_m}{h_0} = \frac{\phi}{2}+\sqrt{\left(\frac{\phi}{2}\right)^2+\varepsilon} = 0.178+\sqrt{0.178^2+6.36} = 2.70$$

$$\therefore \quad z_m = \underline{16.93 \text{ m}}$$

（註）　$T_V = 0$ に対する $z_m = 16.58$ m と Frank の式による $z_m = 16.93$ m の差は，近似式の誤差による．

6・2・2　サージングの安定条件

水力発電所の正常の水車運転においては，調速器(Governor)により水車への入力が一定に保たれるように自動制御を行なっているから，水車の調速方程式は次式で表わされる．

$$L = \eta\,w\,Q\,H_e \fallingdotseq \eta\,w\,Q$$
$$\times(H_0-z) = 一定 \quad (6・21)$$

ここに，η は水車の効率，Q は使用流量，H_e は有効落差，H_0 は総落差である（図 - 6・21）．

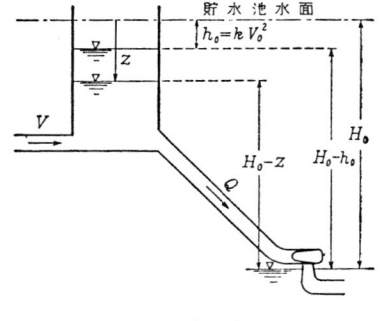

図 - 6・21

したがって，もし負荷一定のときに調圧水槽の水面に振動が残っていると，上の式から水車への流入量も増減する．この水量の変化は逆にサージングに対して一種の自励力のように作用し，サージングの減衰力がこの自励力よりも大きければ振動は減衰するが，反対に減衰力の方が小さければ振動は成長して，サージングは不安定となり，遂には水車の正常の運転が維持できなくなる．

この問題は，一定負荷で運転されている調圧水槽の水面がなんらかの原因で，その上下に微小振幅の振動を生じた場合，その振動が時間的に減衰（安定化）するか，あるいは増大（不安定化）するか否かを調べる方法，いわゆる微小振幅の安定理論として取扱われ，トーマ（Thoma）によって次の安定条件が導かれている（例題 6・11）.

$$A > \frac{a\,l}{2\,k\,g\,H_{e0}} \quad \text{および} \quad h_0 < \frac{H_0}{3} \tag{6・22}$$

ここに，$k = h_0/V_0{}^2$，H_{e0} は定常状態における有効落差で $H_{e0} \fallingdotseq H_0 - h_0$，添字 0 は定常状態における値を表わす．

また，イエーガー（Jaeger）[*]は大きな振幅の場合について次式のように補正を加えている．

$$A > \left(1 + 0.482\frac{z_*}{H_{e0}}\right)\frac{a\,l}{2\,k\,g\,H_{e0}} \quad \text{および} \quad h_0 < \frac{H_0}{3} \sim \frac{H_0}{6} \tag{6・23}$$

例　題 (53)

【6・11】[*]　単動調圧水槽の安定条件を微小振幅理論を用いて導け．

解　サージングの基本式

$$A\frac{dz}{dt} = Q - aV \tag{6・12}$$

$$\frac{1}{g}\frac{\partial V}{\partial t} = \frac{z \mp kV^2}{l} \tag{6・13}$$

および水車の調速方程式 (6・21) において，定常状態に添字 0，定常状態よりのはずれに $'$ をつけて

$$z = h_0 + z', \qquad V = V_0 + V', \qquad Q = Q_0 + Q'$$

とおき，上の3式に代入する．その際微小振幅理論であるから，$z' \ll h_0$，

---

[*]）Jaeger, Ch.：Technische Hydraulik, Kapital C, Verlag Birkhäuser, Basel 1949.

$V' \ll V_0$, $Q' \ll Q_0$ として，z', V', Q' およびその微係数についての 2 乗以上の項を省略すると，これらの 3 式は次のようになる（微小振幅を仮定しているから $V > 0$ で，運動方程式における複号は－）．

$$\frac{l}{g}\frac{dV'}{dt} = z' - 2\,kV_0V',$$

$$A\frac{dz'}{dt} = Q' - aV',$$

$$-Q_0 z' + (H_0 - h_0)\,Q' = 0$$

上式から，V', Q' を消去して整理すると，

$$z_* = V_0\sqrt{\frac{l\,a}{gA}}, \quad T = 2\,\pi\sqrt{\frac{l\,A}{ga}}, \quad H_{e0} = H_0 - h_0$$

として

$$\frac{d^2z'}{dt^2} + \frac{4\,\pi}{T}\frac{h_0}{z_*}\left(1 - \frac{a\,l}{2\,kg\,H_{e0}\,A}\right)\frac{dz'}{dt} + \left(\frac{2\,\pi}{T}\right)^2\frac{1}{H_{e0}}(H_0 - 3\,h_0)\,z' = 0$$

この式は常数係数の 2 階常微分方程式であるから，z' なる微小振動が安定なためには z' の係数（復元係数），dz'/dt の係数（減衰係数）がともに正でなくてはならない（註参照）．これは Thoma の安定条件に他ならない．

（註）　$\dfrac{d^2y}{dt^2} + 2\,p\dfrac{dy}{dt} + qy = 0$（$p$, q は常数）の解はよく知られているように $y = e^{-pt}\{K_1 e^{\sqrt{p^2-q}\,t} + K_2 e^{-\sqrt{p^2-q}\,t}\}$ である．この式で $p > 0$, $q > 0$ ならば y は t とともに減衰する．なお，$p^2 \geqq q$ ならば振動せずに減衰する.

【6・12】　例題 6・7 と同一の数値 $l = 3000$ m，$a = 4.91$ m^2（$D = 2.5$ m），$Q = 10$ m^3/sec，$n = 0.012$ のとき，安定条件を満す調圧水槽の断面積を求めよ．ただし，総落差は 120 m とする.

解　例題 6・7 ですでに計算したように，入口その他の局部的な損失係数の和を 0.5，出口の損失係数を 1.0 とすると

$$h_0 = \left(1 + \varSigma\zeta + f\frac{l}{D}\right)\frac{V_0^2}{2\,g} = 0.885\,V_0^2 = 3.68\,\text{m} \quad \therefore \quad k = 0.885$$

である．故にトーマの安定条件による必要水槽面積は（6・22）式より

$$A > \frac{a\,l}{2\,kg\,H_{e0}} = \frac{4.91 \times 3000}{2 \times 0.885 \times 9.8(120 - 3.68)} = \underline{7.30\,\text{m}^2}$$

復元の安定条件は，$h_0 = 3.68$ m，$H_0/3 = 120/3 = 40$ m であるから $h_0 < H_0/3$ は問題なく満たしている．

次に，有限振幅の場合の安定条件は(6・23) 式より

$$A > \left(1+0.482\frac{z_*}{H_{e0}}\right)\frac{al}{2\,kg\,H_{e0}} = \left(1+0.482\times\frac{z_*}{116.3}\right)\times 7.30,$$

$$z_* = V_0\sqrt{\frac{l\,a}{g A}}$$

であるが，z_* 中に A が入っているので，まず上で求めた $A = 7.30\,\mathrm{m^2}$ を第一近似値として

$$z_* = 2.04\sqrt{\frac{3000\times 4.91}{9.8\times 7.30}} = 29.3\,\mathrm{m}$$

この z_* を用いて限界の A を求めると

$$A = \left(1+0.482\times\frac{29.3}{116.3}\right)\times 7.30 = 8.19\,\mathrm{m^2}$$

同様にして近似を進めると $A = 8.14\,\mathrm{m^2}$ となる．

〔類 題〕 前の例題において，調圧水槽の断面積 $A = 9\,\mathrm{m^2}$ とすると，安定条件を満す最大流量はいくらか．ただし，l, $a\,(D)$, n, H_0 は前例題と同一とする．

解 a) トーマの安定条件 (6・22) 式より

$$A = 9 > \frac{al}{2\,kg\,H_{e0}} = \frac{4.91\times 3\,000}{2\times 0.885\times 9.8(120-0.885\,V_0^2)}$$

整理して $V_0{}^2 < 29.0$ ∴ $V_0 < 5.38\,\mathrm{m/sec}$,

$$Q_0 < 5.38\times 4.91 = \underline{26.4\,\mathrm{m^3/sec}}$$

最大流量は，$26.4\,\mathrm{m^3/sec}$ である，また，復元の安定条件は，$h_0 = 0.885\,V_0^2 = 25.6\,\mathrm{m}$，$H_0/3 = 40\,\mathrm{m}$ であるから，$h_0 < H_0/3$ は満足されている．

b) イエーガーの安定条件 (6・23) 式より

$$z_* = V_0\sqrt{\frac{l a}{g A}} = V_0\sqrt{\frac{3\,000\times 4.91}{9.8\times 9}} = 12.92\,V_0$$

$$A = 9 > \left(1+0.482\frac{z_*}{H_{e0}}\right)\frac{al}{2\,kg\,H_{e0}}$$

$$= \left(1+0.482\times\frac{12.92\,V_0}{120-0.885\,V_0^2}\right)\frac{4.91\times 3\,000}{2\times 0.885\times 9.8\times(120-0.885\,V_0^2)}$$

整理して

$$V_0^2 < 29 - \frac{750\,V_0}{135.6-V_0^2} \tag{1}$$

（1）式を試算的に解く．（1）式右辺分母の V_0^2 は 135.6 にくらべて小さいから，第一近似値を求めるためにこれを省略すると， $V_0^2 + 5.53\,V_0 - 29 < 0$． これより

$V_0 < 3.29$

　V_0 の正しい値は第一近似値より若干小さいはずであるから,次に $V_0 = 3.2$ を(1)式右辺に代入すると,$V_0 < 3.14$ を得る.さらに,$V_0 = 3.17$ を(1)式右辺に代入すると $V_0 < 3.172$ となり,$V_0 = 3.17 \, \mathrm{m/sec}$ は求める解である.故に $Q_0 < 3.17 \times 4.91 = 15.5 \, \mathrm{m^3/sec}$.すなわち,大きい振幅の場合の最大流量は $15.5 \, \mathrm{m^3/sec}$ である.なお,復元の安定条件も満足していることが容易に示される.

付　　　録

1. 水の物理的性質 （大気圧）

温度 °C	密度 g/cm³ C.G.S.単位	密度 kgf·s²/m⁴ 工学単位	単位重量 kgf/m³ 工学単位	粘性係数 μ gf.sec/cm² 工学単位系	動粘性係数 ν cm²/sec 工学単位系	体積弾性係数 E_V kgf/cm² 工学単位系	表面張力 gf/cm 工学単位系	飽和蒸気圧 kgf/cm² 工学単位系
0	0.99987	102.03	999.87	1.828×10^{-5}	1.792×10^{-2}	2.03×10^4	0.0771	0.0062
5	0.99999	102.04	999.99	1.549	1.519	2.08	0.0763	0.0093
10	0.99973	102.01	999.73	1.334	1.308	2.14	0.0756	0.0124
15	0.99913	101.95	999.13	1.163	1.141	2.19	0.0749	0.0173
20	0.99823	101.86	998.23	1.025	1.007	2.23	0.0742	0.0236
25	0.99707	101.74	997.07	0.912	0.897	2.27	0.0734	0.0315
30	0.99567	101.60	995.67	0.817	0.804	2.30	0.0726	0.0428
35	0.99406	101.43	994.06	0.737	0.727	2.32	0.0718	0.058
40	0.99224	101.25	992.24	0.669	0.661	2.33	0.0709	0.075
45	0.99024	101.04	990.24	0.611	0.605	2.34	0.0701	0.094
50	0.98807	100.82	988.07	0.560	0.556	2.34	0.0692	0.125
60	0.98324	100.33	983.24	0.478	0.477	2.33	0.0674	0.202
70	0.97781	99.77	977.81	0.414	0.415	2.29	0.0656	0.317
80	0.97183	99.16	971.83	0.364	0.367	2.25	0.0638	0.469
90	0.96534	98.50	965.34	0.323	0.328	2.19	0.0620	0.713
100	0.95838	97.79	958.38	0.289	0.296	2.13	0.0600	1.033
註	C.G.S. 単位	工学単位	工学単位	工学単位系	工学単位系	工学単位系	工学単位系	工学単位系

付表 1.～付表 7. は，佐藤清一：水理学，Hunter Rouse：Engineering Hydraulics, Ranald V. Giles：Theory and Problems of Hydraulics and Fluid Mechanics などから転載または換算した。

2. 液体の密度（大気圧）

液　　体	密　度 g/cm³	温　度 °C
エチルアルコール	0.788	15.5
ベ　ン　ゼ　ン	0.880	〃
塩　水（NaCl 20%）	1.15	〃
C Cl₄	1.595	〃
ガ　ソ　リ　ン	0.659～0.690	〃
グ　リ　セ　リ　ン	1.26	〃
ケ　ロ　シ　ン	0.777～0.819	〃
水　　　　　銀	13.55	〃
潤　　滑　　油	0.850～0.875	〃
原　　　　　油	0.850～0.927	〃
燃　　料　　油	0.927～0.978	〃
ト　ル　エ　ン	1.344	15
エチルクロロアセテート	1.154	〃
四臭化アセチレン	2.97	〃
二　硫　化　炭　素	1.27	〃
オ　リ　ー　ブ　油	0.918	〃
テ　レ　ビ　ン　油	0.873	16
	C.G.S. 単位	

3. 水銀の密度

（C.G.S. 単位）

温　度 °C	密　度 g/cm³
0	13.595
5	13.583
10	13.571
15	13.558
20	13.546
25	13.534
30	13.522
35	13.509
40	13.497
45	13.485
50	13.473
60	13.448
70	13.420
80	13.400
90	13.376
100	13.352

4. 海水の塩分と比重

（海水温度 17.5°C）

塩　分 (‰)	比　重	海　洋	塩　分 (‰)
0	0.9987	太平洋	34.9
5.08	1.0026		
15.19	1.0103	日本海	34.1
24.94	1.0177		
29.99	1.0216	オホー ツク海	30.9
35.05	1.0254		

5. 20°C における液体の表面張力

（空気に対する）

液　体	表面張力 gf/cm
エチルアルコール	0.0228
ベ　ン　ゼ　ン	0.0295
C Cl₄	0.0272
ケ　ロ　シ　ン	0.0238～0.0327
水	0.0742
水　銀（空気中）	0.524
水　銀（水　中）	0.400
水　銀（真空中）	0.495
潤　　滑　　油	0.036～0.039
原　　　　　油	0.024～0.039

6. 空気の物理的性質（大気圧）

温　度 °C	密　度 g/cm³	密　度 kgf・sec²/m⁴	粘性係数 μ gf・sec/cm²	動粘性係数 ν cm²/sec
−10	0.00134	0.137	0.169×10^{-7}	0.123
0	0.00129	0.132	0.174	0.132
10	0.00125	0.127	0.180	0.141
20	0.00120	0.123	0.185	0.150
30	0.00116	0.118	0.189	0.160
40	0.00113	0.115	0.194	0.169
50	0.00110	0.112	0.199	0.177
60	0.00107	0.109	0.204	0.187
70	0.00104	0.106	0.208	0.197
80	0.00100	0.102	0.213	0.209
90	0.00097	0.099	0.218	0.219
100	0.00095	0.097	0.224	0.232
	C.G.S. 単位	工 学 単 位	工 学 単 位 系	工 学 単 位 系

7. 気体の物理的性質（大気圧，20°C）

液　体	密　度 kgf・sec²/m⁴	単位重量 kgf/m³	気体常数 R m²/s²°C	定積比熱／定圧比熱 $= n$	動粘性係数 ν cm²/sec
空　　気	0.123	1.205	287	1.40	0.150
アンモニア	0.0732	0.718	481	1.32	0.153
炭酸ガス	0.1873	1.836	188	1.30	0.0845
メ タ ン	0.0679	0.666	518	1.32	0.179
窒　　素	0.1186	1.163	296	1.40	0.159
酸　　素	0.1357	1.330	260	1.40	0.159
亜硫酸ガス	0.2769	2.715	127	1.26	0.052

8. 展 開 公 式

Taylor の級数

$$f(x+h) = f(x) + hf'(x) + \frac{h^2}{2!}f''(x) + \cdots\cdots + \frac{h^n}{n!}f^n(x) + \cdots\cdots$$

$$e^x = 1 + \frac{x}{1!} + \frac{x^2}{2!} + \cdots\cdots + \frac{x^n}{n!} + \cdots\cdots (-\infty < x < \infty)$$

$$\sin x = x - \frac{x^3}{3!} + \frac{x^5}{5!} - \cdots\cdots + (-1)^n \frac{x^{2n+1}}{(2n+1)!} + \cdots\cdots (-\infty < x < \infty)$$

$$\cos x = 1 - \frac{x^2}{2!} + \frac{x^4}{4!} - \cdots\cdots + (-1)^n \frac{x^{2n}}{(2n)!} + \cdots\cdots (-\infty < x < \infty)$$

$$\tan x = x + \frac{1}{3}x^3 + \frac{2}{15}x^5 + \frac{17}{315}x^7 + \cdots\cdots (x \le 1)$$

$$\log_e(1+x) = x - \frac{x^2}{2} + \frac{x^3}{3} - \cdots\cdots + (-1)^{n-1}\frac{x^n}{n} + \cdots\cdots (-1 < x \le 1)$$

$$(1+x)^m = 1 + \frac{m}{1!}x + \frac{m(m-1)}{2!}x^2 + \cdots\cdots + \frac{m(m-1)\cdots\cdots(m-n+1)}{n!} \cdot x^n$$
$$+ \cdots\cdots (-1 < x < 1)$$

9.　定　数　表

$\pi = 3.14159$　　　$e = 2.71828$　　　$M = \log_{10} e = 0.434294$

$1/M = \log_e 10 = 2.30258$　　　$1\ \text{radian} = 57°17'45'' = 206\,265''$

10.　単位の換算式

(1)　長　さ

$1\,\text{m} = 3.281\,\text{ft}$,　$1\,\text{ft} = 0.3048\,\text{m}$,　$1\,\text{in} = 2.540\,\text{cm}$,　$1\,\text{mile} = 1.6093\,\text{km}$

(2)　面　積

$1\,\text{m}^2 = 10.764\,\text{ft}^2$,　$1\,\text{ft}^2 = 0.0929\,\text{m}^2$,　$1\,\text{in}^2 = 6.4516\,\text{cm}^2$

(3)　体　積

$1\,\text{m}^3 = 35.31\,\text{ft}^3$,　$1\,\text{ft}^3 = 0.02832\,\text{m}^3$,　$1\,\text{in}^3 = 16.387\,\text{cm}^3$

(4)　重量または力

$1\,\text{kgf} = 2.2046\,\text{lbf} = 9.8067\,\text{N}$

(5)　圧力

$1\,\text{kgf/m}^2 = 0.20482\,\text{lbf/ft}^2 = 9.8067\,\text{Pa} = 9.8067 \times 10^{-2}\,\text{mbar}$

(6)　単位体積当りの重量または力

$1\,\text{kgf/m}^3 = 0.06243\,\text{lbf/ft}^3$

(7)　仕事量

$1\,\text{kgf} \cdot \text{m} = 7.2329\,\text{lbf} \cdot \text{ft} = 9.8067\,\text{Joule}$

(8)　温　度

$$\text{C} = (\text{F} - 32°)\frac{5}{9}, \qquad \text{F} = \frac{9}{5}\text{C} + 32°$$

参　考　書

終りに本書を執筆するにあたり，主として参考にした書籍をあげ，これら
の著者に厚く感謝の意を表します．

全　般　本間　仁：水理学（技術者のための流体の力学），丸善

佐藤清一：水理学，森北出版

永井荘七郎：水理学，コロナ社

物部長穂：水理学，岩波

本間　仁・石原藤次郎：一般水理学，応用水理学・中 I，丸善

土木学会：水理公式集，昭和 32 年改訂版

椿東一郎：水理学 I，II．森北出版

Hunter Rouse : Engineering Hydraulics, John Wiley & Sons

H. Rouse and J.W. Howe : Basic Mechanics of Fluids, John Wiley
& Sons

R.V. Giles : Theory and Problems of Hydraulics and Fluid Mecha-
nics, Schaum Pub. Co.

第 1 章　本間　仁・春日屋伸昌：次元解析・最小 2 乗法と実験式，コロナ社

Bridgeman : 次元解析論（堀武男訳），コロナ社

第 2 章　A.S. Ramsey : Hydrostatics, Cambridge

第 3 章　谷一郎：流れ学，岩波全書

池森亀鶴：水力学（I），（II），コロナ社

L. Prandtl : Essentials of Fluid Dynamics, Blackie

第 5 章　応用水理学，中 I（2.2，岩崎敏夫・本間　仁：せきと水門），丸善

第 6 章　応用水理学，中 I（2.3，林　泰造：水撃作用とサージタンク），丸善

駒　治雄：調圧水槽，コロナ社

索　　引

ナ　　行

ハ　　行

著者略歴

椿　東一郎
- 1944 年　九州大学工学部航空工学科卒業
- 1946 年　九州大学工学部大学院修了
- 1946 年　九州大学応用力学研究所勤務
- 1954 年　山口大学工学部土木教室勤務
- 1958 年　工　学　博　士
- 1960 年　山口大学教授
- 1964 年　九州大学教授.
- 1985 年　九州大学名誉教授．専攻—水理学・河海工学

荒木　正夫
- 1947 年　九州大学工学部土木工学科卒業
- 1947 年　内務省九州土木出張所 (後の建設省九州地方建設局) 勤務
- 1951 年　建設省土木研究所　河川構造物研究室研究員
- 1957 年　建設省近畿地方建設局　計画検定課長補佐
- 1957 年　工　学　博　士
- 1958 年　九州大学助教授
- 1962 年　九州大学教授
- 1963 年　水資源開発公団利根導水路建設局調査課長
- 1975 年　信州大学教授
- 1990 年　信州大学名誉教授
- 　　　　　専攻．——水理学・衛生工学・ダム工学

水理学演習（上）　　　　　　　　　© 椿　東一郎・荒木正夫 1961

1961 年 3 月 25 日　第 1 版第 1 刷発行	定価はカバー・ケース
2004 年 12 月 20 日　第 1 版第 48 刷発行	に表示してあります．

著者との協議により検印は廃止します．

［無断転載を禁ず］

著　者	椿　　東　一　郎	
	荒　木　正　夫	
発行者	森　北　　　肇	
印刷者	小　笠　原　長　利	

発行所　森北出版株式会社

東京都千代田区富士見　1-4-11
電話　東京 (3265) 8 3 4 1 (代表)
FAX　東京 (3264) 8 7 0 9

日本書籍出版協会・自然科学書協会・工学書協会・土木-建築書協会　会員

落丁・乱丁本はお取替えいたします　　印刷　エーヴィスシステムズ／製本　長山製本

ISBN 4-627-49110-7／Printed in Japan

ICLS　<(株)日本著作出版権管理システム委託出版物>

水理学演習　上 ［POD版］　　　　　© 椿　東一郎・荒木正夫　1961

2017年10月25日		発行
著　者		椿　東一郎　荒木正夫
発 行 者		森北　博巳
発　　行		森北出版株式会社
		〒102-0071
		東京都千代田区富士見1-4-11
		TEL　03-3265-8341　　FAX　03-3264-8709
		http://www.morikita.co.jp/
印刷・製本		ココデ印刷株式会社
		〒173-0001
		東京都板橋区本町34-5
		ISBN978-4-627-49119-9　　　　　Printed　in　Japan

|JCOPY| ＜（社）出版者著作権管理機構　委託出版物＞